暨南文库·新闻传播学
JINAN Series in Journalism & Communication

编 委 会

暨南文库·新闻传播学 ①

JINAN Series in Journalism & Communication

亲和性假说

区域人格影响健康的大数据分析

赖凯声
　　　　　　著
陈　浩

暨南大学出版社

JINAN UNIVERSITY PRESS

中国·广州

图书在版编目（CIP）数据

亲和性假说：区域人格影响健康的大数据分析/赖凯声，陈浩著. —广州：暨南大学出版社，2019.12
（暨南文库. 新闻传播学）
ISBN 978 - 7 - 5668 - 2818 - 7

Ⅰ.①亲…　Ⅱ.①赖…②陈…　Ⅲ.①人格心理学　Ⅳ.①B848

中国版本图书馆 CIP 数据核字（2019）第 277095 号

亲和性假说：区域人格影响健康的大数据分析
QINHEXING JIASHUO：QUYU RENGE YINGXIANG JIANKANG DE DASHUJU FENXI
著　者：赖凯声　陈　浩

出 版 人：徐义雄
项目统筹：黄圣英
责任编辑：冯　琳　陈俞潼
责任校对：刘舜怡　黄晓佳
责任印制：汤慧君　周一丹

出版发行：暨南大学出版社（510630）
电　　话：总编室（8620）85221601
　　　　　营销部（8620）85225284　85228291　85228292（邮购）
传　　真：（8620）85221583（办公室）　85223774（营销部）
网　　址：http：//www. jnupress. com
排　　版：广州尚文数码科技有限公司
印　　刷：广州市快美印务有限公司
开　　本：787mm×1092mm　1/16
印　　张：19.75
字　　数：350 千
版　　次：2019 年 12 月第 1 版
印　　次：2019 年 12 月第 1 次
定　　价：78.00 元

总　序

······

　　如果从口语传播追溯起，新闻传播的历史至少与人类的历史一样久远。古人"尝恨天下无书以广新闻"，这大约是中国新闻传播活动走向制度化的一次比较早的觉醒。

　　消息、传闻、故事、新闻、报道，乃至愈来愈切近的信息、传播、大数据，它们或者与人们的生活特别相关、比较相关、不那么相关、一点也不相干，或者被视为一道道桥上的风景、一缕缕窗边的闲情抑或一粒粒天际的尘埃，转眼消失在风里。微观地看，除了极少数的场景外，新闻多一点还是少一点，未必会造成实质性的差别；本质地看，人类作为社会性的动物，莫不以社会交往，包括新闻传播的存在和丰富化为前提。

　　这也恰好是新闻传播生存样态的一种写照——人人心中有，大多笔下无。它的作用机制和内在规律究竟为何，它的边界究竟如何界定，每每人见人殊。要而言之，新闻传播学界其实永远不乏至为坚定、至为执着的务求寻根问底的一群人。

　　因此人们经常欣喜于新闻传播学啼声的清脆、交流的隽永，以及辩驳诘难的偶尔露峥嵘。重要的也许不是发现本身，而是有越来越多的研究者参与其中，或披荆斩棘，或整理修葺。走的人多了，便有了豁然开朗。倘若去粗取精，总会雁过留声；倘若去伪存真，总会人过留名。

　　走的人多了，我们就要成为真正的学术共同体，不囿于门户之见，又不息于学术的竞争。走的人多了，我们也要不避于小心地求证、深邃地思考，学而不思则罔。走的人多了，我们还要努力站在前人、今人的肩膀上，站得更高一些，看得更远一些。

　　这里的"我们"，所指的首先是暨南大学的新闻传播学人。自1946年起，创系先贤、中国第一位新闻学博士、毕业于德国慕尼黑大学的冯列山先生，以及上海《新闻报》总经理詹文浒先生等以启山林，至今弦歌不辍。求学问道的同好相互砥砺，相互激发，始有本文库的问世。

"我们"，也是沧海之一粟。小我终究要融入大我，我们的心血结晶不仅要接受全国同一学科学术共同体的检验，还要接受来自新闻、视听、广告、舆情、公共传播、跨文化传播等领域的更多读者的批评。重要的不完全是结果，更多的是过程。在这一过程中我们特别关注以下剖面：

第一，特定经验与全球视野的结合。文库的选题有时是从一斑窥起，主要目标仍然是研究中国全豹，当然，我们也偶或关注印度豹、非洲豹和美洲豹。在全球化时代，我们的研究总体会自觉不自觉地增添一些国际元素。

第二，理论思辨与贴近现实的结合。犹太谚语云"人类一思考，上帝就发笑"，或许指的是人力有时而穷，另外一种解释是万一我们脱离现实太远，也有可能会堕入五里雾中。理论联系实际，不仅是哲学的或革命的词句，也是科学的进路。

第三，新闻传播与科学技术的结合。作为一个极具公共性的学术领域，新闻传播的工具属于拿来主义的为多。而今，更是越来越频繁地跨界，直指5G、云计算、人工智能等自然科学的地盘。虽然并非试图攻城拔寨，但是新兴媒体始终是交叉学科的前沿地带之一。

归根结底，伟大的时代是投鞭击鼓的出卷人，我们是新闻传播学某一个年级某一个班级的以勤补拙的答卷人，广大的同行们、读者们是挑剔犀利的阅卷人。我们期望更多的人加入我们，我们期望为知识的积累和进步贡献绵薄的力量，我们期望不辜负于这一前所未有的气势磅礴的新时代！

编委会

2019 年 12 月

前　言

……

　　"一方水土养一方人"，人类的心理和行为不可避免地带有地域属性烙印。受制于分析技术和研究成本的客观局限，以往人类学家和跨文化心理学家对此仅有过片段式的考察。近年来西方兴起的"地理心理学"（Geographical Psychology）借助大数据技术，使得全面准确刻画大规模人群心理与行为的空间分布特性成为可能。譬如，作为稳定心理特征代表的人格特质，被证明在国际和国家内区域水平上（例如，美国 50 个州、英国 380 个地方政府区）存在显著地理差异。尤为重要的是，区域人格分布还与许多重要的公共健康指标存在关联。遗憾的是，地理心理学研究者至今尚未涉及区域人格影响公共健康的作用机制问题。

　　社会生态心理学视角指出，人类行为，无论是微观个体还是宏观群体，皆嵌套于特定的社会生态环境（主要由经济、政治、文化等环境构成）之中。心理学中有着漫长历史的"人与情境"之争，却甚少观照宏观客观环境的远因作用，相应地也缺乏超越个体水平的理论解释框架。受自然界原子核与电子、生物界病毒与细胞之间普遍存在的相互吸引（排斥）、促进（阻碍）的亲和性原则启发，本研究将"亲和性"概念引入地理心理学研究领域，并以公共健康指标作为检验性结果变量，提出"人格与环境亲和性假说"。

　　鉴于区域人格和公共健康数据的可得性，本研究以美国州水平的人格数据（$N = 619\,397$）和公开健康数据（幸福感、寿命/死亡率、心理疾病率、物质滥用和健康行为）为分析基础。本书基于美国州水平上的人格和健康差异，分析了区域人格和公共健康指标间的相关关系，以期验证和弥补以往研究的疏漏。结果显示，美国州水平上的人格和不同公共健康指标之间存在不同程度的相关性，且相对于生理类健康指标，主观幸福感类健康指标受区域人格特质影响最大。

　　继而研究者采用调节效应技术，针对"人格与环境亲和性假说"展开系统检验，并尝试提炼出具体的亲和性模式。为此，研究者建立了 1 025 个调节效应模型。分析表明，区域人格和宏观环境确实存在着规律性的（积极或消极）

亲和性效应模式。整体而论，不同的人格特质在环境亲和敏感强度上存在差异：尽责性的综合亲和性最强，而外向性的综合亲和性最弱。另外，不同的宏观社会生态环境变量在亲和性效应大小上亦存在差异：基尼系数反映的经济环境综合亲和性效应最强，保守—自由主义代表的政治环境次之，而集体主义、松—紧文化所呈现的文化环境作用最弱。

具体而重要的发现还包括四个方面：①反映热情友好、富有同情心、合作利他、追求人际和谐的高宜人性特质，在基尼系数较大时，其促进工作幸福感的积极作用会被削弱，而其降低预期寿命、增大总死亡率和恶性肿瘤死亡率等健康风险的消极作用却被增强，即具有合作、利他等亲社会倾向的高宜人性地区在贫富差异大的社会生态环境下，会付出极为沉重的公共健康代价。②反映创造力、好奇心、偏好新异事物的高开放性人格特质，与紧文化、集体主义、保守主义等具有高规范性束缚的社会环境有着积极的健康亲和性。譬如，集体主义文化能缓冲高开放性暴露于物质滥用的健康风险。③反映责任感和纪律性的高尽责性人格特质，与保守主义政治环境在大多数健康指标上表现出极其显著的积极亲和性，但在抑郁等心理健康指标上却表现出显著的消极亲和性。④反映情绪不稳定程度的高神经质特质，与集体主义文化在情绪健康幸福感方面具有积极亲和性，即集体主义文化在抵御负面情绪上具有社会支持功能。但本研究也发现神经质与集体主义、保守主义和高基尼系数等社会生态环境，在死亡率等健康指标上存在显著的消极亲和性。

本研究首次提出"人格与环境亲和性假说"，并在区域层面予以实证检验。研究显示，区域人格特质与经济、政治、文化等宏观社会生态环境普遍存在亲和性，且具有明显的模式规律。这对于理解区域人格分布如何影响公共健康具有重要的理论意义。在数据分析上，本研究融合了线上和线下大型调查、网络社交媒体、国家公共健康机构等多渠道来源数据，为心理学的大数据研究开辟了更为灵活的操作路径。在应用层面上，本研究为因地制宜地制定区域健康预防和干预政策提供了科学依据。研究者在沟通人格、健康、文化、地理、社会生态等多个心理学分支领域上，做出了大胆尝试，未来研究可加入时间维度和不同分析水平进一步探索。本研究所采用的理论框架、实证路线，以及对相关模式的发现，无疑会为中国的区域人格和公共健康关系议题探索，提供重要而直接的启示。

作者

2019 年 10 月

001　总　序

001　前　言

001　第一章　绪　论
　002　第一节　问题与背景
　008　第二节　研究意义
　014　第三节　本书结构安排

016　第二章　国家内区域人格与健康研究进展
　016　第一节　什么是区域人格
　023　第二节　区域人格研究的意义
　029　第三节　区域人格的形成与作用机制
　033　第四节　区域人格与健康关系的实证进展
　041　第五节　当前研究述评

047　第三章　美国区域人格与健康的关系
　047　第一节　引　言
　051　第二节　数据来源与指标说明
　060　第三节　区域人格与健康的关系
　079　第四节　小　结

081　第四章　从"人—情境之争"到人格与环境的亲和性假说
　081　第一节　引　言
　083　第二节　"人—情境之争"
　087　第三节　人与情境交互的理论模型综述
　093　第四节　现有理论解释的不足
　099　第五节　新假说的提出：人格与环境亲和性假说
　108　第六节　小　结

110　第五章　文化环境的调节：以集体主义和松—紧文化为例

110　第一节　引　言

112　第二节　研究设计

114　第三节　研究结果

141　第四节　讨　论

160　第六章　经济环境的调节：以基尼系数为例

160　第一节　引　言

161　第二节　研究设计

162　第三节　研究结果

177　第四节　讨　论

190　第七章　政治环境的调节：以保守主义和自由主义为例

190　第一节　引　言

191　第二节　研究设计

193　第三节　研究结果

219　第四节　讨　论

236　第八章　人格与环境的亲和性规律比较

245　第一节　不同的人格特质亲和性规律对比

251　第二节　不同的环境变量亲和性规律对比

255　第三节　综合分析与实践意义

259　第九章　总结与展望

259　第一节　核心发现

264　第二节　研究不足

267　第三节　未来研究方向

272　附　录　本书相关的数据指标清单

276　参考文献

第一章

绪　论

不管南方和北方，东部和西部，还是乡村和城市，山区和沿海，它们都各不相同。但这些地方的不同不仅在于它们的地理位置，或者说物理空间；也同时在于它们的心理图景，或者说群体意义空间。我们在这里讨论的是关于幸福和自我的土地。

——Plaut，Markus & Lachman，2002

亚里士多德曾说，人是社会性的动物（Aronson，2011），他强调了社会影响的重要性。如果从更广阔的意义来看，人也是一种生活在特定地理空间的生物，正如 Sample（1911）认为，"人是地球表面的产物……（自然）已经进入他的骨和组织，进入他的心灵和灵魂"。笔者并不是要论证这种环境决定论的正确与否，而是希望借此说明：人类的心理与行为有不可避免地带上地域特征烙印的可能。事实上，心理学的跨国实证研究证据的确发现，人格存在地理分布特征（Allik & McCrae，2004）。尤其是近些年网络技术手段的发展和应用，使得测量国家内不同地区大规模人群人格特征的研究成为可能。区域水平的人格研究发现，人格在国家内区域水平也存在显著的地理差异（Rentfrow，Gosling & Potter，2008）。目前的一些初步证据表明，区域人格还与一系列重要社会指标之间存在着关联（例如，Rentfrow，Jokela & Lamb，2015）。

健康问题作为衡量人们生活质量的重要变量，一直是人类孜孜以求探索的核心话题之一。那么各地区居民群体的人格特征，与该地区的健康（包括积极心理学关注的积极面，即幸福感，以及传统健康领域的寿命/死亡率、心理疾病率、物质滥用和健康行为等）是否存在特定的关联？即某种人格特质突出的地区是否与特定的健康特征相关联？如果更进一步考虑人格与健康关系的作用机制问题，在不同的文化环境、经济环境、政治环境下，地区的人格特征与健康的关系是否存在差异？即具有不同人格特征的地区在不同的环境（包括文化环境、经济环境、政治环境）下，是否会因生活在其中的人们潜能实现程度、风险暴露程度等方面的差异，最终导致在健康结果上呈现出一些系统性的差异和规律？例如，神经质对幸福感的消极作用在集体主义高的地方相比集体主义文化低的地方会更弱吗？即集体主义文化能缓冲神经质对幸福感的消极作用吗？基尼系数的高低会影响宜人性与预期寿命之间的关系吗？等等。本书将围绕以上问题展开实证研究和深入讨论。

第一节　问题与背景

认识自己以及判断别人的心理特征，无疑对人类的生存竞争和发展具有重要的意义。因此，古往今来人们都对探寻心理特征的规律怀有浓厚的兴趣。有趣的是，在人们那些与心理特质规律相关的民间知识中，经常与地域（Geography）有着千丝万缕的联系。在历史上，例如中世纪，家乡所在地是人们自我认同的重要决定因素（Berry，Jones & Kuczaj，2000；Baumesiter，1986）。"你是哪里人？"也一直是人们交友时最经常被问及的问题之一（Garreau，1981）。一些民间谚语，例如"一方水土养育一方人"，"橘生淮南则为橘，橘生淮北则为枳"等，也较好地反映出了人们对于地域与心理特质相关联的认识和理解。

人们普遍秉持这样一种观点：你所生活的地方可以反映你是什么样的人（Allik & McCrae，2004）。尽管这种认识和理解中带有刻板印象的成分（Peabody，1999；McCrae，2001；Terracciano et al.，2005；Robins，2005），但也有一些研究证据表明这种地理刻板印象的确具有一定的准确性（Rogers & Wood，2010；Realo et al.，2009；Allik，Mõttus & Realo，2010）。然而，大众所一直关注的与地域相联系的心理特征规律，真正被心理学领域的研究者关注并开展实证研究的历史并不长，并且还有着一段相当曲折的发展历程。近些年来，在现代人格理论发展的基础上，地理又重新回到了心理学的视野。它正以地理心理学（Geographical Psychology）（Rentfrow，2013）的新面貌，在网络信息时代的大浪潮中展示出巨大的发展潜力。

一、早期人格心理学中的跨国研究

早期的人格心理学研究主要致力于个体差异研究。受人类学关于前工业社会与工业社会的田野调查研究的影响，一些心理学家主要开始关注不同国家的心理特征差异（Rentfrow et al., 2008）。在 20 世纪 40—60 年代，一批关注国家性格（National Character）的心理学研究大量涌现出来，包括动机（例如，McClelland, 1961）、价值观（例如，Buchanan & Cantril, 1953）以及人格（例如，Adorno et al., 1950；Inkeles et al., 1958）。尽管这些研究有着较大的影响力，但缺乏具有共识性的人格理论以及对人格的可操作性和测量方法，因而饱受批评和挑战（Inkeles & Levinson, 1969；LeVine, 2001；Rentfrow et al., 2008）。除了上述批评和质疑外，当时的人格心理学整个领域还因人格跨情境的稳定性不高而面临着巨大的挑战，即著名的"人—情境之争（Person - Environment Debate）"。直到 20 世纪 80—90 年代，人格理论和测量工具的发展，例如，大五人格模型（Five - Factor Model，FFM）的提出和相应的大五人格测量工具（Costa & McCrae, 1992；Goldberg, 1990, 1992；John & Srivastava, 1999），使得国家人格又重新回到了人格心理学研究关注的重要议题。在大五人格模型中，个体差异特征可以较好地通过外向性（Extraversion）、宜人性（Agreeableness）、尽责性（Conscientiousness）、神经质（Neuroticism）、开放性（Openness）五个基本维度进行刻画。尽管大五人格模型在提出后也没能迅速得到所有人格心理学家的完全接受，但有一系列的证据（尤其是后来的神经生理学、行为基因学证据）表明大五人格模型是具有一定生物学基础的（例如，Funder, 2001；Jang, McCrae et al. Livesley, 1998；Loehlin, 1992；Rentfrow et al., 2008）。一系列跨国实证研究的检验结果证明了大五人格结构具有较好的跨文化适用性（McCrae & Costa, 1997；Saucier & Ostendorf, 1999；Church & Kaitigbak, 2002；McCrae, Terracciano & 79 Members of the Personality Profiles of Culture Project, 2005），这无疑为研究者探讨不同国家的人格差异起到了重要的奠基作用。

另外，有研究者开始关注特定文化情境下的心理过程，从文化心理学的角度对比不同国家的心理特征差异（Barenbaum & Winter, 2008）。例如，Hofstede（2001）在 20 世纪 60—70 年代，基于 IBM 全球 70 多个国家雇员的巨大数据库开展的跨文化研究，并最终提出了包含个体—集体主义（Individualism - Collectivism）、权力距离（Power Distance）等文化维度，用以反映不同国家在这些文化维度上的差异。越来越多基于国家的跨文化研究证据支持这样的结论：国家对其居民的社会心理进程有着切实的影响，关注国家可以矫正心理学对我们生活在其中的环境的忽视（Smith，Bond & Kagitcibasi，2006）。

基于大五人格模型的跨国人格差异和规律研究，是跨文化研究的重要研究内容（例如，McCrae，2001；Terracciano et al.，2005）。例如，Allik 和 McCrae（2004）基于 36 个不同国家的大五人格数据对国家层面的人格特征的研究发现，人格在跨国水平上存在明显的地域差异，并且还具有一些系统性的模式和规律。因此，他们认为超越传统的刻板印象进而描绘出国家的典型人格画像是可行的，因而提出了"人格特质地理学（Geography of Personality Traits）"。后来，Schmitt、Allik、McCrae 和 Benet - Martínez（2007）依托于一个拥有 100 多名社会科学、行为科学、生物学等诸多领域研究者加盟的大型国际联合性项目，搜集了全球 56 个国家基于自我评定式的大五人格数据，进而对人格的全球地理分布特征进行了探索。在关注国家分析水平的跨文化心理学研究的推动下，基于地理的心理规律特征研究得以复兴。

二、国家内区域研究的崛起

基于跨文化对比的心理学研究将地理重新纳入心理学的研究视野中，并且在人格特质（Schmitt et al.，2007）、价值观（Inglehart & Baker，2000；Schwartz，2008）、幸福感（Diener，Diener & Diener，1995）等各方面取得了引人注目的研究成果。在一系列国家层面的跨国研究表明人类心理特征存在地理差异的同时，也有研究者开始关注心理特征在一个国家内不同区域（例如，美国的州水平、中国的省级水平等）上的差异和分布规律。一批着眼于同一国家或文化内，以地区区域为分析水平的心理学研究正在悄然崛起。

Vandello 和 Cohen（1999）认为，尽管美国在跨文化研究中一直是作为典型的个体主义国家与亚洲国家进行对比，但美国的各个州在个体主义—集体主义水平上仍然是存在差异的。研究者通过构建了州水平的集体主义指数证实了州水平的集体主义文化差异。这种以同一国家或文化内的不同区域作为分析水平的研究，被称为文化内研究（Within - Culture Study）或区域研究（Regional

Study）。这种研究视角启发了一批关于国家内不同区域个体主义—集体主义差异的研究。例如，Yamawaki（2012）关于日本47个一级行政区集体主义差异的研究，Van de Vliert 等（2013）关于中国15省集体主义的研究。

人格特质在美国州际水平的地理差异也是文化（或国家）内—区域研究的重要研究对象。早在1973年，Krug 和 Kulhavy 就曾借助卡特尔16PF人格测量问卷（Cattell's Sixteen Personality Factor Questionaire）初步探索了美国六大地区（Multistate Regions）的人格差异。约三十年后，Plaut、Markus 和 Lachman（2002）借助大五人格量表（Big Five Inventory，BFI）对近3 000人的样本进行了问卷调查，研究了美国九大区的人格差异。Rentfrow 等（2008）借助网络问卷调查的手段，同样以大五人格量表作为测量工具对样本量高达62万人的人群进行了美国州际水平的人格差异研究。该研究借助现代化网络问卷的技术，综合弥补了以往两次尝试在问卷测量工具、被试样本量等多方面的不足，为美国州际人格的差异研究奠定了较为坚实的基础。为了检验同一国家内不同区域的人格差异在美国以外的地区是否也存在，Rentfrow 等（2015）借助英国BBC网络平台在英国开展了覆盖近40万人的全国性人格网络调查，并探索了英国380个地方政府区（Local Authority Districts）的人格分布特征。

立足于同一国家内的区域研究视角，由于介于传统心理学关注的个体分析水平和宏观的跨国分析水平之间，在控制其他因素的干扰、抽样代表性、参照群体效应（Reference – Group Effect）等诸多方面均具有独特的优势（Rentfrow，2010；Heine，Buchtel & Norenzayan，2008）。这种将地理特征与心理特征相联系的研究视角在近些年得到了迅猛发展，并在心理学领域内也产生了不容忽视的影响。面对这种研究趋势，《美国心理学家》（*American Psychologists*）作为美国心理学会的旗舰刊物，于2010年曾特设了专栏对"地理与心理学"问题进行了介绍和讨论（Obschonka et al.，2013）。其中，Rentfrow（2010）以美国州际水平的研究为例，Park 和 Peterson（2010）以美国城市水平的研究为例，强调了地理与人类心理特征的关联性，以及开展区域水平研究和城市心理学（Urban Psychology）研究的重要意义。

这种致力于探索心理现象在空间上的分布特征，及其与个体特征、社会结构以及环境之间的相互作用关系的新兴领域，正是为国家内—区域研究注入新活力的"地理心理学"（Rentfrow，2013；Rentforw et al.，2015）。地理心理学领域的确立及其相关的研究成果，将过去近80年来心理学与地理学相联系并且一路走来的曲折发展史推进到新的发展阶段，尤其是在现代化的网络信息时代，借助互联网平台和技术可以用经济、高效的方式，实现大规模、跨区域的心理学研究。这不管在样本数量还是样本代表性上都是巨大的进步，无疑为发展国家内—区域层面的地理心理学研究提供了重要的支撑。

三、区域人格及其社会经济作用

当下蓬勃发展的区域人格研究充分发挥了地理心理学研究视角的优势，关注了国家内跨区域的人格心理特征的地理分布及其与诸多具有重要理论和现实意义的核心社会指标之间的关系。尽管国家内跨区域的人格（为行文方便，后文均简称"区域人格"）研究数量并不多，但普遍发现一个地区的人格特征与该地区的政治、经济、社会和健康（Political，Economic，Social and Health，PESH）指标之间存在不同程度的关联。

Rentfrow 等（2008）在描绘了美国 50 州及华盛顿哥伦比亚特区的人格分布特征后，探索了区域人格与州犯罪率、职业类型、社会融合度、宗教性、价值观、健康行为、死亡率等各方面的社会指标之间的关系。采用类似的方法，Rentfrow 等（2015）也对英国 380 个地方政府区的人格与英国政治普选投票、财富和人力资本、婚姻状况、犯罪率、健康等一系列社会指标进行了检验。在美国和英国国家内跨区域的人格与一系列的社会指标关系的研究中初步发现了一些比较稳健的结果。例如，区域开放性人格特质可以较好地反映该地区居民自由主义、非传统的程度（Rentfrow et al.，2015）。Rentfrow 等（2008）的研究，启发了后续一批检验区域人格与保守主义（McCann，2013）、社会资本（Rentfrow，2010）、创业率（Obschonka et al.，2013）等各方面尝试深化区域人格与社会指标之间关系的研究。

四、本研究的主要问题

人格与健康的关系，是区域人格与众多社会结果变量关系研究中的重要议题之一。健康问题对人类的重要性不言而喻，因此有大量的研究证据在个体水平上探讨了健康水平的影响因素。例如，很多证据表明个体的社会经济地位（Socioeconomic Status，SES），甚至邻居的社会经济地位都能显著地影响个体的心理和生理健康（Adler et al., 1994；Cutrona, Wallace & Wesner, 2006）。其中，人格因素被认为是个体健康状况的重要预测变量（Ozer & Benet-Martínez, 2006）。Robert 等（2007）以一批纵向跟踪调查研究为基础进行元分析，检验对比了社会经济地位、认知能力以及人格特征对健康结果（寿命/死亡率）的预测作用。结果发现，人格对死亡率的预测作用显著，其预测作用与社会经济地位的作用相当，尤其是大五人格的尽责性维度对健康的平均预测力最为强劲。

考虑到健康问题在国家健康政策制定中的重要意义，也有研究者关注了国家水平的人格特质与健康之间的关系。例如，McCrae 和 Terracciano（2008）研究了 51 个国家的人格特质与癌症、预期寿命、物质滥用等健康变量之间的关系，并发现了一些跟传统个体分析水平不同的结果，对应于健康在个体—跨区域—跨国一系列分析水平上各自的健康预防、干预和政策制定等方面的独特意义。因此，在国家内跨区域人格与健康的关系研究也具有重要的意义。Rentfrow 等（2008）在美国州水平上探索了各州人格特质与癌症、心脏病死亡率，预期寿命，慢跑等健康促进行为之间的关系。结果发现不同特质与健康之间的关系稳健性不同，其中以神经质与心脏病、癌症死亡率之间的正相关，以及与预期寿命之间的负相关最为稳健。而个体层面发现尽责性与健康结果之间强劲的积极关联在州层面却并不稳定。在 Rentfrow 等（2008）美国州人格研究的基础上，还有研究者研究了美国州水平的人格特质与自杀、抑郁之间的关系（McCann, 2010），与幸福感之间的关系（McCann, 2011；Pesta, McDaniel & Bertsch, 2010；Rentfrow, Mellander & Florida, 2009）等问题。Rentfrow 等（2015）在英国样本上检验了 380 个地方政府区的人格和健康之间的关系，结果与美国样本的结果具有较好的一致性。

尽管目前关于国家内跨区域水平的人格与健康关系的研究已经有了一些初步的证据，但这些研究通常仅对健康的整体状况或核心指标（例如，Rentfrow et al., 2008；Rentfrow, 2010），或者仅对健康的某一方面（例如，McCann, 2011；McCann, 2010）进行了研究探索。正如世界卫生组织（World Health Organization, WHO）对健康的定义那样，人们对健康的关注，不再仅仅是对身体疾病的关注，而是对寿命、身体健康、主观幸福感等一系列涉及身体、心理和社会多方面的综合性概念（Friedman & Kern, 2014）。那么从更加综合的视角来看，区域人格与健康各方面之间的关系如何？不同的人格特质与健康的各方面指标之间的关系如何？相同的人格特质与不同的健康内容之间的关系是否存在差异和规律？因此，笔者将这些问题纳入一个相对统一的框架下，并且对区域人格和健康的不同方面进行系统的检验和对比。

更为重要的是，已有的研究大多只是研究了区域人格与健康之间的关系，即回答了人格与健康之间是否存在关系的问题，还没有进一步研究区域人格影响健康的作用机制问题。沿着机制研究的视角，区域人格在什么条件下能影响健康，或者说区域人格与健康的关系是否会受到其他变量的影响？一个地区所处的环境特征（包括文化环境特征、经济环境特征、政治环境特征）是否能影响人格与健康之间关系的强弱？换言之，区域人格是否可能在某些环境下，对健康的积极影响或者消极影响相对另一种环境下的影响要更大或者更小？笔者认为，如果上述现象存在，那么可以表示不同的人格与环境组合在健康问题上存在一种"亲和性（Affinity）"的差异。这是本书将重点关注的问题，并尝试分别在文化环境、经济环境、政治环境下，一一检验不同的"人格与环境"组合在各健康指标上的亲和性问题，从而深化区域人格与健康关系机制问题。

第二节　研究意义

受全国范围内跨区域水平人格数据可得性的限制（尤其是笔者尚无法获取在中国情境下具有全国范围内抽样代表性的省际水平的人格数据），笔者将使用当前区域研究中使用最为广泛的美国 50 州人格数据（Rentfrow et al.，2008），系统地检验区域人格与健康各方面指标之间的关系。在此基础上，笔者还将进一步分别探索文化、经济、政治三大类社会环境对人格与健康关系的调节作用，即较为系统地探索区域人格与健康的环境影响机制。

一、理论意义

国家内跨区域水平的研究（或"文化内研究"）本身被认为具有很多优势。例如，国家内区域研究能减少参照群体效应带来的测量误差（Rentfrow，2010；Heine，Buchtel & Norenzayan，2008），以及尽可能控制在跨国研究中由于语言、宗教信仰多样性等一系列其他可能因素的干扰（Conway III, Houck & Gornick, 2013），从而得到更为精确的变量关系。因此，在区域水平上对"人格—健康"关系进行系统性检验本身具有独特的优势和重要的理论意义。目前已有关于区域人格与健康问题研究，关注的健康内容和侧重点各有不同，且相对零散，缺乏一个相对统一的框架进行整合以及将各部分内容之间进行必要的对比。笔者将同时综合考虑健康的积极面和消极面，系统地考察人格与积极心理学视角下关注的幸福感，和传统健康研究关注的寿命/死亡率，物质滥用和健康行为以及心理疾病等四大方面健康内容之间的关系。这对夯实区域水平的"人格—健康"关系研究具有重要的作用。此外，本研究还在桥接不同水平的人格与健康关系、人格影响健康的环境机制方面具有独特的理论意义。

1. 桥接不同水平的"人格—健康"关系

结合区域水平与个体水平、国家水平研究来看，本研究为桥接不同水平研究结果并进行对比，从而构建和完善更加完整的"人格—健康"关系系统框架提供了更坚实的证据。由于不同水平的问题在逻辑上或实证上是相对独立的，因此研究者在个体—区域—国家等不同分析水平研究变量关系时，对研究结果进行解读和应用的水平必须和数据分析的水平保持对应（Rentfrow, 2010），即跨水平的分析和推论并不一定存在必然的对应关系。例如，Schwartz 在研究个体水平和国家水平的价值观类型时，得到了不同的类型结构并进行了不同标签命名，以强调区分个体水平与国家水平的重要性。如果由个体层面的变量关系出发，不加检验地必然对应到群体层面（例如，国家层面），这被称为"个体主义谬误（Individualistic Fallacy）"或"反向生态学谬误（Reverse - ecological Fallacy）"（Inglehart & Welzel, 2003；Obschonka, 2013）。因为个体层面的变量关系并不必然会在群体水平下也同样显现（Inglehart & Welzel, 2003）。例如，Rentfrow（2010）认为，个体水平的研究普遍证实大五人格中的尽责性维度与个体的工作产出正相关，因此，在缺乏群体层面的数据是可能会推导出州水平的尽责性人格与州的人均 GDP 正相关的假设。而事实上，实际检验结果发现，美国州水平的尽责性与人均 GDP 并没有呈现出显著正相关，反而出现了微弱的负相关（$r = -0.19$）。同样，如果直接把国家层面的研究结论，不加检验地直接推论到国家内的区域层面或个体层面，就会导致"生态学谬误"（Robinson, 1950；Rentfrow, 2010）。因此，尽管关于人格与健康关系的研究在个体层面比较丰富，在国家层面也有较为系统的研究，但是在国家内跨区域水平上的研究并不多，使得桥接个体水平与国家水平中间的区域水平证据显得较为薄弱。因此，本书所论述的研究工作不仅有利于在区域水平内部系统地考察和对比人格与健康之间的关系，还有利于将区域水平结果和个体水平、国家水平的研究结果进行对比。完善区域水平的"人格—健康"关系研究，无疑对促进理解人格与健康在不同分析水平上的关系规律，进而构建一个更为完整地理解人格与健康关系的理论框架大有裨益。本书涉及的人格与健康关系的不同分析水平及其相互关系如图 1.1 所示，其中星号标记的区域水平是本书的重点关注内容。

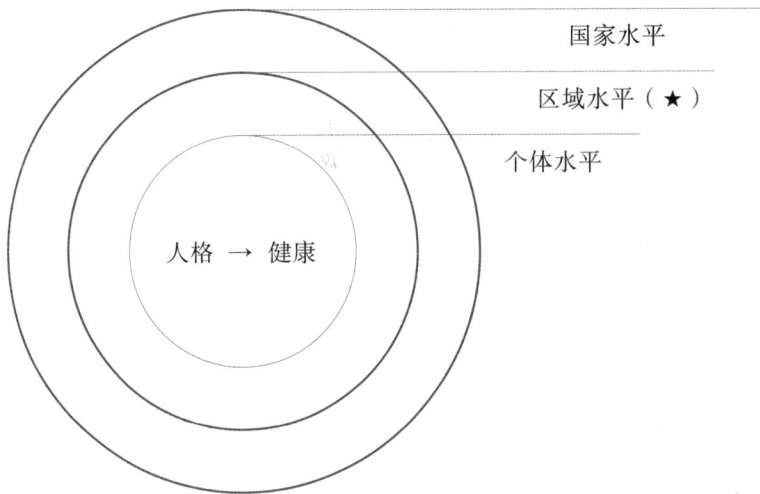

图 1.1　人格与健康关系的不同分析水平

2. "人格—健康"的机制：人格与环境亲和性假说

Obschonka 等（2013）在关于区域人格与创业率关系的研究中曾指出，"尽管国家内区域人格相关研究成果不断涌现，但研究者对区域人格与社会指标之间可能存在的关联，尤其是对其背后的内在作用机制等一系列问题，仍然知之甚少"。对于区域人格与健康之间的关系亦是如此。

回顾人格心理学近 30 年来的复兴历程可以发现，早期极大推动人格研究复兴进程的是人格的分类研究，即大五人格特质理论以及测量工具的开发（Costa & McCrae，1992；Goldberg，1990，1992；Digman，1990）。从广义上来讲，这其实是关乎人格"是什么（what）"的问题（John & Srivastava，1999）。随后，也正是在大五人格特质工具被证明具有较稳定的结构之后，大五人格特质被广泛应用于探讨人格可以"预测什么（what for）"的问题。证明大五人格可以预测一系列具有重要意义的结果变量的研究使得人格研究又一次达到小高峰（Ozer & Benet－Martínez，2006；Roberts et al.，2007）。而对于现阶段的人格心理学研究者而言，目前亟须解答的问题应该在人格与重要结果变量关系的基础上再深入挖掘这种关系在"什么样（where）"的条件下（例如，Benet－Martínez et al.，2015；Gebauer et al.，2014），"如何（how）"作用的问题（Hampson，2012）。

McCrae认为大五人格具有较强的生物基因基础，环境（包括文化）可能并不直接改变人格特质水平，但是可能影响人格特质的表达（Hofstede & McCrae，2004）。因此，研究人格特质在什么样的环境下影响结果变量具有重要的意义。笔者将在区域人格与健康关系研究的基础上，再进一步探索不同的人格特质与健康的关系是否在不同的环境下有所差异，即区域人格特质与集体主义文化是否存在交互作用。笔者将基于这种人格与环境交互的视角，系统地检验不同的人格与环境（包括文化环境、经济环境以及政治环境）组合在健康结果变量上的关系。笔者将人格与文化、生态环境组合在健康结果变量上存在的显著影响作用称为人格与环境的亲和性，即人格与环境亲和性假说。如果某种人格特质与特定环境的组合能够显著地增强对健康的积极影响，或者显著地降低对健康的消极影响，则认为该人格特质与这种环境具有显著的积极亲和性；反之，如果特定的人格与环境组合能够显著地增强对健康的消极影响，或者降低对健康的积极影响，则认为存在显著的消极亲和性。因此，本研究在美国50州水平系统检验各种人格特质与文化、生态环境在健康问题上的亲和性假说，对于深化"人格—健康"关系的机制问题具有重要的理论价值。

二、现实意义

尽管在个体层面的健康心理学研究已经取得了很多突破性的进展和丰硕的成果，例如，关于人格特质的脑神经生理机制研究为特定疾病个体的人格干预提供了新的治疗方向，但在宏观群体层面的人格与健康心理学研究以及对现实公共健康实践有直接参考价值的证据仍然很少。然而从公共卫生、公共政策的视角来看，宏观层面（例如，城市水平、州水平、国家水平）的研究对于宏观健康政策的制定、实施以及评估都具有重要的现实和实践意义。在进行群体层面（例如，城市、州、国家）的公共决策时，如果只有个体层面的证据作为依据，而缺乏群体层面的直接证据，则容易出现如前所述的"反向生态学谬误"

或"个体主义谬误"的风险。因此，从区域管理和公共政策的角度来看，如何提高和改善一个地区大众健康水平的问题具有重要的现实意义，并且需要公共卫生、医学、心理学、社会学等跨多学科领域研究者的共同努力。

目前关于人格影响健康在宏观层面的实证证据非常少。在国家水平上，McCrae和Terracciano（2008）对关于51个国家的人格特质与癌症、预期寿命等一系列健康变量之间关系进行研究，结果发现在大五人格的五维度及其各子维度与各种健康指标构成的3 525对相关关系检验中，有530对相关关系是显著的。其中，预期寿命、5岁以下新生儿存活率等均与外向性、尽责性显著正相关。他们认为，国家水平的人格特质对于加深对具有重要社会现实意义的变量（例如，健康）的理解以及跨国公共政策效果的评估具有重要意义。例如，开放性低被证实与艾滋病污名程度是相联系的。津巴布韦作为在开放性维度上得分较低的国家，其艾滋病相关的公共政策制定过程中并没有充分考虑当地居民在低开放性人格特征下的可能反应，这可能也是导致当地艾滋病疾病泛滥而健康政策效果不佳的重要原因之一（McCrae et al.，2007）。在上述问题中，他们认为公共卫生机构应该充分认识到匿名监测和保密治疗在对艾滋病感染问题的污名化如此严重的社会中的重要性。此外，他们还指出针对尽责性较低的国家和社会，考虑增强烟草税的政策手段可能对戒烟问题而言是更加行之有效的策略。

鉴于McCrae和Terracciano（2008）在国家层面的人格与健康研究的研究结果，以及他们指出的重要现实指导意义，在国家内区域层面的人格与健康研究同样也具有重要的现实意义。例如，在肥胖的公共健康政策研究上，尽管关注于降低个体体重的干预研究非常多，然而这些成果在降低宏观层面的肥胖率收效甚微（Jeffery，2001）。因此，本研究将以人格特质作为切入点进而研究美国各州的健康问题，即结合人格心理学的人格特质变量来刻画各州的特征属性，进而探索人格影响健康的环境调节机制。具体而言，本研究对于州水平的公共健康问题有以下两个方面的现实意义。

1. 公共健康问题的预防

一方面，同个体水平的人格与健康研究思路相似，但立足点与分析层次不同，本研究将在州水平上系统性地揭示一个地区居民总体上呈现出什么样的人格特质，将与什么样的健康问题关联密切。因而，本研究结果将主要为州水平的宏观公共健康政策有直接参考价值。例如，Rentfrow等（2008）研究发现，美国州水平的神经质与心脏病、癌症死亡率高相关。那么相对于神经质水平低

的地区，神经质水平高的地区公共卫生政策决策机构应在心脏病、癌症等疾病
预防策略上给予更多的关注，并考虑投入更多的资源和预防方案。另一方面，
本研究将在区域人格与健康关系的基础上，进一步探索人格特质在不同的文化、
经济与政治环境下，与健康结果的关系是否有亲和性上的差异。即可为提高公
众的健康状况提供更进一步的参考方向。例如，集体主义文化对于神经质高的
地区，是有利于其增强幸福感，还是降低其幸福感？因此，人格与环境对于健
康的共同作用研究，将有利于提升对于健康结果的理解。这能为公共卫生政策
决策机构统筹规划、制定预防政策、配置健康服务资源提供更为精细的参考。

2. 公共健康问题的干预

很多健康问题的干预，尤其是公共健康问题的干预（例如，禁烟政策、增
收烟草税等），往往是针对一个国家、一个地区的宏观人群。在制定和执行相关
政策时，需要科学地考量宏观人群对于该政策的可能反应，科学地推断该政策
的可能效果，乃至通过各种研究手段来科学地评估公共政策在宏观群体层面的
客观效果。例如，Huang、Zheng 和 Emery（2013）利用网络搜索引擎数据考察
中国网民对室内公共场所禁止吸烟政策的反应。

显然，对于立足于宏观人群的公共卫生干预政策而言，仅仅只有个体的证
据是不够的，在个体层面性质有效的干预策略，推论到宏观区域水平不一定有
效。例如，社会学家 Durkheim（1952）在关于宗教与自杀关系的经典研究中发现，
群体层面的自杀率与宗教关系并不能保证完全适用于个体（Rentfrow，2010）。因
此，在依据人格与健康的关系制定宏观层面的干预政策时，有必要直接对宏观层
面的人格与健康的关系进行研究。本研究致力于理解区域人格与健康的关系，以
及进一步的文化、经济、政治环境在其中的调节作用。本研究还致力于探索人格
在什么环境下（where），通过什么机制如何（how）影响了健康的问题，即研究
人格在不同的环境下在各方面的健康结果下如何表达的机制问题（Hampson，
2012）。这对于美国州水平的公共健康干预实践提供了更为明确的方向。

已有研究普遍认为大五人格特质经过童年发展后，在成年后基本保持稳定，
因而很多研究者对人格的干预问题保持怀疑的态度。但越来越多个体水平的证
据支持了人格特质可以被改变、训练，进而实现干预目标的可能性（Hampson，
2012；Roberts et al.，2007）。但在人格特质被证明对重要的生活结果变量，例
如寿命、婚姻、职业生涯等，具有重要的影响作用后，越来越多的研究致力于
为改善这些结果变量而进行人格干预的研究（Moffitt et al.，2011）。例如，

Posner和Rothbart（2007）的研究发现，努力控制水平是可以被训练的，并且它能在大脑水平上保持持续的影响作用，这为尽责性人格特质的发展和干预创造了更高的可能性。干预的主要方法，既可以直接改变人格特质的水平本身或其童年期的发展路径，也可以针对人格特质在健康结果表达的机制中的调节变量（例如，环境因素）进行干预（Hampson，2012；Caspi & Shiner，2006；Shiner，2005）。

对于本研究关注的州层次的宏观水平而言，与个体层次的"人格—健康"干预相似，又有所不同。在州水平考虑"人格—健康"问题的干预策略时，可以结合本研究结果重视特定问题发展过程的干预，例如，针对特定地区的儿童进行特定疾病相关教育和培训项目。同时，本研究提供的人格在不同环境下的作用机制，提供了从环境变量（例如，经济环境中的基尼系数）入手进行干预的可能方案。值得注意的是，在具体的健康干预工作中会发现，大多数人格特质的作用既有积极的，也有消极的，如何制定行之有效的方案，既需要考虑针对的是具体哪方面的结果变量，例如，是幸福感还是死亡率，是哪方面的死亡率，同时还需要考虑是在什么环境下（Roberts et al.，2007）。因此，本研究关注的人格与健康各方面的关联，以及环境在其关系中发生作用的影响机制，对于州层面的健康干预政策实践具有重要意义。

第三节　本书结构安排

本书共包含九大部分。

第一部分（第一章），主要对本书关注的国家内跨区域人格研究的发展历史、与健康问题的关系进行了简要介绍，并提出了本书的主要研究问题及其理论、现实意义。这一部分主要阐述了本书关注于区域人格和健康的关系及其作用机制的背景和出发点。在这部分中，笔者主要围绕人格心理学的发展过程展开，尤其是梳理了与地理相关的人格心理学研究脉络，简述了从跨国研究到国家内跨区域人格研究的主要转变，进而强调了基于地理心理学视角、社会文化和生态视角的国家内区域研究的重要性。

第一章 绪 论

• • • • • • • •

第二部分（第二章），为文献综述部分。这一部分首先对国家内区域人格研究与健康的关系研究进行详细的梳理，然后基于现有研究的不足提出了本书的研究思路和理论框架。

第三部分（第三章），为实证研究部分。这一部分首先对本书采用的数据来源进行简要介绍，然后对美国 50 州的人格特质与各种健康指标的关系进行系统地检验。

第四部分（第四章），为理论分析部分。在系统检验了人格与健康关系的基础上，本章将进一步探索人格影响健康的机制。具体来说，本章在回顾人格心理学关于"人—情境"之争以及相关研究理论的基础上，强调了在人格研究中考虑环境的重要性。尤其是结合本书关注的国家内区域分析水平，将在人格影响健康的基础上，引入宏观的社会环境作为探索"人格—健康"关系的调节机制。本章将重点阐述在人格与健康问题中引入环境作为调节机制的重要意义，并且提出适合解决本书关注的区域水平的人格与健康作用机制的人格与环境的亲和性假说。

第五部分（第五、六、七、八章），为实证研究及结果讨论部分。在第四章详细阐述了在人格与健康关系中引入环境作为调节变量的基础上，本部分将分别在第五、六、七章就人格与文化环境、人格与经济环境、人格与政治环境的交互作用对健康问题的影响进行实证检验。在第五章中，文化环境主要考虑集体/个体主义、松—紧文化；在第六章中，经济环境主要考虑基尼系数；在第七章中，政治环境主要考虑自由主义、保守主义政治倾向。在每一章中，首先对引入的环境变量的内涵、已有的环境变量与健康关系等研究进行综述；然后分别系统性地检验各环境变量在人格与健康关系中的调节作用；最后总结环境变量在调节不同的人格特征影响健康的作用规律。第八章为对第五、六、七章出现的结果进行对比和系统性总结，进一步挖掘不同的环境变量对人格影响健康的调节作用的差异，并尝试总结其中的规律。

第六部分（第九章），为本书的大总结部分。首先总结本书一系列研究的主要发现，并凝练出本书的创新点；然后介绍本书存在的问题和不足；最后围绕本书的主要不足，对未来研究进行展望。该部分重点结合目前已具备的研究条件和数据资源展望中国的区域人格与健康研究，希望本研究对中国开展区域人格研究有直接的参考价值。

第二章

国家内区域人格与健康研究进展

正如一个国家可以通过其年度降雨量或者石油储量来刻画，那么国家也可以被其国民的人格特质加以刻画。

——Hofstede & McCrae，2004

第一节 什么是区域人格

有的人比较健谈，爱与人打交道；而有的人却比较害羞，不善言辞。也有的人比较热情，爱关心别人；而有的人则比较冷淡，只关注于自己的事情……这些生活经验和常识似乎在告诉我们：人与人之间的个性特征是存在差异的。这样的观点也不断地被人格心理学研究所证实。但在群体层面，尤其是以地域为分组单位时，人们的人格特征是否也存在差异和规律呢？不同地区的人们是否在心理特征，尤其是人格上也存在差异呢？这样的问题，正是跨文化心理学，以及近些年兴起的地理心理学所关注的问题。

一、人格的跨国差异

越来越多的研究证据，尤其最早是在跨文化心理学的跨国研究中表明，很多心理特征都是有地域差异和地理集聚特征的（Oishi & Graham，2010）。与文化心理学关注于文化与个体之间的相互作用不同的是，跨文化心理学家更关注于对个体层面以及个体所居住的更广泛的背景分别进行测量，并通过不同层面分析来解释人类行为模式（Smith，Bond & Kagitcibasi，2006）。国家被跨文化心理学研究者视为一种重要的社会文化系统，是研究人类心理和行为的重要分析水平。因此，大量的跨文化心理学实证研究为基于国家地域特征的心理与行为规律提供了重要的证据。

关于心理特征的跨国研究最早是围绕文化价值观展开的。例如，20 世纪60—70 世纪期间，Hofstede 借助 IBM 全球 70 多个国家的雇员调查数据，研究了不同国家在个体主义—集体主义、权力距离、男性气质—女性气质、不确定性规避等不同文化维度上的差异（Hofstede，2001）。其中，在个体主义—集体主义维度上，个体主义程度最高的国家是美国、澳大利亚、英国、荷兰和加拿大；而集体主义得分最高的国家是危地马拉、厄瓜多尔、巴拿马、委内瑞拉和哥伦比亚。Schwartz 和他的同事在一系列研究中采用最小空间分析法（Smallest Space Analysis）分别对个体层面和国家层面的价值观进行了研究。结果发现，个体层面上价值观可主要分成 10 种类型，构成 2 个维度，而国家层面上则主要可分成7 种类型，并构成 3 个维度（Smith，Bond & Kagitcibasi，2006）。Schwartz（2009）在 75 个国家的数据上再次检验了 7 种文化价值观的结构，并由此得到了包含 8 大世界文化区的国家文化地图。此外，还有 Inglehart（1997）、Inglehart 和 Baker（2000）基于世界价值观调查（World Value Survey，WVS）的价值观研究，Bond 和 Leung（2009）关于世界信念的研究等一系列证据，均致力于在全球范围内进行国家水平上的文化价值观地图研究。

人格特质作为心理特征的重要组成部分，在跨文化研究中受到过广泛的关注和研究。但由于人格测量工具在跨文化研究中面临的工具信效度、样本代表性等困难和挑战，以往关于人格的跨国研究大多限于两个文化之间的对比（例如，Hanin et al.，1991；Iwata & Higuchi，2000）。直到大五人格量表（Revised NEO Personality Inventory，NEO－PI－R）（Costa & McCrae，1992）被证明具有较好的跨文化研究信度、效度后，研究者进而对大五人格特征的跨国对比和地理分布特征进行了一系列不断深入的探索。例如，Allik 和 McCrae（2004）在国家水平上分析了来自 36 个国家大五人格调查数据，结果发现在地理上相近的国家有着相似的人格画像（Personality Profiles），并且证明了描绘国家典型人格画像的可行性。在聚类分析结果中关系比较近的国家组合对中，加拿大和美国在地理上是相邻的，菲律宾和印度尼西亚语言同属马来—波利尼西亚语系。此外，多维标度分析结果显示，欧美国家和亚非国家呈现出较为明显的分野特征。欧美国家在外向性和开放性上得分较高。Schmitt 等（2007）进一步将分析的国家数量扩大至 56 个，通过自我评定式的大五人格调查数据分析发现了一些比较显著的地理分布特征。例如，在尽责性维度上，来自非洲和亚洲地区的国家在尽责性程度上显著高于世界其他地方的国家；对于开放性维度而言，智利等南美洲和欧洲国家开放性高，而日本、韩国等东亚国家开放性低；而与神经质维度相关的结果显示，非洲国家在焦虑、抑郁项目上得分很低。

二、人格的国家内—区域差异：区域人格

正如人格等心理特征在国家间存在差异和地理特征，研究者也发现心理特征在国家内区域水平也有地理差异和分布规律。Plaut、Markus 和 Lachman（2002）认为，一个地区并不仅仅是一个由地形或问卷调查流水线创造的物理空间，而是像 Morrissey（1997）所说的，"一系列由心理概念联系在一起的心理图景"，即尽管同一国家内部在政治、经济、语言、宗教信仰等方面有较高的相似之处，但不同地区的人们在文化价值观、人格等心理特征上仍然可能存在差异。

（一）个体主义—集体主义的国家内区域差异

"个体主义—集体主义"文化价值观，在国家内区域水平的地理分布差异及其相关研究是文化内区域研究中备受关注，也是非常具有代表性的研究问题。其中，Vandello 和 Cohen（1999）关于美国各个州在个体主义—集体主义水平上的差异和地理分布特征研究最为经典。研究者认为个体主义—集体主义研究中证实了文化的跨国家差异，而美国各地区由于地理、历史等各方面存在差异，集体主义可能在州水平上也存在差异。为了刻画个体主义—集体主义在美国各个州的差异，他们基于一系列假设，通过独居人口比例、65 岁以上老人独居人口比例等指标构建了美国州水平的集体主义指数（Collectivism Index）。结果发现，与美国各区域的集体主义存在差异的假设一致，美国南部（尤其是南方腹地）的集体主义水平最高，而西部山区、大平原地区的集体主义水平最低。日本作为典型集体主义文化国家，其集体主义文化程度在国家内地区水平是否也存在差异？Yamawaki（2012）采用类似的方法研究了 47 个一级行政区（都、道、府、县）水平上的文化内变异以及地理因素对文化的作用。该结果显示，

日本个体主义与集体主义分布在地区水平存在显著差异以及地域趋势。Van de Vliert 等（2013）对于来自中国 15 省样本的集体主义的研究发现，集体主义程度受气候状况和经济状况的共同影响。集体主义在气候环境恶劣且经济收入低的地区（例如，黑龙江）最强，在气候环境适宜的地区（例如，广东）集体主义程度最低（苏红，任孝鹏，2014）。

后续研究还发现在美国建州时间短的州（例如，蒙大纳和犹他州）相比于东海岸的地区，更加追求个体主义价值观（Park et al.，2009；Plaut et al.，2002）。Kitayama 等（2006）在日本本岛与于 19 世纪晚期建立的北海道之间也发现了上述关系。这些证据支持了自愿迁徙到边疆，定居边疆的人相对更追求个人的独立性和自主性的观点，即"自愿定居边疆"（Voluntary Settlement on a Frontier）假设。围绕该假设，Varnum 和 Kitayama（2011）进一步采用了常见名字占总人口名字百分比（Percentage of Popular Names）作为反映个体主义程度的指标。研究者认为一个地区的个体主义程度应该与常见名字占比呈负相关，即如果一个地区的个体主义程度越高，则父母给孩子起常见名字的可能性越小，那么该地区常见名字人口占比会越低。通过在美国 50 州水平上检验常见名字百分比情况时发现：与预期相一致，西部山区和西北太平洋地区的边疆州常见名字占比显著低于新英格兰地区。各州常见名字占比与各州建州时间成反比，即建州时间越早常见名字占比越高，个体主义程度越低，并且该结果在控制了收入水平和人口密度等变量时仍然存在。研究者进一步在加拿大各地区检验上述关系，结果发现在加拿大东部地区建省较早的 3 个省（新斯科舍省、安大略省和魁北克省），常见名字百分比显著高于西部地区建省相对较晚的 4 个省（亚伯达省、不列颠哥伦比亚省、曼尼托巴省和萨斯喀彻温省），也即反映了西部地区独立性、个体主义程度比东部地区高的趋势。

（二）人格的区域差异

1. 美国的地区人格差异

关于人格特质在国家内地区水平的研究也受到了研究者的关注，尤其是关于在美国地区水平上的研究相对较多。最早关注美国不同区域人格差异的实证研究，是 Krug 和 Kulhavy（1973）采用卡特尔 16PF 人格测量问卷对美国六大区近 6 400 名美国居民进行的人格调查。他们的调查结果发现，创造力（Creative Productivity），坚强独立（Tough - Minded Independence）和人际孤独（Interpersonal Isolation）这三类特质在男性、女性样本上均表现出了较大的地区差异。其中，美国西北部、西海岸和中西部相对于东南部、西南部以及西部山区在创造力人格特质上有显著差异；美国中西部相对于西海岸和西南部地区在坚强独立特质上有显著性差异；西部山区相对于中西部地区在人际孤独特质上也有显著差异。2002 年，Plaut 等为了研究美国不同地区的人们对幸福和自我问题的看法是否存在共性和差异性，采用大五人格量表对美国九大区（根据美国人口普查局的分类）约 3 000 名被试者进行了研究。他们从结果中发现各地区的自我概念或人格特征上存在一些显著的差异。例如，东南中央地区在宜人性项目上的得分很高；而太平洋地区在宜人性上的得分较低。新英格兰地区、南大西洋地区和西南中央地区在外向性项目上得分较高；而东北中央地区、西北中央地区和太平洋地区在外向性上得分较低。

以上关于美国人格区域差异研究的两次尝试，均受到在全国范围内对人格进行大规模测量所面临的成本制约，因而仅在包含多个州组成的几大区水平上进行，并且在样本代表性等问题上也面临着一定的挑战。2008 年 Rentfrow 等进一步在美国州水平上研究了人格的地区差异问题。他们通过网络问卷的方法收集了美国 50 个州和华盛顿哥伦比亚特区 60 多万美国居民的人格数据，该样本与美国人口普查局提供的人口统计学变量具有较好的一致性，从而较好地保证了该样本的代表性。在验证了大五人格结构在各州具有良好的心理测量学特性后，根据各州被试人格特质的均值，研究者得到了各州的人格特质数据，并绘制了美国州水平的人格特质地图。人格特质地图显示，美国州水平的人格特质并不是随机分布的，而是具有较为明确的地理聚类特征和模式。具体来说，外向性在大平原地区、中西部地区和东南部地区的州最高，例如北达科他州（North Dakota）的外向性在所有州中最高；而在来自西北部地区、中大西洋地区和东海岸地区的州得分最低，例如马里兰州（Maryland）和新罕布什尔州（New Hampshire）外向性最低。此外，对于每一个州也可以根据其在每个人格特质上的特征构建其地区人格或州人格画像。例如，北达科他州是宜人性、外向性最高，开放性最低，而神经质较低、尽责性中等的人格特质组合。

Rentfrow（2010）在综合分析这几次关于美国地区人格差异的研究结果时发现，神经质和开放性在三次研究结果中地理分布最为稳健，宜人性和外向性表现出了一定的稳健性，而尽责性稳定性较低。这几次结果之间出现的差异和不稳定性，从某种程度上与不同研究开展长达 30 多年的时间跨度、人格测量工具、样本的数量和代表性、关注的地区精度等多方面的差异是有关的。尽管存在一些差异，但这些研究结果仍然证实了一些较为稳健的地区差异。例如，神经质在东北部和东南部地区高，而在中西部和西部地区低；开放性在新英格兰地区、太平洋地区高，而在大平原、中西部地区和东南部地区低。总体来看，美国关于国家内区域水平的人格差异研究在地区精度、人格测量工具、样本数量和代表性等各方面都有不断完善、科学化的趋势。尤为重要的是，这几次不同地区精度（六大区、九大区、50 州及华盛顿哥伦比亚特区）的研究均表明：人格在美国国家内地区层面存在显著的地区差异。

2. 其他国家的地区人格差异

除了关于美国的研究之外，还有两个关于在英国和俄罗斯开展的文化内跨地区的人格地理差异研究。在英国，Rentfrow 等（2015）借助英国 BBC 网站、电台、电视节目等多种宣传渠道，开展了一项覆盖英国英格兰、威尔士、苏格兰三部分，共 380 个地方政府区，约 40 万居民参与的人格网络大调查。在验证了大五人格量表在各地区具有稳健、良好的心理测量学特性后，研究者通过各地区被试者的均值计算当地的人格特质得分，并绘制了英国各地区的人格地图。研究结果显示：大五人格特质在各地区有显著的差异，并且每种人格特质都呈现出了独特的地理分布特征。具体来说，高外向性人格特质主要集中于伦敦，英格兰南部和东南部等地区，即来自这些地区的居民大多是善交际的、健谈的以及能力充沛的；而东米德兰、威尔士、亨伯赛德郡、英格兰北部等地区外向性则较低，即来自这些地区的人大多是安静的、矜持的、内向的。

另一项关注于俄罗斯国家内不同地区人格差异的研究，是由来自爱沙尼亚塔尔图大学的 Alli、Realo、Móttus、Pullmann、Trifonova 共同发起，并联合了来自俄罗斯 40 所大学成员成立的"俄国性格与人格调查项目"（Russian Character and Personality Survey）而得以展开的（Allik et al.，2009）。联合项目组的研究者们通过他评的大五人格量表搜集了 39 个样本数据（$N = 7\,065$），覆盖了俄罗斯联邦 33 个行政区。首先，因子分析结果表明基于 50 个国家样本数据的跨文化人格结构在俄罗斯 39 个样本中成功得到验证。研究者通过单因素方差分析的方法对这些不同的样本人格特征进行检验，结果发现人格的 30 个子维度（大五人格有 5 个维度，每个维度下有 6 个子维度）的 27 个子维度在 1% 显著性水平下显著。研究者认为，这些代表不同地区的样本能在一定程度上反映出来自俄罗斯不同地区的区域人格存在系统性的差异。

（三）区域人格的定义

区域人格，是一种基于区域分析水平而言的概念。正如个体层面所指的人格是指可以描述个体所思、所想、所感的心理与行为倾向一样，研究者用区域人格来描绘一个地区区域居民的人格特征。目前的研究中并没有对区域人格进行非常明确的定义。但笔者认为，理解区域人格的概念，可以结合区域人格研究的发展脉络以及跨文化心理学研究中关于国家分析水平中的国家人格概念。需要说明的是，本书中所指的区域水平（Region－Level），特指同一国家内的不同地区，而有的研究中，把包含很多国家的洲水平也称为区域水平（例如，Oyserman，Coon & Kemmelmeier，2002）。因此，针对欧洲、亚洲等类似分析单位的研究，并不属于本书所讨论的国家内区域研究范畴。

分析水平问题，是跨文化研究中的重要问题（Smith et al.，2006）。个体水平（Individual－Level）与国家水平（Nation－Level），是跨文化研究中关注最多的两项分析水平。个体水平就是对个体直接进行测量，并对这些进行分析就是个体水平的研究。而国家水平的研究，通常是对各个国家的个体分别进行测量之后，取每个国家所有个体的均值作为该国的得分（还经过默认反应偏差等一系列偏差校正处理），然后以国家为分析单位进行研究。例如，Hofstede 对全球各国"个体主义—集体主义"等文化维度的研究便是采用上述方式进行的，即通过计算各国国民均值（Citizen Means）作为国家层面分析中各国的得分。与国家 GDP 等群体性概念有所不同，绝大多数的心理概念，如价值观、动机、人格等变量，只能通过个体层面进行搜集，然后根据国家进行分组和相应处理得到。但是上述过程的进行需要保证所测量的心理概念在各国都具有等值或至少相似的结构。鉴于此，Smith 等（2006）曾对在 5 个以上国家已经建立了等值结构变量进行了整理，包括：价值观（Bond，1988；Schwartz，1992；Inglehart & Baker，2000）、信念（Leung & Bond，2004）、一般自我效能感（Scholz et al.，2002）、人格（Allik & McCrae，2004）、集体主义—个体主义（Triandis et al.，1993）、独立型和依赖型自我（Gudykunst et al.，1996）、抑郁（van Hemert et al.，2002）、主观幸福感（Diener & Oishi，2004）和子女价值（the Value of Children）（Kagitcibasi，1982）。一些有关于国家层面的跨文化研究，例如，Allik 和 McCrae（2004）关于 36 国的跨文化人格研究，也是通过计算各国国民的人格总体均值来表示各国的人格特质水平的。

近些年兴起的区域人格研究，其分析水平介于跨文化研究经典的个体分析水平和国家分析水平之间。从概念本质上而言，区域人格的本质与国家人格比较接近。因此，区域人格在计算和构建方法上主要借鉴了国家人格的构建过程。例如，在 Rentfrow 等（2008）关于美国州水平的人格研究中，就是以各州内所有被试的人格均值作为该州的人格特征，即州的人格特质反映的是该州居民的人格特质均值。一个地区的人格均值可以反映出该地区是否有很大一部分比例的居民具有该人格特质。Rentfrow 等（2015）在分析英国各行政区的人格特质水平的结果时，发现苏格兰大部分地区，即英格兰北部、西南部以及东部地区的宜人性高。他们解释道，"（这说明）来自这些地区的居民，很大一部分比例是友好的、可信赖的以及热心的"。总结来说，区域人格可以解释为：如果一个地区在 A 人格特质上得分高，则意味着该地区居民总体上具有较高的 A 人格特质，或者说该地区居民中很大一部分比例的人都具有较高的 A 人格特质。

第二节　区域人格研究的意义

研究者为什么会关注区域水平的人格研究，尤其是跨文化研究为什么会在关注了个体水平和国家水平的研究之后，又会转而关注同一国家内不同地区的区域水平研究？这与区域研究的意义有关。

一、区域水平研究相对优势

（一）样本代表性更高

Allik 等（2012）在回顾了跨文化研究的三十年发展历程时认为，在数据收集、抽样等方面的偏差仍然是一个需要引起关注的重要问题之一。他们为了分析跨文化心理学研究中关于样本抽样问题的情况，对该领域重要的刊物《跨文化心理学（Journal of Cross – Cultural Psychology）》2009 年发表的 45 篇跨文化心理学研究进行了分析。他们发现，这 45 篇跨文化心理学研究涉及了 58 个独立的研究（总被试量 $N = 18\ 143$），但只有 15 个（即 26%）研究包含了 2 个以上不同民族、种族或文化群体的比较，而有超过半数（52%）的研究是仅仅在 2 个群体上对某一心理变量进行了对比。研究者发现，这种基于人类学视角的二元文化模型（Anthropological Two – Culture Model）的研究不仅在现代跨文化研究中数量众多，而且还具有很大的影响力。在关注国家水平的跨文化研究中，搜集数量客观的样本是一件成本较高、挑战很大的工作。虽然也有研究者通过建立人格与文化项目研究小组（例如，70 Members of the Personality Profiles of Cultures Project）等各种形式来尽可能多地搜集数据，但至少从目前的研究现状来看，这种大型联合项目还未能广泛推广。换言之，需要通过这种方式顺利建立和推进跨国研究，其门槛还是相对较高的，这对发起人的号召力，研究者的管理、协作能力等各方面都具有很高的要求。

此外，关于国家层面的跨文化研究除了在国家数量上存在较大困难外，在每个国家内部选取足够数量的被试样本也仍然是不小的挑战。跨国研究中要以国家均值代表国家进行计算和分析，这就要求每个国家所搜集的被试样本数量足够大以使这些被试样本的总体均值能较好地反映该国大多数人的心理特征，尤其是对于国家内部民族构成复杂、地域差别大的大国来说，这种代表性就更成问题。现有很多二元文化跨国对比的研究，在国家内部取样上还往往出于方便取样的考虑，采用国家内一个或少数几个地区来代表一个国家（Allik et al.，2009）。因此，Rentfrow（2010）认为，基于这种方便抽样原则进行的跨文化对比研究，所得到的跨文化差异并不仅仅是国家差别，还包括了不同地区的差异（例如，Kashima et al.，2004 的研究）。

一方面，关注国家内不同地区的区域水平研究，在数据搜集和样本代表性上相对国家水平的样本来说相对更容易一些。研究者在同一国家内部的不同地区之间进行样本抽样时，面临的民族多样性、语言多样性等挑战相对较小，从而在样本代表性上具有一定的优势。另外，相对而言，在国家内建立联合的大型人格与文化测量项目，从管理协作的成本和门槛上而言都相对国际项目要小。例如，Allik 等（2009）关于俄罗斯人格在 33 个行政区的地理分布研究正是依托于联合 40 所大学成立的"俄国性格与人格调查项目"。另一方面，通过网络平台搜集数据的方法在心理学研究中扮演着越来越重要的作用，并且被证明在样本多样性、数据质量等方面等同于甚至高于传统研究方法采用的数据收集手段（Gosling & Mason，2014；Gosling et al.，2004）。借助网络问卷调查的方法在国家内部各地区开展人格研究，可以大大提升样本的代表性。例如，Rentfrow

等（2008）和 Rentfrow 等（2015）分别关于美国（$N = 619\ 397$）和英国（$N = 386\ 375$）人格地理分布的研究，都是借助网络问卷的方法搜集了大样本，并且也被证实与官方的人口普查数据具有较高的一致性。而相对而言，如果在国家层面，各国互联网的普及率差异也比一个国家内部的大，因此即便使用网络问卷调查的方法，也不一定能保证较好的样本代表性。

（二）受各种干扰变量影响小

跨文化研究中出现的国家差异，可能受参照群体效应（Reference – Group Effect）的影响。根据社会比较理论，人们在进行自我判断时，是基于与自己相似的他人（Heine et al., 2002）。研究者发现，人们在完成自我报告的心理测量量表时，往往会通过对比自己与他们所处文化的内隐的社会规范来完成（Heine et al., 2008）。那么，跨文化研究中各国被试自我报告的人格数据，对比的其实是被试相对于自己所处文化的他人或社会规范，而并不是相对于其他国家的被试（Rentfrow, 2010）。Allik 和 McCrae（2004）在关于 36 国的人格跨文化比较研究中认为，如果存在这种参照群体效应，那么国家间的差异应该会被削弱甚至完全消失。但他们的结果发现尽管在这种可能的参照群体效应下，国家间的人格特质仍然呈现出了差异，更加证实了人格在国家间存在差异和地理特征。但是，Allik 等（2009）又承认，各国的人格特质均值在跨文化对比中差异值却并不大，国家之间的变异大约只有国家内个体间变异的九分之一。例如，McCrae（2002）关于 36 个国家、Schmitt 等（2007）关于 56 个国家的人格特质均值的标准差都大概只有这些国家内个体差异的三分之一。因此，跨国研究中各国人格特质均值的差异小，可能与参照群体效应的削弱效应有关。但在关注同一国家内的区域水平研究时，由于被试处于一个相对共享的内隐文化标准和参照标准下，因此受参照群体效应的影响程度更小（Heine et al., 2008；Rentfrow, 2010）。

此外，区域水平研究受语言、宗教、民族、气候等各种变量干扰的影响也相对跨国研究来说比较小，有利于挖掘更精确的心理变量规律。Conway III 等（2013）认为将国家作为一个分析单位的做法有点粗糙。在文化研究中，国家往往由于太大而难以被归类为一种文化，并且还容易受到语言、民族、宗教背景等多方面因素的影响。例如，俄罗斯是一个面积巨大、民族多样性高的国家，有 160 多个不同的民族、100 多种不同的语言，这对于在跨国人格对比研究中用一个国家的分析单位来刻画俄罗斯带来了巨大的干扰和挑战（Allik et al.，2009）。此外，Allik 等（2009）认为，尽管有不少证据表明大五人格测量工具在跨语言上具有较好的一致性（McCrae，2001；McCrae，2002；McCrae et al.，2005），但在跨国人格对比中国家之间的人格特质均值差异仍然有可能是由于问卷翻译过程中微小的语义变化导致的。因此，为了尽可能地消除语言翻译等问题带来的干扰，在使用同一种语言的国家内进行研究就可以很好地解决这个问题。譬如，俄罗斯虽然各个地区母语不同，但大多数居民都可以流利地使用俄语（Allik et al.，2009）。总而言之，在国家内区域水平可以较好地控制和分离语言、宗教背景、民族、气候等各种可能的干扰因素，从而为推论区域人格与其他变量之间的关系提供更可信的证据。

二、在多水平分析的全景式框架中的意义

（一）作为一种新分析水平的独特意义

区域分析水平，作为一种介于个体分析水平与国家分析水平之间的一种新的分析水平，其本身具有重要的理论和实践意义。跨文化研究发现，个体层面与国家层面的研究结果在逻辑上或实证上并不一定具有必然的对应关系。在人格研究中，有强调一般规律研究的常规法则研究取向（Nomothetic Approach）和强调个体独特性的特殊规律研究取向（Idiographic Approach）。持特殊规律研究取向的文化心理学家，致力于研究各种分析水平的文化规律（Conway III et al.，2013），即认为每种分析水平的研究都具有重要的意义。

区域水平作为一种新分析水平，也具有其独特的理论和现实意义。现有立足于区域分析水平的区域地理学与经济学、公共卫生、政治学等诸多社会科学领域都有交叉研究。例如，区域经济学（Regional Economics）致力于研究区域水平的空间地域与人类经济活动之间的相互作用关系问题，例如当地资源、基础设施对居民流动性、幸福感的影响；基于区域水平的公共卫生研究，主要致力于探索影响健康和幸福感的社会经济因素；与区域地理相联系的政治学研究，主要关注人口学、社会性以及经济性因素如何影响和改变公共舆论和政治选举过程等问题。Rentfrow 等（2015）认为，区域地理学与以上诸多社会科学产生交叉并展开研究，其背后都有这么一个基本的心理学假设：人们居住的地方与人们的态度、动机和幸福感有着密切的关联。而探索人们的心理特征与行为在

空间上的分布以及作用规律，正是近些年兴起的地理心理学所关注的核心问题。其中，区域分析水平是目前基于地理心理学开展实证研究的重要分析视角。从实践应用角度而言，由于"生态学谬误""反生态学谬误"等问题的存在，个体层面和国家层面的研究都不能对区域水平的公共决策提供直接的指导意义。因此，开展区域分析水平研究对于区域公共决策、区域公共政策制定有直接而重要的指导意义。

（二）构筑"个体—区域—国家"多水平的全景式分析框架

从现有的不同研究水平之间的关系来看，如果将个体分析水平、区域分析水平以及国家分析水平综合起来，三者便可以构成一个"个体—区域—国家"的全景式分析框架。研究者要深刻理解一个问题，必须在不同层次分别进行研究，并对不同层次的研究结果进行对比和总结。目前很多问题的证据，例如个体主义—集体主义文化价值观、人格特征研究，大多集中于个体层面和国家层面，而关于区域层面的证据相对较少。因此，加强区域水平的研究有利于构建、补充和完善"个体—区域—国家"全景式的分析框架。

研究者已经在关于个体水平与国家水平的心理特征进行对比的心理学研究问题上取得了不少研究成果。例如，Schwartz 在个体层面发现价值观主要可以总结为十种基本的价值观类型以及归入两个维度；而国家层面的价值观主要可以总结为七种基本的价值观类型以及归入三个维度。换言之，个体层面的价值观类型和结构与国家层面的价值观类型并不完全等同。除了在价值观结构上的不同外，研究者还发现个体层面和国家层面在具体的内容上还存在一些比较突出的差异。例如，"谦卑"和"权威"两种在个体水平看似负相关的两种价值观，在国家水平却同时出现在等级秩序类型下。以上结果可进行如下解释：个体层面谦卑和权威不大可能同时共存，而在一个国家中谦卑和权威则很可能同时存在一个等级秩序的社会环境下（Smith et al.，2006）。

目前能同时在个体水平、国家水平以及区域水平均有相应证据并可进行对比的研究问题并不多。在人格领域，关于人格评定的准确性（包括刻板印象的准确性问题）的研究相对较多，可进行初步的对比分析。例如，Terracciano 等（2005）发表在《科学》杂志上的一项关于 49 个国家的性格研究发现，人们对本国整体人群的人格刻板印象与该国国民通过自我报告方式计算的实际人格特质之间不存在显著关联。换言之，人们对于自己国家的人格刻板印象是不准确的。但很多研究又显示，人们对自己和熟悉的特定他人（例如，朋友）的人格评价具有较为准确的判断力（例如，McCrae et al.，1998）。因此个体水平和国家水平的研究结果形成了这样一个矛盾：人们可以较为准确地判断特定个体的人格特质，但是却无法准确地判断出自己本国宏观人群的特质（Robins，2005）。Rogers 和 Wood（2010）进一步在美国区域水平上探讨了人们对区域水平地理刻板印象的准确性问题。考虑到操作的可行性，研究者将美国 50 个州通过分类整合成 20 个地区，并要求被试对这 20 个地区的人格特质进行评定（即地区的人格刻板印象）。结果发现，人们对于区域水平的人格刻板印象具有一定的准确性，但不同人格特质的地理刻板印象准确性不同。其中，对于神经质和开放性人格特质的刻板印象准确性最高，宜人性和外向性的准确性略高于随机猜测，而尽责性准确率并不理想。由以上结果可以初步发现，人们在个体水平的人格特质判断准确率最高，对于国家层面人格地理的刻板印象准确率最差，而对于国家内区域水平的判断介于二者之间。总体上似乎呈现出一种随着判断群体的规模越来越大、层次越来越远，人们的人格判断准确率逐渐下降的趋势。当然以上也仅为假设，有待未来进一步检验。但这个例子有助于我们理解如何通过综合和对比"个体—区域—国家"多分析水平的研究结果，从而建立"个体—区域—国家"的全景式分析框架，尤其是对关于区域人格与其他重要的社会指标（例如，健康）之间的关系，引入这种多水平的全景式分析框架意义更重要。借助多水平的分析框架，可以更进一步发现这些变量之间的相互作用关系在不同水平下的关系是否一致，是否存在一定的规律，乃至存在差异的可能原因是什么等一系列具有重要理论和实践意义的问题。从当前的研究现状来看，关于个体层面和国家层面的人格研究证据都相对较多。因此，加强对区域层面的人格研究对于构建和完善多水平的全景式分析框架具有重要价值。

第三节　区域人格的形成与作用机制

一、区域人格的形成机制

区域人格反映的是一个地区的居民是否很大一部分都具有某种人格特质。那么为什么不同的区域人格特质会有差异？区域人格差异的形成机制是什么？具体而言，为何有的地区宜人性特质高于另一些地区，而有的地区开放性高于另一些地区？已有研究在解释国家水平上的人格特质差异的产生机制时，主要从基因、人口流动、文化、气候等因素进行解释（例如，Heine & Buchtel, 2009；Hofstede & McCrae, 2004；Jokela, 2009；Jokela et al., 2008）。例如，Allik 和 McCare（2004）认为，共同的文化、共同的基因以及共同的物理环境，可能是地理上临近的国家人格相似的主要原因。Rentfrow 和他的同事在关于跨国研究人格差异解释的基础上，总结了区域人格差异产生的三种典型却并不相互排斥的解释机制：选择性迁移（Selective Migration）机制、社会影响（Social Influence）机制以及生态环境影响（Ecological Influence）机制（Rentfrow et al., 2008；Rentfrow, 2010；Rentfrow et al., 2015）。

（一）选择性迁移机制

区域人格差异的选择性迁移假说认为，人们有选择地迁移到能满足和强化自身心理需求的地方，这可能是创造并维持地区差异的原因之一（Rentfrow, 2010）。流动可能不但消除不了地区差异，反而创造和维持了区域差异（Gastil, 1975；Rubenstein, 1982；Plaut et al., 2002）。在流动迁移中，人们经常选择那些与自己的生活方式和价值观相似的地区（Borchert, 1972；Zelinsky, 1973/1992）。例如，Motyl 等（2014）通过一系列研究表明，当个体与群体的意识形态不一致时，更倾向于搬家，两者关系的中介物为群体归属感。具体来说，当自由主义的人住在保守主义的地区，他们更倾向于搬到更自由主义的地区；当保守主义的人住在自由主义的地区，他们更倾向于搬到更保守主义的地区。美国社会是具有高流动性的社会（Perry，2006），这为人们根据周围人的价值观和生活方式来比较自由地选择自己的住处提供了更多的机会和空间。一些关于人格特质与居住流动性的研究显示，不同的人格特质在居住流动频率或偏好上也存在显著差异。例如，宜人性高的个体相对于宜人性低的个体更不愿意搬离自己的家乡（Boneva et al.，1998）；而开放性和外向性高的个体相对于低开放性、内向性的个体则更倾向于搬家（Jokela，2009）。

同样地，特定群体的人可能更愿意选择住在与自己相似的地区，以便能更好地得到理解以及共享语言、文化等（Rentfrow et al.，2008）。例如，研究发现一些相对特殊群体的人群，倾向于搬迁到相对更容易接受他们生活方式的大都市中（Chauncey，1994；Moss，1997）。鉴于多样性高的城市能够赋予创造能力更高的价值，艺术家更愿意定居在多样性高的城市中（Florida，2002）。因此，Rentfrow 等（2008）认为，当很多个体都有选择地流动到某种人格特质比较常见的地区，那么该人格特质在这个地区将变得更加流行，并且能够持续下去。另外，选择性迁移机制还可能鼓励另一些特质的人离开这个地区，从而使得该地区在这种人格特质上的总体水平降低。简而言之，人们根据自己的偏好和心理需求选择性地迁移和流动，以及由人群流动带来的基因漂变（Genetic Drift），创造并维持了人格特质在不同地区的差异（Rentfrow et al.，2014；Hofstede & McCrae，2004）。

（二）社会影响机制

社会影响假说认为，一个地区主流的传统、规范、生活方式会影响生活于其中的居民心理与行为（Rentfrow，2010）。社会影响是社会心理学的重要观点，即认为个体的心理与行为容易受到周围其他人的影响（Aronson，2011）。例如，社会心理学中经典的从众研究发现，人们会模仿同一环境下他人的行为（Asch，1952）。Fowler 和 Christakis（2008）的研究发现，个体的快乐水平显著受到其所在社会网络关系中的他人快乐程度的影响。Kramer、Guillory 和 Hancock（2014）基于 Facebook 上近 69 万用户的实验研究发现，人们仅仅暴露在好友情绪表达环境下，便可以无意识地体验到与他人相同的情绪状态，即产生了情绪传染效应。换言之，个体的情绪、态度以及行为等各方面都可能受到其所生活的社会环境和同一环境中他人的影响。因此，社会环境可能对个体的人格产生影响。

动态社会影响理论（Dynamic Social – Impact Theory）认为，个体与他人的多次重复社会互动导致了态度在地区上呈现出聚类特征（Bourgeois & Bowen，2001；Latane，1981）。Bourgeois 和 Bowen（2001）认为，人们的态度在地理区域上呈现出聚类的特性并不是因为人们根据相同的兴趣而选择生活在同一个地方，而是社会影响作用的结果（Rentfrow et al.，2008）。那么，当某种人格特质在一个地区比较常见时，原本在该人格特质上水平比较低的个体容易受到这些人格特质高的个体的影响，从而维持甚至加强了该人格特质在该地区的流行程度。此外，社会化的观点认为，社会影响的作用使得该地区所推崇、鼓励的人格特质在个体社会化的过程中被内化，从而使得该地区绝大多数个体都拥有这些人格特质（例如，Hofstede，2001；Triandis & Suh，2002）。因此，社会化、社会影响等机制也可能是各地区人格等心理特征存在差异的重要原因（Rentfrow，2010）。

（三）生态环境影响机制

生态环境因素，也被认为是导致区域心理差异的重要原因（Anderson，1987；Gastil，1975；Trevor – Roper，1972；Zelinsky，1973/1992）。社会生态心理学的观点认为，山脉等地理特征，气温、湿度等气候特征及其构成的宏观生态环境，都可能对人类的心理与行为具有重要的影响作用（Oishi & Graham，2010；Oishi，2014）。例如，Oishi、Talhelm 和 Lee（2015）的研究探索了外向性人格特质与高山、大海地理特征之间的关系。研究者认为，很多文化中关于隐士形象的图示都倾向于与深山而不是与大海联系在一起。譬如，中国河南的嵩山被认为是佛教的达摩祖师修行并创立禅宗的地方。研究者通过五个研究证实了假设，其中一个研究从美国州水平研究了来自山区的居民是否相对更内向的假设。结果发现，州水平的外向性人格特质显著地与该州的山区程度（包括高山数量、海拔差等）呈负相关（$r = -0.42$，$p = 0.002 < 0.01$）。地区的传染病流行率也被证明与人格有关。在传染病流行率高的地区，接触陌生他人、外群体成员，探索新事物，往往意味着更高的疾病传染风险。因此，Schaller 和 Murray（2008）假设地区的传染病流行率与外向性、开放性等人格特质相关。结果发现，外向性、神经质、开放性在历史传染病流行率高的国家显著更低。此外，疾病流行率还被证明与服从、偏见等一系列的心理与行为反应相关（Schaller & Neuberg，2012；Oishi，2014）。

很多关于生态环境与其他心理与行为特征之间关系的间接研究也能说明区域人格地区差异形成的生态环境机制。例如，气温、光照与季节情感障碍关系的研究（Golder & Macy, 2011; Magnusson, 2000; Yang et al., 2010）；气温与情绪表达（McCrae et al., 2007）；气温与城市犯罪率之间关系研究（Anderson, 2001）；气候与亲社会行为（Guéguen & Lamy, 2013）；人口密度与死亡率关系的研究（Fleming et al., 1987），生活区绿地面积与生活满意度、心理压力的关系研究（White et al., 2013）等。

二、区域人格的表达机制

区域人格差异现象是否可能体现在地区层面的各种社会指标上，如果可能，它又是如何在地区水平上得以表达？例如，开放性特质高的地区，是否在地区教育等相关社会性变量上有所体现，以及这背后的一系列关系和表达机制是什么？为此，Rentfrow 等（2008）在综合心理学和其他社会科学的相关理论和研究证据的基础上，进一步提出了动态过程模型（Dynamic – Process Model），用以解释人格在地域水平的表达机制。该模型归纳了 5 条区域人格在地域水平上进行社会性表达的主要作用路径：①区域人格特质影响个体/群体心理与行为倾向；②群体心理与行为影响社会指标在地理水平上的表达；③社会影响群体心理与行为倾向；④社会结构影响心理与行为倾向；⑤社会规范影响区域人格特质水平。

总而言之，揭示区域人格地域水平表达机制的动态过程模型认为，区域人格特质、区域整体心理与行为倾向以及区域社会指标之间存在动态的相互作用关系。一方面，地区的人格特质水平可以通过"自下而上（Bottom – Up）"的作用路径在地域水平上得以表达（路径①~③）；另一方面，地域层面的社会性变量又能通过社会规范影响等"自上而下（Top – Down）"的作用机制反作用于区域人格水平（路径④~⑤）。Rentfrow 等（2008）认为，虽然动态过程模型的有效性有待充分的实证证据进行验证，但它为开展地域水平的人格同一系列可能与之相关的社会指标之间的关系研究提供了重要的理论参考。

第四节 区域人格与健康关系的实证进展

一、区域人格与社会指标关系的实证证据

在区域人格差异及其地理分布特征研究的基础上，研究者进一步围绕区域人格与各种区域水平的社会指标之间的关系问题开展了一系列的实证研究。区域人格被证明与政治性、经济性、社会性和健康（PESH）等重要的社会结果变量有关（Rentfrow et al.，2015）。

在政治性结果变量方面，某些区域人格特征能显著预测该地区的政治选举投票行为。Rentfrow 等（2009）研究了美国各州的大五人格特质与 1996 年、2000 年以及 2004 年美国总统选举的投票关系。结果发现，各州投票给民主党候选人的比例与该州的开放性显著正相关，而与尽责性显著负相关；而共和党候选人的投票支持率则与该州的开放性显著负相关，而与尽责性显著正相关。研究者进一步发现，以 2008 年总统选举中各州民主党候选人奥巴马的投票支持率与共和党候选人麦凯恩的投票支持率之差，与该州的开放性显著正相关，与尽责性显著负相关，并且以上关系在控制了黑人人口比率、女性人口比例等人口学变量后仍然显著（Rentfrow，2010）。Rentfrow 等（2015）在英国关于 380 个地方政府行政区人格调查研究中，以英国 2005 年、2010 年的普选投票作为政治结果变量。结果发现，各地区的尽责性与保守党支持率显著正相关，与工人党支持率显著负相关，与自由民主党支持率相关不显著；开放性与保守党、工人党支持率相关不显著，但与自由民主党支持显著正相关；而神经质则与保守党、自由民主党支持率显著负相关，与工人党支持率显著正相关。

在经济结果变量方面，主要包括区域人力资本，地区创业率、经济水平等问题。Rentfrow 等（2008）研究了美国各州人格特质水平与各种类型职业从业比例之间的关系。结果发现，从事商业金融行业的人口比例与开放性显著正相关（$r=0.49$），与神经质显著负相关（$r=-0.40$），与尽责性呈现显著负相关（$r=-0.38$），但这些相关在控制了收入水平、教育程度、女性人口比例等一系

列人口学变量之后不再显著。Rentfrow 等（2015）关于英国样本的研究结果显示，地区的外向性、开放性与教育获得水平、从事管理和专业技术职业类型的人口比例显著正相关，与从事服务与行政岗人口比例、交易岗人口比例呈显著负相关；而神经质与开放性的结果则相反。并且，以上关系在控制了收入水平、女性人口比例等人口学变量的条件下仍然稳健存在。而宜人性、尽责性与各经济指标的关系则不显著，或在控制了收入水平等人口统计学变量后不再显著。Obschonka 等（2013）研究了创业人格（Entrepreneurial Personality，即高外向性、尽责性和开放性，以及低宜人性和神经质）与创业率之间的关系，结果发现地区创业人格与区域创业率之间的稳健正相关在美国 51 个地区（50 州和华盛顿哥伦比亚特区）、15 个大都市区，德国 14 个地区，英国 12 个地区均稳健存在。Obschonka 等（2015）以美国（$N = 935\,858$）和英国（$N = 417\,217$）的大样本研究了两个地区的区域心理特征与金融危机的弹性之间的关系，结果发现两个样本中区域人格情绪越稳定、越具创业人格特征的区域，在金融危机中经济下挫程度显著越小。Allik 等（2009）关于俄罗斯 33 个行政区的人格数据发现，开放性人格特质与该地区经济繁荣程度显著正相关。Yang 和 Lester（2016）关于美国州水平的研究发现，开放性与该州的国民生产总值正相关，而高开放性、低神经质与该州的人均国民生产总值相关。

在社会指标上，主要包括社会资本、犯罪率、文化多元程度等问题。社会资本作为社会学领域的重要研究对象，衡量了个体与家庭、朋友等他人关系的紧密程度，包括社会支持和信任等内容。Rentfrow（2010）以美国州水平的大五人格特质与 Putman（2000）的社会资本指数（Social Capital Index）的研究结果显示，州水平的社会资本与宜人性显著正相关，与外向性也有正相关但不显著，与尽责性、神经质显著负相关。Allik 等（2009）在俄罗斯的区域人格研究中，通过大五人格问卷测量的其中一个子维度信任特质发现，随着地区离 Moscow 的距离而递减（$r = -0.51$），即离首都越远，信任水平越低。在犯罪率上，Rentfrow 等（2008）的研究结果显示，美国州水平的开放性、外向性人格特质水平与抢劫、谋杀犯罪率显著正相关；宜人性与抢劫、谋杀犯罪率显著负相关，并且以上关系在控制了收入水平、性别比等人口统计学变量后关系仍然显著。Rentfrow 等（2015）在英国样本上，发现开放性、神经质与暴力犯罪率显著正相关，宜人性、尽责性与暴力犯罪率显著负相关，但以上关系在控制了收入水平、性别比等控制变量之后都不再显著。在文化多元性方面，Rentfrow 等

（2008）的美国样本结果显示，开放性与自由主义价值观显著正相关，并且在加入人口学控制变量后关系仍然显著。在英国数据样本上，也发现了类似的结果，即开放性显著与该地区同性伴侣人口占比正相关，并且还发现宜人性与同性伴侣人口占比显著负相关。

二、区域人格影响健康的实证证据

除了与政治投票行为、区域人力资本、社会资本等政治、经济、社会变量之间的关系，区域人格与健康之间的关系研究相对而言是受到关注最多的研究议题，这与健康问题本身的重要性有着密不可分的关系。个体水平上关于人格与健康关系相关的问题和探索至今有数千年的历史。时至今日，在个体水平上对人格与健康关系进行深入而系统的探索仍然在不断推进和完善，包括人格测量工具方法的完善，大型人格与健康问题相关的纵向追踪项目的推进等（Friedman & Kern，2014）。一方面，受宏观层面人格测量工具或者说人格心理学对宏观水平人格研究发展相对较晚的限制，直接在宏观层面探讨人格与健康关系的研究数量相对较少；但另一方面，宏观层面的健康问题，却又是公共卫生、公共政策、健康心理学等众多学科领域的重要研究对象。无论从理论层面，还是从实践层面而言，探索宏观水平的健康相关的心理与行为规律都具有重要的研究价值。在 Rentfrow 等（2008）关于美国州水平人格特质差异、地理分布及其与一系列区域水平的社会指标之间关联这一基础性研究的支持和推动下，一批关注国家内区域水平人格与健康关系的研究涌现出来。

（一）现代意义上的健康内涵

最为传统意义上的健康是指没有身体疾病，但随着社会的发展，人们对健康的理解和追求也是有所不同的。如果问一个人，"你想要一个什么样的生活，或者想为你爱的人创造一个什么样的生活？"通常得到的答案是：一个又长又幸福的生活（Røysamb，2005）。现代社会的人们追求的理想生活，既要有生命的长度，又要有生命的质量（Friedman & Kern，2014）。如果考虑生命的长度，则涉及寿命、死亡率、身体疾病、心理疾病等问题，这是传统健康学所重点关注的问题；如果考虑生命的质量，则涉及幸福感问题，例如对生活满意度的评价、积极情绪、消极情绪水平等（Diener & Lucas，1999），这是近些年健康心理学以及积极心理学比较关注的问题。

目前健康心理学研究对于健康问题的探讨，往往涉及的内容较广，例如预期寿命、死亡率、各种疾病发病率、心理疾病等。那么究竟现在人们所追求的健康到底是什么？包括哪些内容？根据联合国卫生组织关于健康的定义，健康并不仅仅是没有疾病，而应该是包含身体的、心理的以及社会幸福多方面的综合体（Røysamb，2005）。Friedman 及其同事们在参考联合国卫生组织关于健康的定义以及相关研究的基础上（Friedman & Kern，2014；Friedman et al.，2010；Friedman & Martin，2011），认为健康可以被操作化为以下六个方面内容：①身体健康（Physical Health），指个体有能力和能量完成一系列日常任务的状态，并且是由专业职业资格认证专家基于客观证据的身体健康评估结果；②主观幸福感（Subjective Well – Being），包括认知成分的自我感知的生活满意度，和情感成分的积极情绪、消极情绪频率（Diener，Inglehart & Tay，2013）；③社会竞争力（Social Competence），指能够与他人一起参与活动，包括维持亲密关系，被社会网络、社群所支持，以及支持他人的能力；④生产力（Productivity），指持续地获得成就感或为社会做贡献，但随着许多国家老龄化的加速，生产力的概念可能又有新的含义和意义（Fried，2012）；⑤认知功能（Cognitive Function），指能够进行清晰地思考和回忆的能力，包括记忆、感知、语言、空间能力、决策、推理等涉及抽象运算的心理过程；⑥长寿（Longevity），即通常以个体到死亡时的年龄来衡量，被认为是最客观、最有效的单个健康测量指标（Friedman & Kern，2014）。由此可见，健康是一个内涵非常丰富的概念，包括身体层面、心理层面（还可再分为情感层面、认知层面）等多方面，既有积极面的幸福感、寿命，也有消极面的死亡率、疾病发病率、心理障碍等，甚至很多健康心理的研究中也关注健康行为在健康问题中的重要作用，例如吸烟行为、酗酒等。

（二）区域人格与健康关系实证研究现状

区域人格与健康的关系问题，是区域人格研究者重点关注的问题。由于地区层面的人格数据可得性等方面的困难，目前关于区域人格与健康关系的研究数量并不多且大多集中于探讨美国的州人格水平与健康关系，主要包括以下四个方面：

1. *寿命与死亡率*

Rentfrow 等（2008）以美国人口普查局提供的预期寿命数据，以及美国疾控中心（Centers for Disease Control and Preventions，CDC）提供的癌症和心脏病死亡率数据，研究了美国州水平人格与健康的关系。首先，结果显示神经质与健康之间的关系最为稳健，神经质与癌症死亡率（$r = 0.70$）、心脏病死亡率（$r = 0.74$）显著正相关，与预期寿命显著负相关（$r = -0.50$），并且在控制了收入水平、种族等人口统计学变量后上述关系仍然稳定存在，与个体水平的研究具有较强的一致性。其次，宜人性与健康的关系也比较稳健且与个体水平研究也有较强的一致性。宜人性与预期寿命显著正相关（$r = 0.39$），在控制了人口统计学变量后仍然保持显著（$r = 0.38$），而宜人性与癌症、心脏病的死亡率虽然负相关，但不显著。与个体水平研究差异比较大的是尽责性和外向性，尤其是尽责性在个体水平被认为对健康具有重要的保护作用（Friedman & Kern，2014）。结果显示，尽责性与预期寿命呈现出显著负相关（$r = -0.44$），与心脏病死亡率（$r = 0.31$）显著正相关，但在控制了人口统计学变量后，只有与预期寿命的负相关保持显著（$r = -0.27$），其他均不显著。外向性和开放性与预期寿命，癌症、心脏病死亡率之间的相关均不显著。McCann（2014a）根据2005—2007年美国各州各种死因死亡率数据，将死亡率进一步细分为癌症死亡率、心脏病死亡率、其他疾病死亡率、非疾病死亡率，以及总体死亡率五类死亡率指标，并计算这些死亡率指标与神经质之间的关系。结果发现，神经质只与癌症死亡率、心脏病死亡率以及总体死亡率显著正相关。在控制了社会经济地位、性别比等人口统计学变量后，只有癌症、心脏病死亡率与神经质的正相关仍然显著。该研究结果表明，一个地区居民神经质水平并不是与所有类型的死亡率相关，而只特定性的与该地区的癌症、心脏病死亡率相关。

Rentfrow等（2015）在英国样本上关于人格特质与寿命/死亡率的研究结果显示，神经质、尽责性以及外向性出现了非常稳健并且与个体水平研究比较一致的结果。神经质与预期寿命（$r_{男} = -0.41$，$r_{女} = -0.40$）显著负相关，与癌症死亡率（$r = 0.48$）、心脏病死亡率（$r = 0.43$）、中风死亡率（$r = 0.26$）均显著正相关；在控制了收入水平、性别比等人口统计学变量后，除中风死亡率（$r = 0.17$）在相关关系方向不变但结果不显著外，其余关系仍然保持稳健。尽责性与预期寿命（$r_{男} = 0.46$，$r_{女} = 0.37$）显著正相关，与癌症死亡率（$r = -0.44$）、心脏病死亡率（$r = -0.40$）均显著负相关，与中风死亡率负相关但未达到0.1%水平上的显著（$r = -0.15$）；在控制了收入水平、性别比等人口统计学变量后，中风死亡率保持负相关并且达到了显著（$r = -0.20$），其余关系仍然保持稳健。外向性与预期寿命（$r_男 = 0.26$，$r_女 = 0.32$）显著正相关，与癌症死亡率（$r = -0.25$）、心脏病死亡率（$r = -0.24$）、中风死亡率（$r = -0.24$）均显著负相关；在控制了收入水平、性别比等人口统计学变量后，除中风死亡率（$r = -0.15$）在相关关系方向不变但结果不显著外，其余关系仍然保持稳健。开放性只在控制了收入水平、性别比等人口统计学变量之后，与女性预期寿命出现显著正相关（$r = 0.20$），与癌症死亡率出现显著负相关（$r = -0.23$），即总体而言关系比较微弱且不稳定。宜人性则在以上所有指标上均没有发现显著关联。

综合以上证据可以发现，地区水平不同的人格特质与寿命，癌症、心脏病死亡率之间有着不同程度的关联。神经质与开放性人格特质的结果相对而言最为稳定。神经质在各样本上均显示与寿命有显著负相关，与癌症、心脏病死亡率有强劲而稳健的负相关，即对以上区域水平的健康指标有稳定的负面影响。开放性在美国、英国样本上均较为稳定地显示出与寿命，癌症、心脏病死亡率之间没有显著关联。尽责性、宜人性、外向性则在不同的样本上显示出了不太一致的结果，但在有的样本中呈现了与个体水平证据较为一致的结果。

2. 疾病发病率

区域水平的人格与疾病发病率研究主要关注于一些长期慢性疾病流行率、肥胖流行率等问题。Rentfrow 等（2015）在关于英国地区人格的研究中，以各地区"上一年度因长期健康问题或残疾导致日常活动受限的人口比例"作为长期健康问题的指标。结果发现，长期健康问题与神经质呈现显著正相关（$r = 0.26$，$r_偏 = 0.36$），与外向性（$r = -0.36$，$r_偏 = -0.25$）、尽责性（$r = -0.20$，$r_偏 = -0.31$）显著负相关，并且在控制了收入水平、女性人口比例等人口统计学变量之后，以上关系仍然稳健存在。长期健康问题与开放性出现了负相关，并且恰好在显著区间附近（$r = -0.20$），但在加入控制变量之后，负相关不再显著（$r = -0.08$）。长期健康问题与宜人性呈现出正相关，但均不显著（$r = 0.17$，$r_偏 = 0.09$）。该结果表明，在英国的地区水平上，神经质水平高，外向性、尽责性低的地区更有可能与受长期健康问题困扰相联系。

Pesta 等（2012）在 Rentfrow 等（2008）关于美国 50 州的人格数据的基础上，研究了地区的神经质水平与地区慢性疾病之间的关系。研究者考察了各州的肥胖（体重指数 >30）、糖尿病、高血压、高胆固醇、冠心病、中风六种慢性疾病指标，以及由这些指标构建的慢性疾病因子（Chronic Disease Factor）。

结果发现，神经质与各慢性疾病以及慢性疾病因子显著正相关，并且在控制了收入水平、教育程度、犯罪率等指标时，神经质与慢性疾病因子之间的正相关仍然显著，即神经质水平高的地区，其居民患肥胖、糖尿病等各种慢性疾病的风险也比较高。McCann（2010a）同样基于 Rentfrow 等（2008）关于美国 50 州的人格数据，研究了不同的人格特质与州水平的肥胖率之间的关系。研究者从美国疾控中心关于行为风险因素检测系统（Behavioral Risk Factor Surveillance System，BRFSS）调查数据来构建各州肥胖率指数。结果发现，州水平的肥胖率与神经质（$r = 0.35$）、宜人性（$r = 0.38$）显著正相关，与开放性（$r = -0.44$）显著负相关，与社会经济地位（$r = -0.74$）、白人人口比例（$r = -0.34$）、城市化程度（$r = -0.43$）也有显著负相关。分布回归分析发现，在控制了社会经济地位等变量之后，神经质、宜人性、开放性与州水平的肥胖率仍然有显著的预测作用。该结果表明，对于居民总体而言，神经质、宜人性水平较高，开放性水平较低的州，该州高肥胖率的可能性也比较大。

3. 自杀率

自杀问题的研究也是区域人格与健康关系研究的重要关注话题。McCann（2010b）采用 Rentfrow 等（2008）关于美国 50 州的人格数据，研究了美国州水平的人格特质与自杀率之间的关系。结果发现，尽管个体水平上关于神经质与自杀率的关系尚存在一定的争议，在美国州水平上的神经质与自杀率存在显著的负相关，并在控制了社会经济地位、白人人口比例、城市化、抑郁比率之后，该关系仍然显著。此外，宜人性也与州水平的自杀率呈现显著的负相关，这与个体层面、国家层面的证据较为一致。因此该结果表明，在美国低神经质、低宜人性的州更倾向于与高自杀率相联系。

Voracek（2009）同样关于美国州水平的人格特质与自杀率之间的关系研究也证实了神经质与自杀率之间的显著负相关。研究者发现，不论是历史的还是当代的州水平自杀率，不论是总体的自杀率，还是老年人群的自杀率，都与神经质呈现出显著负相关，并且在州的财富水平和其他人格特质水平控制的情况下仍然显著。此外，研究者还发现州水平宜人性和尽责性与自杀率负相关，尽管该结果并不是很稳健，但也部分验证了在国家层面关于低宜人性、低尽责性与高自杀率相关联的结果（Voracek，2006）。Lester 和 Voracek（2013）又进一步研究了美国州水平的人格与自杀意图、自杀计划等自杀意向之间的关系。结果发现，大五人格特质中任何一个维度均与自杀意向没有显著关联。结合

Voracek（2009）发现美国州水平的神经质水平与自杀率之间存在显著负相关的证据，研究者认为自杀意向与实际自杀率内涵是不同的，至少与神经质之间的关系是有区别的。

Voracek（2013）还在俄罗斯地区水平人格数据的基础上，探索了俄罗斯32个行政区大五人格特质与自杀率之间的关系。研究结果发现俄罗斯地区水平的证据没有再次出现已有研究中关于低宜人性、低尽责性（或者说高精神质，Psychoticism）与高自杀率相联系的结果，并且发现俄罗斯地区水平的宜人性越高，自杀率也越高的结果。但宜人性与自杀率正相关的结果仅仅在采用国家性格调查（National Character Survey）测量的大五人格数据结果中显著，在采用大五人格量表测量的数据结果中不显著。研究者认为美国和俄罗斯不同地区的人格特质与自杀率关系结果的差异，可能与量表本身的差异、不同样本的抽样代表性差异等原因有关，有待未来研究进一步探索。

4. 幸福感

以上关于区域人格与健康的研究主要围绕健康的消极指标，也有研究者关注了与积极健康指标之间的关系，例如幸福感问题。Rentfrow、Mellander 和 Florida（2009）基于 Gallup 2008 年的健康幸福感指数调查（$N = 353\ 039$）数据和 Rentfrow 等（2008）的州水平大五人格（$N = 619\ 397$）数据，研究了美国各州的幸福感分布及其与人格特质之间的关系。结果显示，整体幸福感与神经质呈负相关（$r = -0.61$），在控制了人均 GDP、收入水平指标后仍然显著，而其他人格特质与总体幸福感的相关性均不显著。在幸福感的分指标相关中，神经质与生活评价幸福感、情绪健康幸福感、身体健康幸福感、工作环境幸福感四个分指标显著负相关；宜人性、尽责性均只与身体健康幸福感显著负相关；开放性与情绪幸福感显著负相关，而与身体健康幸福感显著正相关。McCann（2011）采用同样的数据，进一步关注了美国州水平的人格特质与情绪幸福感之间的关系。结果发现，州水平的神经质与情绪幸福感显著负相关（$r = -0.69$），而外向性（$r = 0.16$）、宜人性（$r = 0.11$）、尽责性（$r = 0.10$）、开放性（$r = -0.17$）与情绪幸福感的相关均不显著。相比之下，社会经济地位与情绪幸福感的正相关值为 0.49，即神经质与情绪幸福感之间的关系强度高于社会经济地位的作用。该结果表明，对于神经质越高的州，其情绪幸福感越低。McCann（2014b）结合 Mitchell 等（2013）基于 1 000 多万条加了地理位置标签的 Twitter 数据构建的美国 50 州 Twitter 幸福感数据，研究了大五人格特质与该州 Twitter 幸福感之间的关系。结果显示，州水平的 Twitter 幸福感与神经质显著负相关，并且在加入了社会经济地位等一系列控制变量后仍然显著。其他人格特质与 Twitter 幸福感之间的关联则均不显著。

　　在已有研究中发现地区水平的神经质与幸福感之间存在负相关的基础上，Stavrova（2015）关于德国 16 个地区的人格与幸福感关系研究，采用跨水平分析（Multilevel Analysis）的方法同时考虑了个体层面的神经质与地区层面的神经质对个体生活评价幸福感的影响。研究结果显示，在控制了个体水平的神经质水平后，地区层面的神经质对个体生活评价幸福感的影响作用有所减弱，但仍然保持显著。因此，该研究证实了已有研究中报告的地区水平的神经质与生活评价幸福感之间的关系并不仅仅是个体层面神经质水平的简单总和，而是还存在情绪扩散效应，即该结果为 Rentfrow 等（2008）提出的用以解释地区层面的人格特质如何在社会指标表达的"动态过程模型"中的路径③，提供了较为直接的实证证据。

第五节　当前研究述评

一、已有区域人格与健康研究的不足

　　随着对国家内部（例如，美国、俄罗斯、英国、德国）不同地区水平的人格进行测量成为可能后，区域人格与健康的关系一度成为区域人格研究的焦点问题。尤其自 Rentfrow 等（2008）为美国州水平的人格测量及其应用研究提供了基础性的理论支撑和数据支持以来，一系列围绕美国州水平的人格与各种健康指标之间关系的研究不断涌现。但是区域水平的人格与健康研究，由于研究时间较短，以及拥有区域人格数据的国家和地区相对有限，目前该阶段还处于探索的初级阶段，还存在一系列亟待解决和进一步深化的问题。笔者结合上文综述的研究现状，总结了以下四点不足：

　　1. 关注的健康指标相对零散

　　目前的研究对于健康问题的关注涉及了寿命和死亡率、疾病发病率、自杀、幸福感四大主题。研究者在选取健康指标时，大多是针对健康的某一方面进行探讨，并且对指标本身在整个健康指标体系中的位置以及选择依据缺乏相应的说明。因此，目前区域水平的人格与健康研究整体上呈现出比较分散的特点，甚至有些在个体层面健康研究中比较重要的内容尚未涉及，例如心理障碍、心理疾病、物质滥用等。结合世界卫生组织关于健康的定义，即健康应该是包含身体的、心理的和社会的多方面的综合体。目前关于区域人格与健康的研究，对身体健康层面关注较多，而对心理层面、社会层面的关注很少。对心理健康的关注虽然涉及了幸福感的研究，但对于咨询心理学中的重要研究对象，心理障碍、心理疾病的关注则非常少。

2. 缺乏人格对健康各指标之间关系的系统对比

已有的区域人格与健康研究大多从健康的某一方面入手进行分析，而对于人格与健康的不同方面之间的关系差异缺乏较为系统的对比。但无论是个体层面的证据还是直接来自于区域层面的研究证据都发现，健康的不同方面，甚至内容高度相关的不同概念之间也可能与人格的关系存在较大差异。例如，Voracek（2009）发现美国州水平的神经质水平与自杀率之间存在显著负相关，但 Lester 和 Voracek（2013）的研究却发现神经质与自杀意向之间不存在显著相关。就目前而言，绝大多数研究都仅仅针对健康的某一方面，甚至某一个指标进行研究，几乎少有研究尝试对区域人格与不同的健康指标之间的关系进行较为系统的对比。当然，目前缺乏对不同健康指标关系差异进行必要而系统的对比，与目前积累的研究证据相对较少有一定的关系。但区域人格研究者如果拥有一个较为系统的分析框架，对于深入理解大五人格特质与不同健康内容之间的关系，以及解释、总结在不同方面可能存在的差异规律，皆大有裨益。

3. 缺乏对人格—健康关系机制的研究

从目前关于区域人格与健康关系的研究来看，它们几乎都是对人格与健康相关关系的探讨。一方面，已有研究在人格与健康两者之间的关系是相关关系还是因果关系的探讨，以及更进一步地探索人格作用于健康的机制问题等方面都是相当薄弱的。关于相关关系和因果关系的问题，正如 Pesta 等（2012）所言，目前基于 Rentrfow 等（2008）区域人格问卷调查截面数据与健康数据的相关、回归分析，本质上还是相关研究，并不能直接推论到因果关系，而要排除所有其他干扰因素，或者选择更为强劲的工具变量，例如基因数据。但上述方案在目前的条件来看，暂时都不容易实现。所以，目前的研究者大都借助个体层面与国家层面的证据链，从多方验证的角度来增强进行因果推论的信心。

另一方面，仅仅关注于相关关系的研究取向，是目前对于日益增多的不稳健、甚至直接矛盾的结果解释无力的重要原因之一。例如，在 Rentfrow 等（2008）和 Rentfrow 等（2015）探索区域人格与预期寿命和死亡率的研究中，尽责性的作用也比较强大，但相对神经质而言不太稳定。在英国样本上，尽责性出现了较为强劲的作用并且与个体水平证据较为一致，但在美国样本上，尽责性与寿命、疾病死亡率的关系不稳定甚至呈现相反结果。因此，在不断丰富人格与不同健康指标相关关系研究，甚至因果关系研究的基础上，研究者还应该重视进一步深入理解人格影响健康的作用机制问题，尝试回答一些诸如"区域人格在什么条件下可以影响健康""区域人格如何影响健康"等更加深入的问题。

4. 缺乏启发或解释区域层面人格与健康关系的理论

从整个人格心理学发展历史脉络来看，人格心理学将由最早回答"人格是什么（What）"的问题，过渡到"人格可以预测什么（What for）"的阶段，继而又将转入"人格是如何影响（How）""人格在什么条件下可以影响（Where）"的阶段（Gebauer et al.，2014a；Hampson，2012）。以上过程在个体层面的研究上体现得非常明显，而且目前研究者已经充分认识到在探索了大量的人格与健康相关关系的"人格可以预测什么"之后，应该着力探索如何影响、在什么条件下影响的问题了。例如，Friedman 和 Kern（2014）在展望未来的个体水平的人格与健康研究时认为，"（未来的研究）不再需要那些关于人格与健康、主观幸福感简单相关的研究……相反，这个领域需要的是关于个体人格特质如何、何时以及为何影响健康和幸福感，涉及调节变量、中介变量和干预机制的纵向追踪研究"。这个呼吁同样适用于区域层面人格与健康方向的研究。虽然目前区域水平的人格研究还处于相对初级的阶段，但从发展历程上而言具有相似之处。当相关研究证据积累到一定程度后，或者大量不一致的相关研究亟须整合时，研究将必然进一步深入到探讨机制的阶段。

但从目前的区域人格研究现状来看，能在区域水平上启发或者解释区域人格与健康关系的理论非常稀缺。目前区域人格研究中所采用的理论解释模型，主要是 Rentfrow 等（2008）提出的动态过程模型。该模型对于解释区域人格如何在各种社会指标上的表达过程具有重要的指导作用，而且研究者认为它并不限于国家内区域水平上，还可适用于国家层面等各种地理水平。该理论对于启发研究者探索区域人格与健康、经济发展等一系列重要社会结果变量的关系提供了基础性的支持。例如，Stavrova（2015）关于德国居民地区水平的神经质影响个体生活评价幸福感的情绪扩散机制研究，就是受到了该模型路径③的启发并且为该理论模型提供了实证证据。但是该模型侧重于解释一般化的动态作用机制问题，中间涉及的机制较为复杂，现有研究很难直接对其进行检验，而且对于目前区域人格与健康研究结果中出现的矛盾和不稳健结果，难以提供更为直接、有针对性的解释。因此，大多数区域人格研究者在解释研究结果时，往往只能从个体层面的理论寻找解释。但是个体层面的理论推广到群体层面时候，也面临着很多"水土不服"的问题。例如，适合于个体层面的情境理论，推广到宏观区域层面就显得有点力不从心。这也是近些年社会生态学视角的研究者所呼吁的问题，如 Oishi 和 Graham（2010）呼吁心理学的研究者重视关注更加宏观的生态环境（包括气候的、经济的、政治的）问题。在区域人格与健康的研究中也是如此，该领域亟须更多适合区域宏观层面的理论，从而不断启发和支持区域人格及其应用研究。

二、本书研究思路和理论框架

针对上述关于当前研究的不足，本书将尝试主要从两大方面来丰富和推进区域人格与健康领域研究：①构建较为统一的健康指标体系，并且系统地检验和对比区域人格与健康之间的关联；②探索人格影响健康的作用机制，系统检验社会文化环境在人格影响健康中的作用。因此本书的核心问题可概括为两个方面：第一，人格与各种健康指标之间的关系是什么？第二，社会文化环境在人格影响健康的关系中是否存在显著调节作用？考虑到数据的可得性，尤其是区域层面的人格数据，本书也将基于区域研究中较为广泛地使用 Rentfrow 等（2008）的美国人格数据。基于美国 50 州的人格数据，本书将较为系统地探索区域人格与健康，及其环境在其中的作用机制。本书的研究设计和理论框架设计如图 2.1 所示。具体内容包括：

1. 夯实人格与健康的关系

在接下来的第三章，主要通过采用较为系统的健康指标框架，系统性地夯实人格与各方面健康指标之间的关系。一方面，综合考虑健康心理学、临床心理学以及积极心理学的视角，本书讨论的健康指标体系将包括幸福感、寿命/死亡率、心理疾病、物质滥用与健康行为四大主要模块。另一方面，基于已有人格与健康关系研究以及个体层面健康心理学的相关研究，本书将系统性地检验区域人格与方方面面的健康指标之间的关系。

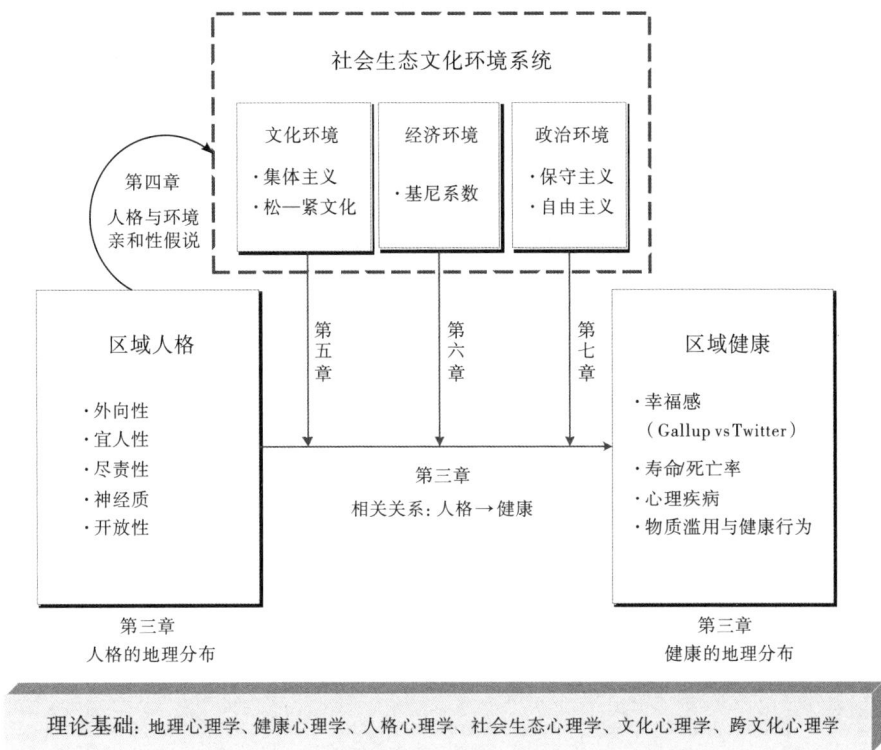

图2.1　本书研究思路和理论框架图

2. 环境在人格影响健康中的调节作用

第四章中，本书主要基于"人—情境"之争、人与情境交互理论、社会生态心理学的观点和视角，提出人格与环境亲和性假说。传统个体层面的人格与健康研究，经历过"人与情境之争"，即在预测人的行为时，到底是人格特质重要，还是情境重要？目前较为普遍认可的观点是，人格和情境都能影响人的行为，即需要同时考虑人格特质与情境的作用，这是交互论的视角。笔者认为，在研究区域人格与健康的关系研究中，在关注人格特质对健康的影响作用的基础上，加入区域所处的宏观社会文化环境有利于更加深入地挖掘人格与健康的关系机制；又考虑到个体层面的理论（例如，认知情境视角）所强调的情境，与区域所处的宏观社会文化情境相比仍显微观。因此，笔者将系统梳理文化心理学、社会生态心理学中关于文化环境、经济环境、政治环境对于人类心理与行为的重要作用的观点。在此基础上，本书将系统性地检验人格特质对健康的影响作用在不同的文化、经济、政治环境下是否有显著性差异，即检验特定的人格与特定的环境组合，是否对健康结果变量具有显著的影响作用。基于上述目标，本书将在已有研究证据和相关理论基础上，提出人格与环境亲和性假说，以指导展开关于人格与环境对健康影响作用的系统性检验工作。

在第五、六、七章中，本书将基于文化心理学和社会生态视角，分别选取能够反映文化环境、经济环境、政治环境的可操作化区域环境指标，进行系统地关于人格与环境亲和性假说检验（即各种环境的调节作用）的实证研究。

第三章

美国区域人格与健康的关系

尽管美国人说着同样的语言，为同样的总统候选人投票，被同样的新闻媒体所影响，但他们的态度、价值观和行为却仍然表现出了地理上的聚类特征。

——Rentfrow，2010

第一节　引　言

据统计，步入二十世纪以来，现代医学的发展使得西方社会导致人类死亡的主要因素不再是传染性疾病，而是心血管、癌症、肥胖等疾病；儿童、青少年死亡的主要原因则是意外伤害（Kochane et al.，2004）。而这些疾病因素被越来越多的健康心理学研究证明与个体的心理特征有着密切的联系（例如，Ozer & Benet - Martínez，2006）。人格作为个体心理与行为倾向的一种稳定反映，是健康心理学研究中用于预测个体健康的重要心理变量。近些年，关注于地区水平心理特征的地理分布的地理心理学研究发现，人格在国家内的地区层面也存在显著差异和地理聚类特征（例如，Rentfrow，2013；Rentfrow et al.，2015）。一些初步的证据显示，区域水平的人格特质与健康存在显著关联（例如，Rentfrow et al.，2008）。但健康是一个内容涵盖面较广的问题，现有研究对于区域人格与健康的研究大多集中于少数几个方面，缺乏对不同健康内容与人格关系差异的对比。因此，本章将围绕人格与健康的地理差异，进一步检验和对比区域人格与健康之间的关系。

一、人格与健康的地理差异

（一）人格的地理分布与聚类

人格的跨国研究表明，人格在国家层面具有显著性差异，即以国家为分析单位的国民人格特质存在一些显著的差异。例如，欧美国家在外向性人格特质上显著高于亚洲国家（Allik & McCrae，2004；McCrae et al.，2005；Schmmit et al.，2007）。Allik 和 McCrae（2004）还对 36 个国家的大五人格特质进行了聚类分析，发现国家水平的人格特征具有地理聚类特征。研究者发现，地理上相近的国家，在人格特征上也有较为相似的特征。

在国家内区域水平上，Rentfrow 等（2008）、Rentfrow 等（2015）、Allik 等（2009）等也分别在国家内区域水平上考察了美国、英国和俄罗斯的人格差异，也证实了人格的确具有地理差异以及地域分布特征。在关注单一人格特质在区域水平的地理分布规律的基础上，Rentfrow 等（2013）进一步同时综合考虑五类人格特质，从区域人格画像（Regional Personality Profiles）的角度探讨美国各州的综合人格画像上在地理上有何分布规律和特征。研究者根据各州在五类人格特质上的分布，采用聚类分析的研究方法，发现美国的 48 个州和华盛顿哥伦比亚特区（夏威夷和阿拉斯加州因为数据不全而未纳入分析）分为三大类为最优分组。例如，第一类的人格画像特征是具有较高的外向性、宜人性和尽责性，低开放性和中等程度的神经质。来自这类地区居民的特征可概括为友好的、传统的。符合这类特征的州主要分布在北部中央大平原地区和南部地区，而新英格兰地区与这类人格特征的距离最远。

（二）健康的地理分布

个体层面的健康问题直接关系到个体的身体健康与生活质量，因此广泛受到临床医学、健康心理学研究的重视。但健康的地理分布特征与规律也同样具有重要意义，对于宏观地域层面的公共政策制定、实施以及评估具有重要的参考价值。因此，宏观地理层面的健康问题研究，受到了流行病学、公共卫生，乃至地理心理学等众多相对较新的研究领域的重点关注，并且取得了一批具有重要价值的研究成果。相关研究也证明了不同地区的疾病发病率、死亡率等一系列健康相关的问题也是存在地域差异和地理分布规律的。例如，医学领域的国际重要期刊《柳叶刀》杂志发表了一系列探索各种类型疾病、健康问题在跨时间、跨地域水平上的宏观大趋势和地理分布规律的研究。Murray 等（2015）基于量化流行病学的视角，系统总结了 1990—2013 年间 306 种疾病、健康预期寿命在全球、洲际以及 188 个国家各种水平上的历史趋势和地理分布规律。同样基于 1990—2013 年的历史，除了有在全球、各洲、各国地域水平上健康问题的历史趋势和地理分布规律的研究，还包括 Naghavi 等人（2015）关于分年龄、性别的总死亡率以及分 240 种死因的研究，Wang 等人（2014）关于新生儿、幼儿以及五岁以下儿童死亡率的研究，Kassebaum 等人（2014）关于产妇死亡率和死亡原因的研究，Murray 等人（2014）关于艾滋病、结核病和疟疾的发生率、死亡率的研究，Vos 等人（2015）关于 301 种慢性疾病伤害的发病率、患病率等问题的研究，Forouzanfar 等人（2015）关于 79 种行为、环境、职业以及代谢风险水平的研究，等等。类似的研究还有 Finucane 等人（2011）关于体重指数（Body – Mass Index）、Danaei 等人（2011）关于近 30 年血液收缩压、Ne 等人（2014）关于 1980—2013 年间儿童与成人的超重与肥胖的流行率，在全球、各洲以及各国水平上的宏观趋势和地理分布规律。除了疾病健康问题在国家及以上层面受到流行病学、公共卫生研究的广泛关注外，积极方面的心理健康问题，比如幸福感的问题，也受到来自心理学领域研究的关注。例如，Diener 和他的同事们对幸福感在国家水平上的差异及其背后的心理机制展开了一系列研究（Diener, Diener & Diener, 1995; Diener, Oishi & Lucas, 2003; Ng & Diener, 2014）。

关注国家内地区水平的健康地理差异、分布规律以及其影响作用机制的研究，相对国家水平和个体水平的研究而言并不够多，但近些年来关注区域水平的健康问题的研究有快速发展的趋势，也取得了一些研究成果。例如，Mokdad 等（1999）研究了 1991—1998 年期间美国各州的肥胖率变化趋势，发现美国各州整体肥胖率都在上升，但是南大西洋地区的肥胖率上升最高，其中佐治亚州肥胖率的增长率超过了 100%。Kappelman 等人（2007）的研究关注了克罗恩病（Crohn's Disease）和溃疡性结肠炎（Ulcerative Colitis）的发病率在美国各地区的地理差异及其影响因素关系。研究结果发现，两种疾病的发病率在南方地区都显著高于东北部、中西部以及西部地区。Ezzati 等（2008）关于美国各州高血压相关的研究发现，2001—2003 年间，经年龄调整后的高血压流行率在华盛顿哥伦比亚特区、密苏里州、路易斯安那州、亚拉巴马州、得克萨斯州、佐治亚州和南加州地区最高，而在佛蒙特州、明尼苏达州、康涅狄格州、新罕布什尔州、艾奥瓦州和科罗拉多州最低，并且女性的流行率在所有州都高于男性。因此研究者认为在南部和阿巴拉契亚地区，尤其针对女性，亟须采取降低血压的生活方式和药物干预的措施。

二、本章研究问题与目的

个体层面的人格能影响健康已经得到了一系列健康心理学研究证据支持（详见综述，Ozer & Benet - Martínez，2006；Bogg & Roberts，2004；Roberts et al.，2007；Hampson，2012；Friedman & Kern，2014），在国家层面也得到了一些证据的支持（例如，McCrae & Terracciano，2008）。在国家内的区域水平，主要来自美国、英国、俄罗斯的区域人格研究也发现了一些人格特质与健康有着较为密切的联系。例如，Rentfrow 等（2008）和 Rentfrow 等（2015）分别在美国和英国区域水平的人格研究中发现，地区的神经质水平与预期寿命显著负相关，而对癌症、心脏病死亡率显著正相关。但现有研究也发现了一些较为矛盾的结果，例如尽责性与宜人性与健康的关系在美国样本和英国样本上呈现出了较大的差异。尤其是已有的区域人格与健康研究中，涉及健康的指标相对比较零散，并且缺乏一个较为综合的分析框架对不同的健康内容与人格的关系进行比较。而健康作为内涵丰富的重要研究问题（Friedman & Kern，2014），它与区域人格之间的关系也会比较复杂。尤其是个体层面的研究者已经发现，绝大多数人格本身没有绝对的好和绝对的坏，这要取决于我们讨论的是健康的哪方面（Roberts et al.，2007）。事实上，最近的一些区域人格研究证据已经初步表明，不同的健康内容与人格可能会有不同的关系。例如，美国州水平的自杀率被证明与州水平的神经质显著负相关，而自杀意向、计划等则与神经质等人格特质均无显著关联（Voracek，2009；Lester & Voracek，2013）。因此，研究者有必要对健康的不同内容进行区分，并且关注不同的健康内容与不同人格特质之间的系统性规律。

因此，本章将系统地检验区域人格与健康不同内容（各种健康指标）之间的关系，进而夯实已有关于区域人格与健康的关系基础。关于健康问题的不同方面，研究者将结合公共卫生、流行病学、临床医学、健康心理学乃至积极心理学等关注的健康指标，已有的区域人格与健康研究中的健康指标，个体层面的人格与健康研究指标，以及数据可得性等多方面因素。本章将通过幸福感、寿命和死亡率、心理疾病、物质滥用和健康行为四大方面来考察健康。其中，幸福感和心理疾病主要关注的是心理层面，突出了积极心理学和临床心理学视角的重要性；寿命和死亡率、物质滥用和健康行为是公共卫生、流行病学、临床医学等领域非常关注的健康指标。物质滥用和健康行为也是健康心理学研究者比较关注的问题，并且被认为在理解健康作用机制、制定干预方案等方面也具有重要作用。因此，本章所考虑的健康指标既包括消极的健康指标，比如死亡率，也包括积极的健康指标，比如幸福感。值得说明的是，目前拥有国家内区域水平人格数据并且适合做区域人格研究的国家非常少。例如，中国从领土面积、人口数量而言都比较适合做区域人格研究，但遗憾的是目前尚无法获得区域层面的人格数据。因此，从人格数据可得性，国家内人格差异大小，健康数据可得性、丰富性等综合考虑，本章将以美国 50 州为分析对象，在州水平上对美国的人格与健康问题进行研究。

第二节　数据来源与指标说明

一、大五人格的测量

本书所用的美国 50 州水平大五人格数据来自 Rentfrow 等（2008）关于美国州水平的大五人格研究，该数据集是通过 Gosling – Potter 互联网人格项目（Gosling – Potter Internet Personality Project）的非商业、无广告人格测试网站，搜集了 1999—2005 年间网络用户的人格数据。该人格测试采用的是被证明具有良好心理测量学指标的 44 道题版本大五人格量表（John & Srivastava, 1999）。被试被要求根据自己的实际情况，对 44 个关于大五人格特质的简短描述的同意程度进行 5 点式李克特评分（1 = 非常不同意，5 = 非常同意）。BFI 问卷包括五个人格维度（在每个人格特质维度上的分值越高，代表该特质水平越高）：

（1）外向性（Extraversion）：主要反映精力充沛程度，积极情绪、自信、热衷社交性等倾向，其简短描述包括"爱说话""有热情""含蓄的"（反向题）等。

（2）宜人性（Agreeableness）：主要反映对他人富有同情心、热情友好，偏好合作、和谐的人际关系倾向，其简短描述包括"乐于助人，无私""天性宽以待人""喜欢挑剔别人的毛病"（反向题）等。

（3）尽责性（Conscientiousness）：主要反映行为的责任性、组织性、自律性等倾向，其简短描述包括"工作很周密""可能有些粗心"（反向题）等。

（4）神经质（Neuroticism）：主要反映对愤怒、抑郁等负面情绪体验的敏感程度，或者说情绪不稳定性程度，其简短描述包括"压抑而忧郁""放松的，可以很好地应对压力"（反向题）等。

（5）开放性（Openness）：即经验开放性，主要反映个体的创造力、对知识的好奇以及对新异事物的偏好程度，其简短描述包括"具有独创性，会产生新点子""喜欢从事常规性的工作，不喜欢不确定性"（反向题）等。

该数据集的大五人格测试根据一套较为规范的标准，通过剔除重复作答等情况，最后得到了来自美国各州的有效被试 619 397 人（约 62 万人），其中女性占比 55%，非裔美国居民占比 4.0%，亚裔占比 6.6%，拉丁美裔占比 4.6%。为了检验该数据集在美国州水平上的代表性，研究者将被试的人口学分布特征与来自美国人口普查局（United States Census Bureau）2000 年的普查数据进行对比。结果证实：各州被试数量在数据集上的分布与实际人口普查数据中的人口数量分布相关达到 0.98，在非裔、亚裔、拉丁美裔、白人等种族特征上的州水平匹配程度分别达到 0.88、0.96、0.96、0.93，在各类阶层上分布上的平均相关系数达到 0.53（均在 $p < 0.001$ 水平上显著）。研究者还对该数据集在州水平的大五人格问卷的信度、效度进行了检验，结果显示出了良好的重测信度和结构效度。例如，通过将样本随机分成数量相当的三个子样本进行聚合性分析（Convergent Analysis），结果显示州水平的人格特质在五个维度上的信度均在 0.6 以上，外向性为 0.62、宜人性为 0.80、尽责性为 0.78、神经质为 0.85、开放性为 0.93。结构效度检验结果显示，在州水平的大五人格结构与个体层面的大五人格结构高度吻合，各维度的因子聚合系数都在 0.85 以上，总体人格结构的聚合系数是 0.91。

总而言之，Rentfrow 等（2008）关于美国各州水平的人格特征数据集在样本代表性、人格问卷的心理测量学指标上都具有较高质量，并成为目前美国州水平人格及其应用研究中应用最为广泛的数据源（例如，Rentfrow et al.，2009；Rentfrow et al.，2013；Rentfrow，2010；Obschonka et al.，2013；McCann，2011）。因此，本研究中关于美国 50 州的区域人格数据也将沿用这一数据集，华盛顿哥伦比亚特区由于其特殊性暂不纳入本研究分析范围。

二、健康指标

（一）Gallup 主观幸福感

本研究对于美国 50 州主观幸福感指标的测量，来自美国非常具有代表性的 Gallup 幸福生活指数（Gallup - Healthways Well - Being Index，GHWBI）调查数据。Gallup 幸福生活指数旨在建立"健康的道琼斯指数"，该项目从 2008 年起开始实施，并预计要持续 25 年（McCann，2011）。每年的 1 月 2 日—12 月 30 日，Gallup 公司将每天（重大节假日除外）对来自美国 50 州以及华盛顿哥伦比亚特区具有代表性的 18 岁以上的成人样本，随机抽取不少于 1 000 人的被试进行电话访谈，询问被试一系列与健康和幸福感相关的问题（Gallup，2009）。这些基于个体层面的幸福感调查数据还会在郡层面、州层面以及国家层面进行汇总，并且提供日、周、月、年度平均幸福感报告。

Gallup 幸福感调查数据提供了来自生活评价（Life Evaluation）、情绪健康（Emotional Health）、工作环境（Work Environment）、身体健康（Physical Health）、健康行为（Health Behavior）、基本需要（Basic Access）共六个方面的幸福感子维度指数，以及基于这六个维度进行平均构建的总体幸福感（Overall Well - Being）。幸福感指数的六个子维度指数充分参考了世界卫生组织关于健康的定义，并且通过因子分析等方法最终确定。研究者在个体层面、州层面分别进行了幸福感调查的因子分析，通过特征根大于 1 的筛选标准得到了九个公因子，进而再通过对概念相近的维度，最终得到了以上六个维度。这六个维度分别是：

（1）生活评价幸福感：要求被试对当前生活状况和未来 5 年的预期生活状况，在 0（代表非常糟糕）～10（代表非常好）的等级上进行评分，即生活满意度。

（2）情绪健康幸福感：主要对被试的日常体验和心理状态进行综合性的评估。例如，过去一天是否微笑、悲伤、愤怒等。

（3）工作环境幸福感：主要考察对工作环境的感受。例如，"你对你的工作满意吗"，"你的上司总是创造一种信任、开放的环境吗"等。

（4）身体健康幸福感：该分指标主要考察身体质量指数（BMI）、患病天数、身体疼痛等状况。

（5）健康行为幸福感：该分指标测量与健康密切相关的生活方式，包括抽烟、健康饮食和锻炼。

（6）基本需要幸福感：该分指标包含 13 个关于居民对食物、住房、干净水、医疗、安全居住地等项目的满意度。例如，对社区或地区的满意度。

（7）总体幸福感：由以上六个维度平均综合得到，反映对各方面的综合满意度和幸福感。总体幸福感以及各子维度的幸福感指数均为分值越高，幸福感程度越高。

Gallup 的幸福感调查数据也被广泛应用于学术研究。例如，Rentfrow 等（2009）关于美国各州的幸福感的地理分布及其与人格、阶层、经济指标的关系研究，McCann（2011）关于美国州水平人格特质与情绪幸福感的研究等。本研究选取了根据 Gallup 幸福感调查数据的 2013 年幸福感年度报告及其州、社区和国会选区的幸福感分析报告（Gallup Healthways Well – Being Index，2013），选取了美国 50 州在 2012 年（$N = 353\ 564$）和 2013 年（$N = 178\ 072$）的总体幸福感数据以及六类子维度的幸福指数。为了构建一个相对稳健的幸福感指数，本书将 2012 年、2013 年两年的总体幸福感指数以及六类幸福感分指数进行平均处理。

（二）Twitter 幸福指数

基于 Gallup 调查的幸福感数据是幸福感研究中非常具有代表性的数据来源，但是其测量的仍然是个体的主观感受和评价，即自我报告的主观幸福感。近些年，随着社交媒体的普及和信息科学技术的发展，使得通过搜集、分析人们在社交媒体上客观行为来测量人们的情绪成为可能（薛婷等，2015）。这种通过分析人们在社交媒体上的发帖行为、发帖内容的方法，相比主观问卷调查的自我报告法更具客观性，同时其揭示的信息又是用户主动表达的内容，因此具有独特的分析价值。在基于社交媒体数据的幸福感研究方面，Mitchell 等（2013）的研究以 2011 年美国约 1 000 万条带有地理位置的海量 Twitter 数据为例，开发了美国 50 州、近 400 个城市的幸福指数。该幸福指数的构建主要基于情绪词库的词汇匹配技术（乐国安等，2013），研究者建立了一个 10 000 个标准有情绪分值的大型词库。该词库中各词汇的情绪分值由亚马逊土耳其机器人（Amazon's Mechanical Turk）对网络平台招募的大量被试一一进行人工评定得到（9 点式评分：1 代表悲伤，9 代表快乐）。例如，"彩虹"一词的平均快乐程度是 8.1，而 "地震"一词的平均快乐程度是 1.9。通过该方法构建的美国 50 州 Twitter 幸福指数，被证明与其他与幸福感相关的指标（例如，Gallup 幸福感指数，美国经济与和平研究院的"和平指数"）具有较好的效标关联效度和区分效度。

为了保持与 Gallup 幸福感调查数据的可比性，本章将选择根据 Mitchell 等 (2013) 等研究方法构建的 2012—2013 年间的美国 50 州 Twitter 幸福指数数据，同样进行两年均值处理。Twitter 幸福指数分值越高，代表该州在 Twitter 上客观表达出来的幸福感越高。

（三）预期寿命

寿命指标被认为是健康研究中争议最小且公认非常重要的健康指标（Friedman & Kern，2014)，通常用预期寿命（Life Expectancy）来操作化。对于宏观大人群而言，例如国家，通常用人均预期寿命来表示。人均预期寿命，是基于当前该人群各年龄阶段的死亡率分布特征，计算新出生的一群人预期平均存活的时间。本研究分析的美国 50 州人均预期寿命数据，来自凯撒家庭基金会（Kaiser Family Foundation）在美国州水平健康统计中提供的 2010 年各州人均预期寿命数据。该数据以年为单位，数值越大，代表人均预期寿命越长。例如，该数据提供的美国 2010 年全国的人均预期寿命是 78.9 岁，亚拉巴马州是 75.4 岁。

（四）死亡率

死亡率数据来自美国疾病控制与预防中心发布的《死亡：2013 年最终数据》（Centers for Disease Control and Prevention，2013)。该数据包含了美国各州在统计期内的总体死亡率以及各种死因数据。各种死因的分类是主要依据《国际疾病分类（第十版)》（*International Classification of Diseases*，*Tenth Revision*，ICD - 10)。其中，艾滋病数据缺失值较多，因而未纳入本书的分析。本书中所有死亡率数据均取经年龄校正后的数据，具体指标和数据介绍如下：

（1）总死亡率（Death Rates of all Causes）：本书中分析美国 50 州总体死亡率，为经过年龄调整后的每十万人中死亡的人数。其中，人口是根据人口普查局提供的各州人口数。根据该数据集，美国 2013 年全国的总死亡率为 731.9 每十万人。为了进行跨州对比，以下各类死亡率数据中，数值均表示每十万人中死亡的人数。

（2）恶性肿瘤（Malignant Neoplasms）死亡率：指各州每十万人中因恶性肿瘤疾病死亡的人数。美国全国的恶性肿瘤死亡率为163.2。

（3）糖尿病（Diabetes Mellitus）死亡率：指各州每十万人中因糖尿病死亡的人数。美国全国的糖尿病死亡率为21.2。

（4）帕金森症（Parkinson's Disease）死亡率：指各州每十万人中因帕金森症死亡的人数。美国全国的帕金森症死亡率为7.3。

（5）阿尔茨海默症（Alzheimer's Disease）死亡率：指各州每十万人中因阿尔茨海默症死亡的人数。美国全国的阿尔茨海默症死亡率为23.5。

（6）心脏病（Diseases of Heart）死亡率：指各州每十万人中因心脏病死亡的人数。美国全国的心脏病死亡率为169.8。

（7）原发性高血压与高血压肾病（Essential Hypertension and Hypertensive Renal Disease）死亡率：指各州每十万人中因原发性高血压与高血压肾病死亡的人数。美国全国的原发性高血压与高血压肾病死亡率为8.5。简称高血压死亡率。

（8）脑血管病（Cerebrovascular Diseases）死亡率：指各州每十万人中因脑血管病死亡的人数。美国全国的脑血管病死亡率为36.2。

（9）流感和肺炎（Influenza and Pneumonia）死亡率：指各州每十万人中因流感和肺炎死亡的人数。美国全国的流感和肺炎死亡率为15.9。简称流感类死亡率。

（10）慢性下呼吸道疾病（Chronic Lower – Respiratory Diseases）死亡率：指各州每十万人中因慢性下呼吸道疾病死亡的人数。美国全国的慢性下呼吸道疾病死亡率为42.1。简称慢下呼吸道死亡率。

（11）慢性肝病和肝硬化（Chronic Liver Disease and Cirrhosis）死亡率：指各州每十万人中因慢性肝病和肝硬化死亡的人数。美国全国的慢性肝病和肝硬化死亡率为10.2。简称肝病死亡率。

（12）肾炎、肾病综合征、肾病（Nephritis, Nephrotic Syndrome and Nephrosis）死亡率：指各州每十万人中因肾炎、肾病综合征、肾病死亡的人数。美国全国的肾病死亡率为13.2。简称肾病死亡率。

（13）意外事故（Accidents）死亡率：即事故导致死亡率，指各州每十万人中因意外事故死亡的人数。美国全国的意外事故死亡率为39.4。

（14）机动车事故（Motor Vehicle Accidents）死亡率：指各州每十万人中因机动车事故死亡的人数。美国全国的机动车事故死亡率为10.9。

（15）故意自我伤害（Intentional Self – Harm）死亡率：即自杀死亡率，指各州每十万人中因自杀死亡的人数。美国全国的自杀死亡率为12.6。

（16）凶杀（Assault or Homicide）死亡率：指各州每十万人中因凶杀死亡的人数。美国全国的凶杀死亡率为5.2，其中，北达科他州和维蒙特州的凶杀死亡率因数据信度或精度问题而缺失。

（17）酒精导致（Alcohol – Induced Causes）死亡率：指各州每十万人中酒精导致死亡的人数。美国全国酒精导致死亡率为8.2。

（18）药物导致（Drug – Induced Causes）死亡率：指各州每十万人中药物导致死亡的人数。美国全国药物导致死亡率为14.6。

（19）枪支伤害导致（Injury by Firearms）死亡率：指各州每十万人中枪支伤害导致死亡的人数。美国全国枪支伤害导致死亡率为10.4。简称枪支导致死亡率。

（五）心理疾病

心理疾病的数据来自《2012—2013 全国药物使用和健康调查：基于模型的流行率估计》报告（National Survey on Drug Use and Health，NSDUH，2013）。该调查报告使用的数据，主要来源于 2012 年和 2013 年的物质滥用和心理健康服务管理局（Substance Abuse and Mental Health Services Administration，SAMH-SA）、行为健康统计和质量中心（Center for Behavioral Health Statistics and Quali-ty）、"全国药物使用和健康调查（National Survey on Drug Use and Health）"等的数据。报告中关于州水平数据的估计值，是通过调查加权的分层贝叶斯估计法和马尔可夫链蒙特卡罗技术得到（National Survey on Drug Use and Health，2013）。本研究中进行分析的各指标，均为各州成年人（18 岁以上）群体的人口比例（百分比），数值越大表示心理疾病问题越严重。

（1）酒精依赖症（Alcohol Dependence）率：指过去一年中，存在酒精依赖症的人口比例。其中，酒精依赖症是依据《精神障碍诊断与统计手册（第四版）》（4th Edition of the Diagnostic and Statistical Manual of Mental Disorders，DSM – IV）进行定义的。

（2）非法药品依赖或滥用（Illicit Drug Dependence or Abuse）率：指过去一

年中，非法药品依赖或滥用症的人口比例。其中，非法药品主要指大麻、可卡因（包括裂纹）、海洛因、致幻剂、吸入剂，或非医疗用的精神类处方药；非法药品依赖或滥用率是根据《精神障碍诊断与统计手册（第四版）》进行定义的。简称非法药品依赖率。

（3）严重心理疾病（Serious Mental Illness）率：指过去一年中，有严重心理疾病的人口比例。根据 DSM－Ⅳ轴Ⅰ障碍用临床定式检查指南，严重心理疾病是指有可诊断的心理、行为或情绪障碍。这里统计的严重心理疾病也包括被诊断为造成严重功能性损伤的个体。

（4）任何心理疾病（Any Mental Illness）率：指过去一年中，有任意一种心理障碍的人口比例。根据 DSM－Ⅳ轴Ⅰ障碍用临床定式检查指南，任何心理疾病被界定为有可诊断的心理、行为或情绪障碍。

（5）强自杀念头（Serious Thoughts of Suicide）率：指过去一年中，有强烈的自杀想法的人口比例。

（6）抑郁症（Depressive Episode）率：指过去一年中，至少有一种主要的抑郁症状的人口比例。根据 DSM－Ⅳ 的标准，抑郁症是指个体体验到一种抑郁情绪或者在日常活动中丧失兴趣或快乐，拥有至少一种主要的抑郁症状，并且上述状态持续了 2 周以上的时间。

（六）物质滥用和健康行为

物质滥用和健康行为的数据来自《2012—2013 全国药物使用和健康调查：基于模型的流行率估计》报告。本研究的分析数据为美国各州 18 岁以上成年样本的调查数据结果，数值为代表各州居民在以下物质滥用和药品使用指标上百分比越大，物质滥用和药品使用问题越严重。

（1）非法药品使用（Illicit Drug Use）率：指过去一个月中，使用非法药品的人口比例。非法药品的定义同上。

（2）大麻使用（Marijuana Use）率：指过去一年中，使用大麻的人口比例。

（3）可卡因使用（Cocaine Use）率：指过去一年中，使用可卡因的人口比例。

（4）止痛药滥用（Nonmedical Use of Pain Relievers）率：指过去一年中，滥用非医疗使用的止痛药的人口比例。

（5）过度饮酒（Binge Alcohol Use）率：指过去一个月中，饮酒过度的人口比例。饮酒过度被定义为：在过去 30 天里，至少出现过一次，在同一场合下（例如，同时或在几个小时内）喝酒达 5 杯及 5 杯以上的情况。

（6）烟草使用（Tabacoo Product Use）率：指在过去的一个月中，使用烟草相关产品的人口比例。其中，烟草产品包括香烟、无烟烟草（即咀嚼烟草和鼻烟）、雪茄或烟斗。

（7）吸烟（Cigarette Use）率：指过去一个月中，吸烟的人口比例。

三、控制变量指标

已有关于区域水平的研究发现，州水平的教育、收入、种族、性别、城市化程度等变量对于很多重要的区域差异都有重要的影响作用（例如，Axelrod，1986），因此区域水平研究中需要对这些变量进行控制，从而排除它们对研究问题的干扰（Rentfrow，2010）。本研究分别搜集了 2012—2013 年间美国 50 州在教育程度、收入水平等方面的数据作为控制变量。

（1）教育程度：本研究的教育程度数据来自 "美国社区调查（American Community Survey）" 中关于 "25 岁以上拥有高中及以上学历的人口比例" "25 岁以上拥有大学及以上学历的人口比例" 两个指标在 2012—2013 年的数据（American Community Survey，2012，2013）。本研究参考 McCann（2011）关于教育程度相关的指标处理办法：首先分别对来自 2012 年和 2013 年的两个教育程度变量进行标准化，然后取这四个变量平均值，最后合成一个综合的教育程度指数。该指数具有较高的内部一致性信度，克隆巴赫系数（Cronbach's α，即信度系数）达到 0.931。

（2）收入水平：本研究采用州水平的人均 GDP、人均收入、家庭收入中值（Median Household Income）来衡量收入水平。其中，人均 GDP、人均收入均来自美国商务部经济分析局（Bureau of Economic Analysis，U.S. Department of Commerce）的区域经济统计数据（Regional Economic Accounts），家庭收入中值数据来自美国人口普查局（U.S. Census Bureau）。将 2012 年、2013 年的人均 GDP、人均收入以及家庭收入中值分别标准化，然后求其均值，得到最终的收入综合指数。在构建收入综合指数的过程中，各收入分指标有非常高的稳健性，信度系数达到 0.966。

（3）女性人口比例：女性人口比例数据来自美国人口普查局关于 2012 年、

2013 年女性人口的估计数据（U.S. Census：Population Estimates，2013）。将各州 2012 年、2013 年的女性人口比例数据分别标准化，并取均值得到各州女性人口比例指标。两个指标的信度系数达到 0.999。

（4）白人人口比例：白人人口比例数据来自美国人口普查局关于 2012 年、2013 年白人人口的估计数据（U.S. Census：Population Estimates，2013）。将各州 2012 年、2013 年的白人人口比例数据分别标准化，并取均值得到各州白人人口比例指标。两年白人人口比例高度相关，相关系数约等于 1。

（5）城市人口比例：各州城市人口占总人口比例，反映的是各州城市化水平。本研究中城市人口比例数据取自美国人口普查局提供的 2010 年人口普查数据（U.S. Census Bureau，2013）。

第三节　区域人格与健康的关系

从人格与健康在美国各州的地理分布特征来看，有的人格特质与健康指标似乎存在一定的关联。例如，神经质在中西部的水平非常低，Gallup 调查的总体幸福感和 Twitter 幸福感在中西部较高。但上述分析仅是基于可视化地图分布规律的初步推测，神经质与幸福感上在统计上有什么关系？各种人格特质与各种健康指标之间的关系如何？围绕这些问题，本节将系统性地检验区域人格与各种健康指标之间的关系。

一、人格与幸福感的关系

对于美国 50 州，大五人格与幸福感指标的相关关系见表 3.1。如表 3.1 简单相关部分结果显示：Gallup 总体幸福感与神经质（$r = -0.623$）高度负相关。生活评价幸福感与神经质（$r = -0.590$）显著负相关。情绪健康幸福感与神经质（$r = -0.686$）、开放性（$r = -0.317$）显著负相关。工作环境幸福感与神经质（$r = -0.489$）显著负相关，而与宜人性（$r = 0.248$）呈边缘显著的正相关。身体健康幸福感与神经质（$r = -0.462$）显著负相关。健康行为幸福感与神经质（$r = -0.412$）显著负相关，与外向性（$r = -0.261$）呈边缘显著的负相关。基本需要幸福感与神经质呈边缘显著的负相关（$r = -0.259$）。Twitter 幸福感与神经质（$r = -0.549$）呈显著负相关。而其他人格特质和幸福感指标之间的相关关系均不显著。

表 3.1　大五人格与幸福感指标的相关关系

	外向性	宜人性	尽责性	神经质	开放性
简单相关					
Gallup 总体幸福感	0.073	0.037	-0.089	-0.623***	-0.003
生活评价幸福感	0.014	-0.044	-0.032	-0.590***	0.030
情绪健康幸福感	0.169	0.015	0.003	-0.686***	-0.317*
工作环境幸福感	0.222	0.248†	0.062	-0.489***	-0.225
身体健康幸福感	0.153	0.003	-0.036	-0.462**	0.067
健康行为幸福感	-0.261†	-0.195	-0.222	-0.412**	0.359*
基本需要幸福感	0.087	0.125	-0.178	-0.259†	-0.016
Twitter 幸福感	-0.186	-0.157	-0.155	-0.549***	0.034
偏相关					
Gallup 总体幸福感	0.284†	0.339*	0.319*	-0.352*	0.106
生活评价幸福感	0.193	0.196	0.395**	-0.397**	0.140
情绪健康幸福感	0.438**	0.319*	0.482**	-0.417**	-0.235
工作环境幸福感	0.245	0.465**	0.218	-0.275†	-0.082
身体健康幸福感	0.381*	0.249†	0.344*	-0.174	-0.004
健康行为幸福感	-0.292†	-0.222	-0.187	-0.019	0.542***
基本需要幸福感	0.314*	0.281†	0.045	0.016	-0.264†
Twitter 幸福感	-0.303*	-0.109	-0.259†	0.119	0.390**

注：†代表 $p < 0.1$；*代表 $p < 0.05$；**代表 $p < 0.01$；***代表 $p < 0.001$（下同）。

　　为了排除已有研究发现的可能干扰人格与健康之间关系的变量（Rentfrow，2010），笔者在上述相关分析中对收入水平、教育程度、女性人口比例、白人人口比例、城市人口比例进行控制，结果见表 3.1 偏相关部分。结果显示：Gallup 总体幸福感与多个人格特质维度具有显著关联。其中，Gallup 总体幸福感与宜人性（$r=0.339$）、尽责性（$r=0.319$）呈显著正相关，与外向性（$r=0.284$）呈边缘显著的正相关，与神经质（$r=-0.352$）呈显著负相关。生活评价幸福感与尽责性（$r=0.395$）显著正相关，与神经质（$r=-0.397$）显著负相关。情绪健康幸福感与尽责性（$r=0.482$）、外向性（$r=0.438$）、宜人性（$r=0.319$）显著正相关，与神经质（$r=-0.417$）显著负相关。工作环境幸福感与宜人性（$r=0.465$）显著正相关，与神经质（$r=-0.275$）呈边缘显著的负相关。身体健康幸福感与外向性（$r=0.381$）、尽责性（$r=0.344$）显著正相关，与宜人性（$r=0.249$）呈边缘显著的正相关。健康行为幸福感与开放性（$r=0.542$）显著正相关，与外向性（$r=-0.292$）呈边缘显著的负相关。基本需要幸福感与外向性（$r=0.314$）显著正相关，与宜人性（$r=0.281$）呈边缘显著的正相关，与开放性（$r=-0.264$）呈边缘显著的负相关。Twitter 幸福感与开放性（$r=0.390$）呈显著正相关，与外向性（$r=-0.303$）显著负相关，与尽责性（$r=-0.259$）呈边缘显著的负相关。

二、人格与寿命/死亡率的关系

大五人格与寿命/死亡率指标的简单相关结果见表 3.2。该结果显示：预期寿命仅与神经质（$r=-0.353$）显著负相关。总死亡率与神经质（$r=0.410$）显著正相关。恶性肿瘤死亡率与神经质（$r=0.626$）显著正相关。糖尿病死亡率与尽责性（$r=0.400$）、宜人性（$r=0.340$）显著正相关，与神经质（$r=0.245$）的正相关边缘显著。帕金森症死亡率与神经质（$r=-0.346$）显著负相关。阿尔茨海默症死亡率与宜人性（$r=0.418$）显著正相关，与尽责性（$r=0.255$）呈边缘显著的正相关。心脏病死亡率与神经质（$r=0.523$）显著正相关。高血压死亡率与宜人性（$r=0.314$）显著正相关，与尽责性（$r=0.251$）呈边缘显著的正相关。脑血管病死亡率与开放性（$r=-0.260$）呈边缘显著的负相关。流感类死亡率与神经质（$r=0.265$）呈边缘显著的正相关。慢下呼吸道死亡率与尽责性（$r=0.257$）呈边缘显著的正相关。肝病死亡率与尽责性（$r=0.316$）显著正相关，与神经质（$r=-0.289$）显著负相关。肾病死亡率与神经质（$r=0.480$）显著正相关。事故导致死亡率与开放性（$r=-0.273$）呈边缘显著的负相关。机动车事故死亡率与尽责性（$r=0.319$）显著正相关，与开放性（$r=-0.400$）显著负相关。自杀死亡率与神经质（$r=-0.479$）显著负相关，与开放性（$r = -0.259$）呈边缘显著的负相关。凶杀死亡率与尽责性（$r = 0.261$）、神经质（$r = 0.272$）均呈现边缘显著的正相关。酒精导致死亡率与神经质（$r = -0.507$）呈显著负相关，与宜人性（$r = -0.241$）呈边缘显著的负相关。药物导致死亡率与神经质（$r = 0.325$）显著正相关，与外向性（$r = -0.284$）显著负相关。枪支导致死亡率与开放性（$r = -0.286$）呈显著的负相关。其他死亡率指标与人格的相关关系均不显著。

表 3.2　大五人格与寿命/死亡率指标的简单相关

	外向性	宜人性	尽责性	神经质	开放性
预期寿命	-0.006	-0.062	-0.223	-0.353 *	0.217
总死亡率	0.054	0.166	0.215	0.410 **	-0.211
恶性肿瘤死亡率	-0.021	0.036	-0.025	0.626 ***	-0.152
糖尿病死亡率	0.176	0.340 *	0.400 **	0.245 †	-0.147
帕金森症死亡率	0.111	0.105	0.158	-0.346 *	-0.060
阿尔茨海默症死亡率	0.108	0.418 **	0.255 †	-0.128	-0.132
心脏病死亡率	0.064	0.161	0.148	0.523 ***	-0.110
高血压死亡率	0.133	0.314 *	0.251 †	0.195	0.037
脑血管病死亡率	0.061	0.177	0.211	0.075	-0.260 †
流感类死亡率	0.025	0.052	0.040	0.265 †	-0.235
慢下呼吸道死亡率	0.012	0.071	0.257 †	0.195	-0.207
肝病死亡率	-0.060	-0.089	0.316 *	-0.289 *	-0.046
肾病死亡率	0.211	0.170	0.200	0.480 ***	-0.192
事故导致死亡率	-0.021	-0.012	0.147	0.099	-0.273 †
机动车事故死亡率	0.171	0.211	0.319 *	0.042	-0.400 **
自杀死亡率	-0.065	-0.225	0.047	-0.479 ***	-0.259 †
凶杀死亡率	0.066	0.102	0.261 †	0.272 †	-0.166
酒精导致死亡率	-0.146	-0.241 †	0.069	-0.507 ***	-0.029
药物导致死亡率	-0.284 *	-0.163	-0.007	0.325 *	0.220
枪支导致死亡率	-0.012	-0.085	0.229	-0.107	-0.286 *

与表3.1关于大五人格与幸福感指标的相关关系分析类似，在简单分析的基础上，进一步控制了收入水平、教育程度、女性人口比例、白人人口比例、城市人口比例后进行偏相关分析，结果见表3.3。该结果显示：糖尿病死亡率与宜人性（$r=0.310$）显著正相关，与尽责性（$r=0.255$）呈边缘显著的正相关。阿尔茨海默症死亡率与宜人性（$r=0.479$）显著正相关，与神经质（$r=-0.419$）显著负相关，与尽责性（$r=0.260$）呈边缘显著的正相关。高血压死亡率与宜人性（$r=0.361$）显著正相关。脑血管病死亡率与神经质（$r=-0.338$）显著负相关。肾病死亡率显著与开放性（$r=-0.323$）负相关，与外向性（$r=0.275$）呈边缘显著的正相关。其他死亡率指标与人格的关系均不显著。

并且在表3.3的偏相关中，机动车事故死亡率与尽责性（$r=0.339$）显著正相关，与神经质（$r=-0.251$）呈边缘显著的负相关。自杀死亡率与宜人性（$r=-0.542$）、外向性（$r=-0.396$）显著负相关，与尽责性（$r=-0.253$）呈边缘显著的负相关。凶杀死亡率与尽责性（$r=0.300$）、神经质（$r=-0.285$）分别呈边缘显著的正相关和负相关。酒精导致死亡率与外向性（$r=-0.313$）显著负相关，与开放性（$r=0.261$）呈边缘显著的正相关。药物导致死亡率与神经质（$r=0.396$）显著正相关，与外向性（$r=-0.429$）、尽责性（$r=-0.345$）、宜人性（$r=-0.336$）显著负相关。枪支导致死亡率与宜人性呈边缘显著的负相关（$r=-0.253$）。

表3.3 大五人格与寿命/死亡率指标的偏相关

	外向性	宜人性	尽责性	神经质	开放性
预期寿命	0.121	0.122	-0.092	0.102	0.160
总死亡率	-0.062	0.011	0.022	0.004	-0.181
恶性肿瘤死亡率	-0.120	-0.174	-0.244	0.236	-0.164
糖尿病死亡率	0.118	0.310*	0.255†	0.017	-0.089
帕金森症死亡率	0.043	-0.088	0.022	-0.184	-0.028
阿尔茨海默症死亡率	0.044	0.479**	0.260†	-0.419**	0.019
心脏病死亡率	0.053	0.072	-0.013	0.028	-0.203
高血压死亡率	0.142	0.361*	0.230	-0.213	0.102

（续上表）

	外向性	宜人性	尽责性	神经质	开放性
脑血管病死亡率	0.040	0.136	0.151	-0.338*	-0.101
流感类死亡率	0.049	0.060	0.018	0.195	-0.142
慢下呼吸道死亡率	-0.230	-0.131	0.059	-0.042	-0.104
肝病死亡率	-0.237	-0.083	0.231	-0.220	0.182
肾病死亡率	0.275†	0.106	0.152	0.120	-0.323*
事故导致死亡率	-0.230	-0.150	-0.033	0.161	-0.036
机动车事故死亡率	0.135	0.181	0.339*	-0.251†	-0.242
自杀死亡率	-0.396**	-0.542***	-0.253†	-0.076	0.192
凶杀死亡率	0.102	0.071	0.300†	-0.285†	-0.228
酒精导致死亡率	-0.313*	-0.237	0.076	-0.123	0.261†
药物导致死亡率	-0.429**	-0.336*	-0.345*	0.396**	0.135
枪支导致死亡率	-0.175	-0.253†	0.069	-0.237	-0.028

三、人格与心理疾病的关系

大五人格与心理疾病的简单相关分析结果见表3.4。该结果显示：酒精依赖症率与神经质（$r = -0.328$）显著负相关，与宜人性（$r = -0.257$）呈边缘显著的负相关。任何心理疾病率与外向性（$r = -0.243$）呈边缘显著的负相关。其他心理疾病指标与人格指标的简单相关均不显著。

控制了收入水平、教育程度、女性人口比例、白人人口比例、城市人口比例变量后的偏相关分析结果见表3.4偏相关分析部分。该结果显示：任何心理疾病率与尽责性（$r = -0.450$）、外向性（$r = -0.422$）显著负相关，与开放性（$r = 0.297$）显著正相关。抑郁症率与尽责性（$r = -0.382$）、外向性（$r = -0.345$）显著负相关。强自杀念头率与尽责性（$r = -0.389$）显著负相关，与神经质（$r = 0.283$）呈边缘显著的正相关。严重心理疾病率与外向性（$r = -0.312$）显著负相关，与尽责性（$r = -0.254$）呈边缘显著的负相关。非法药品依赖率与外向性（$r = -0.257$）呈边缘显著的负相关。

表 3.4 大五人格与心理疾病的相关关系

	外向性	宜人性	尽责性	神经质	开放性
简单相关					
酒精依赖症率	−0.058	−0.257†	−0.230	−0.328*	−0.149
非法药品依赖率	−0.231	−0.022	0.015	0.141	0.215
严重心理疾病率	−0.082	0.167	0.111	0.073	−0.006
任何心理疾病率	−0.243†	0.023	−0.045	0.088	0.152
强自杀念头率	−0.124	0.041	−0.166	0.020	−0.032
抑郁症率	−0.225	0.024	−0.076	−0.025	0.088
偏相关					
酒精依赖症率	−0.034	−0.073	−0.052	0.084	−0.125
非法药品依赖率	−0.257†	−0.172	−0.147	0.037	0.131
严重心理疾病率	−0.312*	−0.032	−0.254†	0.196	0.190
任何心理疾病率	−0.422**	−0.211	−0.450**	0.124	0.297*
强自杀念头率	−0.231	−0.054	−0.389**	0.283†	0.145
抑郁症率	−0.345*	−0.162	−0.382*	0.197	0.138

四、人格与物质滥用及健康行为的关系

大五人格与物质滥用及健康行为的相关关系结果见表 3.5。简单相关分析结果显示：非法药品使用率与外向性（$r = -0.465$）、宜人性（$r = -0.378$）、尽责性（$r = -0.355$）显著负相关，与开放性（$r = 0.460$）显著正相关。大麻使用率与外向性（$r = -0.466$）、宜人性（$r = -0.453$）、尽责性（$r = -0.443$）显著负相关，与开放性（$r = 0.390$）显著正相关。可卡因使用率与开放性（$r = 0.515$）显著正相关，与外向性（$r = -0.248$）呈边缘显著的负相关。止痛药滥用率与外向性（$r = -0.301$）呈显著负相关。过度饮酒率与外向性（$r = 0.330$）显著正相关，与开放性（$r = -0.307$）显著负相关。烟草使用率与神经质（$r = 0.274$）呈边缘显著的正相关，开放性（$r = -0.409$）显著负相关。吸烟率与神经质（$r = 0.287$）显著正相关，与开放性（$r = -0.399$）显著负相关。

表3.5　大五人格与物质滥用及健康行为的相关关系

	外向性	宜人性	尽责性	神经质	开放性
简单相关					
非法药品使用率	− 0.465**	− 0.378**	− 0.355*	− 0.103	0.460**
大麻使用率	− 0.466**	− 0.453**	− 0.443**	− 0.098	0.390**
可卡因使用率	− 0.248†	− 0.166	− 0.059	0.057	0.515***
止痛药滥用率	− 0.301*	− 0.103	0.085	− 0.081	0.101
过度饮酒率	0.330*	− 0.008	− 0.095	− 0.031	− 0.307*
烟草使用率	0.118	0.059	0.119	0.274†	− 0.409**
吸烟率	0.172	0.126	0.210	0.287*	− 0.399**
偏相关					
非法药品使用率	− 0.474**	− 0.442**	− 0.430**	0.110	0.477**
大麻使用率	− 0.477**	− 0.493**	− 0.442**	0.138	0.484**
可卡因使用率	− 0.247	− 0.173	− 0.049	0.072	0.391**
止痛药滥用率	− 0.393**	− 0.189	− 0.167	− 0.180	0.112
过度饮酒率	0.396**	0.141	0.090	0.150	− 0.414**
烟草使用率	0.050	− 0.023	0.066	0.097	− 0.296*
吸烟率	0.134	0.033	0.141	0.069	− 0.347*

　　控制了收入水平、教育程度、女性人口比例、白人人口比例、城市人口比例变量后的偏相关分析结果见表3.5偏相关分析部分。该结果显示：非法药品使用率与外向性（$r = −0.474$）、宜人性（$r = −0.442$）、尽责性（$r = −0.430$）显著负相关，与开放性（$r = 0.477$）显著正相关。大麻使用率显著与宜人性（$r = −0.493$）、外向性（$r = −0.477$）、尽责性（$r = −0.442$）负相关，与开放性（$r = 0.484$）显著正相关。可卡因使用率与开放性（$r = 0.391$）显著正相关。止痛药滥用率与外向性（$r = −0.393$）显著负相关。过度饮酒率与外向性（$r = 0.396$）显著正相关，与开放性（$r = −0.414$）显著负相关。烟草使用率与开放性（$r = −0.296$）显著负相关。吸烟率与开放性（$r = −0.347$）显著负相关。

五、讨论

（一）外向性与健康

在大五人格与幸福感指标的简单相关分析结果中，外向性除了在健康行为幸福感上有边缘显著的负相关外，与其他健康指标关系均不显著，该结果与Rentfrow 等（2009）关于美国各州大五人格与 2008 年的 Gallup 幸福感数据结果较为一致。而在控制了其他变量时，外向性与大多数幸福感指标的相关均变得显著。其中，外向性与情绪健康幸福感、身体健康幸福感、基本需要幸福感均呈显著正相关，与 Gallup 总体幸福感的正相关达到边缘显著；但与 Twitter 幸福感、健康行为幸福感显著负相关。而外向性与工作环境幸福感和生活评价幸福感虽然为正相关，但是并未达到显著。在简单相关和偏相关分析中，外向性与健康行为均呈现边缘显著水平的负相关，具有较高的一致性，即意味着外向性特征越高的地区，人们在健康行为幸福感上有较为稳健的越低倾向。而其他指标，例如情绪健康幸福感、身体健康幸福感等均在控制了经济、人口等变量之后，才出现较强的显著性。该结果可能跟收入水平、教育程度、女性人口比例等变量对外向性与上述幸福感指标存在压抑作用有关，因此加入控制变量之后，外向性与上述幸福感指标的关系出现了较强的相关。但值得说明的是，外向性与情绪健康幸福感、身体健康幸福感、基本需要幸福感，乃至总体幸福感水平均是正相关，即该地区外向性越高，上述类型的幸福感水平越高。这与个体层面研究证实的，高外向性的个体相对低外向性的个体体验到更高的快乐，主观幸福感与存在感一致性较高（Hampson，2012）。外向性高的个体更加受到他人的欢迎，拥有更高的社会地位，更容易得到同辈群体的接纳。因此，在州水平上发现外向性与 Gallup 调查的情绪健康幸福感、总体幸福感等指标有正相关，这一结果与个体水平的发现是相一致的。但外向性越高的地区，在 Twitter 上客观表达的幸福感越低。这意味着外向性在 Twitter 上客观表达的幸福感与通过问卷调查主观报告的幸福感之间的关系出现了相反的结果，但其背后的机制有待更多证据予以解释。

在与死亡率指标的简单相关结果中，外向性仅与药物导致死亡率显著负相关，即外向性越高的地区，药物导致死亡率越低。而在加入了控制变量后的偏相关分析结果中，外向性越高的地区，其药物导致死亡率、自杀死亡率、酒精导致死亡率均越低，而肾病死亡率略有升高的趋势。外向性高的地区自杀死亡率低，与外向性高的地区各种幸福感指标高，尤其是情绪健康幸福感高的情况相一致。酒精导致死亡率与自杀死亡率关联较为密切，因而酒精导致死亡率与自杀死亡率在外向性越高的地区均较低。因此，自杀死亡率、酒精导致死亡率、药物导致死亡率较低，可能都与外向性高的地区情绪健康幸福感较高有关。

外向性与各种心理疾病指标的简单相关均不显著，但在加入了控制变量后，在任何心理疾病率、抑郁症率、严重心理疾病率上都有显著的负相关，在非法药品依赖率上有边缘显著的负相关。因此，外向性高的地区，其各种心理疾病率也较低，即心理健康问题上表现更健康。在与物质滥用指标的相关分析中，外向性与大麻使用率、非法药品使用率、止痛药滥用率显著负相关，而与可卡因使用率呈边缘显著的负相关，即外向性越高的地区，在大麻使用率、非法药品使用率、止痛药滥用率、可卡因使用率均越低。但与上述健康行为和物质滥用行为指标不一致的是，过度饮酒率与外向性显著正相关，即外向性越高的地区，过度饮酒越频繁。加入控制变量之后，上述指标的相关关系除了可卡因使用率不再显著外，其他变量均仍然显著。偏相关分析结果显示，外向性与大麻使用率、非法药品使用率、止痛药滥用率显著负相关，与过度饮酒率显著正相关，并且加入控制变量后比简单相关关系的显著程度还略有上升。可见，外向性越高的地区，其各种物质滥用问题更少，但过度饮酒率却更高。这可能与外向性越高的地区居民更喜欢去酒吧和俱乐部（Rentfrow et al.，2008），参加聚会等与饮酒相关的娱乐活动有关。个体层面的一些研究也发现外向性与酒精消费有中等程度的正相关（例如，Walton & Roberts，2004）。

概括而言，高外向性作为该地居民社交程度高、能量充沛的反映，在大多数幸福感指标上，尤其是情绪健康幸福感上越幸福，在药物导致死亡率、酒精导致死亡率、自杀死亡率等死亡指标上越低，各种心理疾病问题也相对较少，非法药品使用率等物质滥用行为的比率也较低。但也有一些健康指标结果与上述结果不太一致。例如，外向性越高的地区，在 Twitter 上的幸福感越低，在健康行为上的幸福感越低，在肝病死亡率上越高，在过度饮酒问题上越严重。但这几个与整体趋势不大一致的指标内部又存在较强的规律性，即均与外向性的饮酒行为密切关联。过度饮酒问题，与肝病死亡率高的情况相一致，同时饮酒也是影响 Gallup 关于健康行为的主观幸福感调查的重要因素。但为何外向性高的地区，在 Twitter 上表达的幸福感偏低？这可能与外向性高的居民在 Twitter 等社交媒体上进行印象管理的动机低有关。Wojcik 等（2015）的研究发现，保守主义在问卷调查中报告了比自由主义更高的主观幸福感，但在 Twitter 等社交媒体上自由主义比保守主义显著客观地展示了更高的快乐倾向。更直接的证据和解释需要未来进一步的研究。

（二）宜人性与健康

宜人性与幸福感之间的关系在简单相关分析中，仅与工作环境幸福感呈现边缘显著的正相关。在加入了控制变量之后，宜人性与工作环境幸福感、情绪健康幸福感、Gallup 总体幸福感呈显著的正相关，与身体健康幸福感、基本需要幸福感呈边缘显著的正相关，而与其他幸福感指标的相关关系均不显著，即在宜人性越高的地区，大多数幸福感指标也越高。可见，收入水平、教育程度、各种人口比例等控制变量可能对宜人性与各幸福感指标之间的关系有压抑作用，因此在加入控制变量之后，宜人性与各幸福感之间的关系得以显现。整体而言，宜人性较高的地区，在整体的主观幸福感，以及工作环境幸福感、情绪健康幸福感等分指标上均表现出较高的幸福感。个体水平的研究也发现，宜人性与主观幸福感之间存在关联。例如，DeNeve 和 Cooper（1998）的元分析研究认为，不仅外向性对主观幸福感有显著相关，大五人格的其他特质，例如宜人性和尽责性与主观幸福感之间也能达到 0.2 左右的正相关。

在与死亡率指标的关系上，一方面，宜人性与阿尔茨海默症死亡率、糖尿病死亡率、高血压死亡率均呈现出显著的正相关，与酒精导致死亡率呈边缘显著的负相关。在加入收入水平、教育程度以及各种人口比例等控制变量后，宜人性仍然与阿尔茨海默症死亡率、高血压死亡率、糖尿病死亡率保持显著的正相关，即宜人性越高的地区，较为稳健地表现出了阿尔茨海默症死亡率、高血压死亡率、糖尿病死亡率越高的规律。另一方面，宜人性与自杀死亡率、药物导致死亡率呈显著负相关，与枪支导致死亡率呈边缘显著的负相关，即宜人性越高的地区，该地居民的自杀死亡率、药物导致死亡率、枪支导致死亡率越低。个体水平上的宜人性，作为温暖、热情、合作、和友好特征的反映，被认为与社会融入、宗教性、亲社会行为倾向有着密切关联（Rentfrow et al.，2008；Ozer & Benet – Martinez，2006）。因此，宜人性越高的地区，自杀死亡率越低，可能与宜人性高的地区情绪健康幸福感高、宗教性高有关。此外，宜人性越高的地区，自杀死亡率、药物导致死亡率、枪支导致死亡率，甚至自杀死亡率越低，也可能与个体水平的研究发现的宜人性高的地区，感受到的暴力威胁越小，亲社会倾向越高有关（White et al.，2014），并且与 Rentfrow 等（2008）关于美国州水平研究所发现的宜人性越高的地区暴力犯罪率越低的结果相一致。

在心理疾病方面，宜人性仅与酒精依赖症率呈现出边缘显著的负相关，其他指标均不显著。在加入了控制变量后，宜人性与所有心理疾病率相关均不显著，即宜人性与各种心理疾病的健康指标并没有出现较为显著的关联。在大五人格与物质滥用的简单相关分析中，宜人性与非法药品使用率、大麻使用率呈现出显著的负相关。在加入收入水平、教育程度、各种人口比例等控制变量后，宜人性与非法药品使用率、大麻使用率仍然保持非常显著的负相关。因此，宜人性高的地区，较为稳健地表现出了非法药品使用率低、大麻使用率低的规律。宜人性高的地区，物质滥用率低，与其整体上呈现的高幸福感、低自杀率、低药物导致死亡率是相一致的。

概括而言，州水平的高宜人性反映了一个州居民较高水平的热情、友好、利他主义倾向，其居民幸福感尤其是工作环境幸福感水平高，自杀、药物导致、枪支导致死亡率低，非法药品使用、大麻使用率低。但与已有研究发现宜人性对于个体与区域水平的健康指标有积极影响（Roberts et al.，2007；Rentfrow et al.，2008）不同的是，本研究发现州水平的宜人性与阿尔茨海默症死亡率、糖尿病死亡率、高血压死亡率有显著的正相关，即宜人性越高的地区，该地居民因阿尔茨海默症、糖尿病、高血压而死亡的概率越高。换言之，宜人性并不是一致性地与所有死亡率指标呈负相关关系，还依赖于死亡率的类型。这对于区域人格干预研究、公共健康政策制定具有重要意义。例如，提高地区水平的宜人性，对于该地区的自杀死亡率、酒精导致死亡率和药物导致死亡率上均有积极作用，但还得关注它在阿尔茨海默症、糖尿病、高血压等方面带来的潜在负面作用。对于宜人性高的地区，相关部门在制定公共卫生政策和健康医疗卫生资源配置的过程中，也应该充分考虑该地区在阿尔茨海默症、糖尿病、高血压死亡方面面临的高风险。至于宜人性为何特异性地与阿尔茨海默症死亡率、高血压死亡率、糖尿病死亡率呈显著正相关，这可能与宜人性人格与这几种死亡率的特定疾病类型，疾病发病原因等因素有关，需要公共卫生、流行病学、临床医学领域的研究者与人格心理学、健康心理学的研究者结合各自领域的研究证据予以深化和探索。

（三）尽责性与健康

尽责性在与幸福感各指标的简单相关分析中均无显著关联，但加入收入水平、教育程度、女性人口比例、白人人口比例以及城市人口比例控制变量之后，尽责性与 Gallup 总体幸福感、生活评价幸福感、身体健康幸福感，尤其是情绪健康幸福感表现出显著的正相关，但与其他幸福感指标上的相关均不显著，即尽责性越高的地区，在 Gallup 总体幸福感、生活评价幸福感、身体健康幸福感、情绪健康幸福感上均越高。在个体层面的研究认为，尽责性、宜人性和开放性被认为是受环境驱动的人格特质，它们与主观幸福感的关系虽然不如外向性、神经质与主观幸福感之间的关系密切，但仍然对主观幸福感具有较为稳健的正向预测作用（Ozer & Benet-Martinez，2006；DeNeve & Cooper，1998）。Hayes 和 Joseph（2003）的研究发现，尽管外向性和神经质对通过牛津快乐量表（Oxford Happiness Inventory）测量的幸福感的预测效果最好，但神经质和尽责性对生活满意度量表测量的幸福感预测效果最好，即尽责性也是理解幸福感的重要人格特质维度。在本研究中，美国 50 州水平上的尽责性整体上与外向性、宜人性类似，均表现出了与主观幸福感较强的正相关，尤其是尽责性与情绪健康幸福感之间的偏相关系数达到 0.482，从相关系数大小而言，还略强于外向性与幸福感之间的关系。尽责性与生活满意度评价的偏相关系数也达到 0.395。与开放性、宜人性等几种有积极倾向的人格特质相比，尽责性对生活评价幸福感的预测力最高；与神经质对生活评价幸福感的预测力相当（$r = -0.397$），与 Hayes 和 Joseph（2003）个体层面的发现具有较高的一致性。

在与死亡率指标的关系方面，尽责性与糖尿病、肝病、机动车事故死亡率均显著正相关，与凶杀死亡率、慢下呼吸道死亡率、阿尔茨海默症死亡率、高血压死亡率呈边缘显著的正相关。在加入了收入水平、教育程度、女性人口比例等人口统计学变量之后，一方面，尽责性与机动车事故死亡率呈显著正相关，与凶杀死亡率、阿尔茨海默症死亡率、糖尿病死亡率呈边缘显著的正相关；另一方面，尽责性与药物导致死亡率呈显著负相关，与自杀死亡率呈边缘显著的负相关。尽责性与药物导致死亡率和自杀死亡率之间呈负相关，可能与高尽责性的地区宗教性也越高（Rentfrow et al.，2008）有关。但尽责性与机动车事故死亡率之间的正相关，与个体层面认为尽责性会通过降低生活中各种风险因素从而促进健康的观点相反（Friedman & Kern，2012）。个体层面研究也发现尽责性与阿尔茨海默症和其他认知疾病相关（Friedman & Kern，2014）。但个体层面的研究，例如 Wilson 等（2007）的研究认为，高尽责性能显著降低阿尔茨海默症和其他认知疾病的疾病风险，即个体层面的研究显示尽责性与阿尔茨海默症疾病风险是负相关的，这与本研究显示的州水平的尽责性与阿尔茨海默症死亡率正相关的结果不一致。关于尽责性与阿尔茨海默症、糖尿病、高血压死亡率之间呈边缘显著的正相关，与宜人性也有类似之处。Rentfrow（2010）在解释美国州水平的尽责性与寿命之间存在的负相关关系时认为，这可能与尽责性高的地区对于规范服从、自我约束的强调，从而导致该地区居民普遍感受到较高的压力有关。因此，笔者认为尽责性与阿尔茨海默症、糖尿病、高血压死亡率之间的边缘显著正相关，可能也与生活压力高有关，但上述解释仅仅为初步的推测，需要未来更多的研究证据予以支持和解释。

在与心理疾病指标的关系中，尽责性与各心理疾病的简单相关均不显著，但在加入控制变量的偏相关结果中，尽责性与任何心理疾病率、强自杀念头率以及抑郁症率均有显著的负相关，即尽责性越低的地区，其任何心理疾病、强自杀念头以及抑郁症问题越严重。在物质滥用行为指标上，尽责性越高的地区，非法药品使用率和大麻使用率越低，在加入控制变量的偏相关分析结果中，上述关系仍然稳健存在。可见，尽责性越高的地区，其心理疾病率、强自杀念头率、抑郁症率、非法药品使用率和大麻使用率都越低。上述结果均可能与个体层面和区域层面显示的尽责性与宗教性存在正相关有关（Rentfrow et al.，2008），宗教性对于心理问题具有缓冲和保护作用，而对于非法药品使用、大麻使用也有约束作用。此外，高尽责性作为反映责任感、自律性的人格特质，在遵从法律规范、道德规范，以及自我约束和控制上均比低尽责性的个体或地区要强，因此在非法药品使用率和大麻使用率上显著更低。尽责性能显著地负向预测物质滥用行为在个体层面得到了广泛的验证（Ashton，2013）。例如，Elkins 等（2006）的纵向追踪研究发现，对于一群 17 岁时均未出现物质滥用行为的被试，其尽责性相关的人格特征能显著预测三年后的物质滥用行为障碍。Bogg 和 Roberts（2004）的元分析也显示，尽责性相关的人格特质（例如，自我控制），与过度饮酒率、非法药品使用率、烟草使用率均有显著的负相关。

概括而言，高尽责性在个体水平上作为个体较高忠诚性、责任性、自律性的反映，在美国的州水平上显示出了与较高的情绪健康幸福感、生活评价幸福感、Gallup 总体幸福感等幸福感指标相联系，与较低的药物导致死亡率、自杀死亡率相联系，与较低的任何心理疾病率、抑郁症率、强自杀念头率等心理疾病的比率，以及较低的非法药品使用率、大麻使用率等物质滥用行为的比率相联系。上述结果与个体层面发现尽责性被较为广泛地证明与健康行为、健康结果有积极的影响作用具有一定的一致性（Friedman & Kern，2014）。但本研究结果显示美国州水平的尽责性与预期寿命和总死亡率，分别呈现微弱的负相关和正相关，这与个体层面的研究结果不一致，该研究是关于大五人格与死亡率之间关系的元分析，结果发现尽责性是与总死亡率负相关系数最高的人格特质（Roberts et al.，2007）。此外，本研究还发现，尽责性与机动车事故死亡率、凶杀死亡率、高血压死亡率以及阿尔茨海默症死亡率存在正相关的趋势，这与个体层面主流观点认为尽责性对个体健康具有较强的积极影响不一致，但该结果与 Rentfrow 等（2008）发现美国州水平的尽责性与预期寿命负相关的结果有一定的一致性，因此区域层面的尽责性对健康的积极影响相比个体层面小，甚至有些矛盾的结果，值得未来的研究提供更多的证据和解释。

（四）神经质与健康

神经质在个体层面主要反映的是焦虑、压力、情绪不稳定（Rentfrow et al.，2008），高神经质的个体相比他人常常体验到更多的负面想法和感受，例如不安全感（Hampson，2012）。本研究结果显示，美国州水平的神经质几乎与所有的幸福感指标的简单相关均呈显著的负相关。除了与基本需要幸福感的负相关为边缘显著外，与其他幸福指标，不管是 Gallup 总体幸福感还是 Twitter 幸福感指标，负相关系数均在 0.4 以上。在大五人格与幸福感指标的简单相关分析中，神经质的预测力最强。在加入控制变量后，神经质与各幸福感之间的相关都有所下降，只有与情绪健康幸福感、生活评价幸福感以及 Gallup 总体幸福感仍然保持显著的负相关，与工作环境幸福感呈边缘显著的负相关，而与其他幸福感指标之间的相关均不再显著。可见，神经质与生活评价幸福感、情绪健康幸福感，以及 Gallup 总体幸福感之间的负相关是较为稳健的。尤其是神经质与情绪健康幸福感之间的负相关系数在控制了收入等其他干扰变量之后，仍然能达到 −0.417。这与个体层面研究显示，神经质与主观幸福感，尤其是消极情绪幸福感之间存在高度相关的研究结果相一致（例如，Richard & Diener，2009）。个体层面的研究证据认为，高神经质常常与低自尊和低主观幸福感相联系（Ozer & Benet - Martínez，2006），并且神经质被认为与外向性一起，是对主观幸福感预测力最强的大五人格特质维度（Diener，Oishi & Lucas，2003；Ozer & Benet-Martínez，2006；Richard & Diener，2009）。McCann（2011）关于美国 50 州的大五人格特质与情绪健康幸福感的研究结果也显示，神经质是负向预测情绪健康幸福感的最重要指标，其方差解释力甚至高于社会经济地位指标。Rentfrow 等（2009）关于美国州水平的大五人格特质与 2008 年 Gallup 调查的幸福感数据结果显示，神经质与生活评价幸福感、情绪健康幸福感、身体健康幸福感、工作环境幸福感具有显著负相关，与本研究结果具有较高的一致性。因此，神经质与情绪健康幸福感、生活评价幸福感、总体幸福感之间具有较为稳定的负向预测作用。

在大五人格与寿命/死亡率指标的简单相关结果中，神经质与恶性肿瘤死亡率、心脏病死亡率、肾病死亡率、总死亡率、药物导致死亡率显著正相关；而与酒精导致死亡率、自杀死亡率、预期寿命、帕金森症死亡率、肝病死亡率显著负相关。在简单相关分析结果中，神经质与恶性肿瘤死亡率、心脏病死亡率等一系列与总死亡率高相关的重要死亡因素显著正相关，与预期寿命显著负相关，该研究结果与个体层面研究显示的神经质与死亡率显著正相关的研究结果相一致（Roberts et al.，2007）。但是，神经质个体具有焦虑、抑郁等负面情绪，情绪不稳定、缺乏安全感等特征，结果导致高神经质个体常常具有不良的人际关系（例如，更高的离婚率，Roberts et al.，2007）、更多的攻击行为（Wilkowski & Robinson，2008）。因此，个体层面的研究大多认为神经质与一系列不良的健康状态和死亡率相关联（Hampson，2012）。而本研究结果显示，高神经质的地区，却与酒精导致死亡率、自杀死亡率、预期寿命、帕金森症死亡率、肝病死亡率等死亡率指标显著负相关。换言之，高神经质的地区并不是所有死亡率指标都高。但加入控制变量之后，简单相关分析结果中大多数非常显著的相关均变得不再显著。在偏相关分析结果中，神经质仅与药物导致死亡率显著正相关，与阿尔茨海默症死亡率、脑血管病死亡率显著负相关，而与凶杀死亡率、机动车事故死亡率呈边缘显著的负相关。由此可见，神经质在简单分析中与很多死亡率指标之间的显著关系，可能被收入水平、教育程度、女性人口比例、白人人口比例、城市人口比例等控制变量所影响。为此，笔者分析了美国 50 州的神经质水平与上述控制变量之间的关系，结果显示：神经质与女性人口比例显著正相关（$r = 0.651$，$p < 0.001$），与教育程度显著负相关（$r = -0.576$，$p < 0.001$），即女性人口比例越高、教育程度越低的地区，神经质水

平也较高。尽管如此，在偏相关分析中，仍然显示一些指标还与神经质存在一些显著关联。其中，神经质与药物导致死亡率显著正相关，意味着神经质高的地区，其药物导致死亡的风险也较高。神经质与阿尔茨海默症死亡率、脑血管病死亡率显著负相关，对比前文中发现尽责性尤其是宜人性与阿尔茨海默症死亡率显著正相关的结果，从人格特质维度关系上而言，形成了较好的对应性。阿尔茨海默症是一种认知、记忆功能退化、受损的神经功能障碍（Bullock & Hammond，2003），在个体层面低尽责性或高神经质被认为是阿尔茨海默症的风险因素（Wilson et al.，2003），而在州水平则发现低尽责性或高神经质，乃至低宜人性的地区，阿尔茨海默症死亡率却越低，这背后的机制值得未来研究进一步探索。至于州水平的神经质与机动车事故死亡率、凶杀死亡率边缘显著的负相关，可能与有研究者认为高神经质的个体对压力、不确定性等风险因素以及疾病保持较为敏感、警觉的保护机制有关（Friedman，2000；Weston & Jackson，2015）。关于自杀死亡率的研究，本研究结果显示神经质与自杀死亡率的简单相关显著，这与McCann（2010b）的研究结果一致，但没有验证在控制了收入水平、教育程度等一系列控制变量之后，神经质与自杀死亡率偏相关仍然显著的结果。此外，Rentfrow等（2008）的研究发现神经质与预期寿命、死亡率之间显著的消极影响作用，在本研究的偏相关分析中也显著，但在偏相关分析中也不再显著。因此，神经质与多种死亡率之间的简单相关关系非常稳健，但同时也可能受到社会经济人口因素的影响。

在神经质与心理疾病之间的简单相关结果中，仅与酒精依赖症率出现显著负相关。在加入控制变量后，神经质仅与强自杀念头率呈现边缘显著的正相关。神经质与物质滥用的相关关系结果显示，神经质仅与吸烟率显著正相关，与烟草使用率呈边缘显著的正相关。在加入控制变量之后，神经质与各种物质滥用行为的比率和吸烟率等行为指标均不再显著。而个体层面关于神经质与心理疾病和物质滥用行为的元分析结果显示，神经质与抑郁症率、严重心理疾病率等，酒精、药物以及二者混合的物质滥用行为比率，存在显著的正相关（Kotov et al.，2010），即个体水平的神经质与心理疾病、物质滥用行为之间的密切关系在州水平上并没有得到验证。

概括而言，高神经质作为反映抑郁等消极情绪、不安全状态等特征的一种人格特质，在美国50州水平上，与较低的Gallup调查的总体幸福感、生活评价幸福感，尤其是情绪健康幸福感相关联。虽然美国神经质较高的州，在总体死亡率、恶性肿瘤死亡率、心脏病死亡率、肾病死亡率、药物导致死亡率等较高，而在酒精导致死亡率、自杀死亡率、预期寿命、帕金森症死亡率等较低，但在加入了一系列社会经济和人口控制变量之后，上述相关大多数都不再显著，可能被与神经质高相关的女性人口比例、教育程度所影响。尽管如此，神经质在加入控制变量的偏相关分析中，表现出与药物导致死亡率显著正相关，与阿尔茨海默症死亡率、高血压死亡率等显著负相关。尤其是神经质与阿尔茨海默症死亡率之间的显著负相关，和宜人性、尽责性与阿尔茨海默症死亡率之间的正相关一起，有待未来研究的进一步探索。此外，神经质与心理疾病和物质滥用行为上，都仅与个别指标呈现出微弱的关系，这与个体水平的元分析研究所揭示的神经质与一系列广泛的心理障碍、物质滥用行为高相关的结果不一致（Kotov et al.，2010）。因此，总体而言，相比个体层面的神经质与健康的各方面（包括幸福感、死亡率、心理疾病和物质滥用行为）之间存在的密切关系，美国州水平的神经质仅在幸福感指标上表现出了密切的关联，但在其他方面的关系普遍不如个体水平的强劲。

（五）开放性与健康

高开放性个体的核心特征是好奇、聪明、富有创造力（Rentfrow et al.，2008）。无论在个体水平，还是区域水平，开放性人格与健康之间的关系研究相对较少。区域水平的开放性研究主要围绕经济发展问题，例如，地区开放性被证明与地区的国民生产总值（Yang & Lester，2016）、创业率（Obschonka et al.，2015）等有关。本研究结果显示，高开放性与情绪健康幸福感显著负相关，与健康行为幸福感显著正相关。在加入控制变量之后，开放性与健康行为幸福感之间表现出非常显著的正相关，而与 Twitter 幸福感显著正相关，与基本需要幸福感之间有边缘显著的负相关。由此可见，开放性预测健康行为幸福感的关系较为稳健且强劲（$r = 0.542$，在五种人格特质与各幸福感指标的偏相关系数中最大），即开放性越高的地区，该地居民的健康行为幸福感越高。Rentfrow 等（2009）关于美国 50 州与 2008 年 Gallup 幸福感调查的研究结果也显示，开放性与健康行为幸福感之间存在显著正相关，即与本研究结果一致。此外，开放性也是与 Twitter 幸福感指标关系最密切的人格维度，即地区的开放性水平越高，在 Twitter 上客观表达的幸福感程度也越高。开放性与基本需要幸福感之间的边缘显著负相关意味着，地区的开放性越高，该地居民对食物、住所、干净水等各种基本需要的满意度有较低的倾向。这可能与开放性人格特质追求新鲜和新异刺激的特征有关，从而导致高开放性地区的居民对满足基本需要的标准不断变化和提升，相比低开放性的地区在基本需要幸福感上有较低的趋势。相比大五人格的其他维度，个体水平的研究证据少有发现开放性与幸福感之间的密切关联。而本研究结果显示，开放性与健康行为幸福感、Twitter幸福感指标之间存在显著的正相关，并且在预测力上并不明显亚于其他人格维度。例如，开放性在对Twitter幸福感的预测效果上明显优于其他人格维度。

在寿命与死亡率指标上，开放性仅与机动车事故死亡率、枪支导致死亡率显著负相关，与脑血管病死亡率、事故导致死亡率以及自杀死亡率呈边缘显著的负相关。加入控制变量后的偏相关中，仅在肾病死亡率上显著负相关，与酒精导致死亡率呈边缘显著的正相关。由此可见，开放性与死亡率指标之间的关系较微弱，并且比较不稳定。这与Rentfrow等（2008）在美国州水平没有发现开放性与预期寿命、癌症死亡率、心脏病死亡率有显著关联的结果相一致，也和Rentfrow等（2015）在英国样本上发现各地区的开放性与预期寿命、癌症死亡率、心脏病死亡率等关系微弱且不够稳健的结果相一致。

开放性与心理疾病在简单相关分析中均不显著，加入控制变量后，仅与任何心理疾病率显著正相关，但该相关为恰好达到5%的显著性水平。可见，美国州水平的开放性与心理疾病之间的关系也比较微弱且不稳定。该结果与Kotov等（2010）在个体水平关于大五人格与心理健康的元分析研究中发现，开放性与各种心理障碍的相关在整体上均不显著的结果较为一致。在物质滥用和健康行为方面，开放性与非法药品使用率、大麻使用率、可卡因使用率方面均有非常显著的正相关，而与烟草使用率、吸烟率和过度饮酒率有显著的负相关。在加入收入水平、教育程度、女性人口比例等控制变量后，上述关系仍然稳健存在，即开放性高的地区，该地居民非法药品使用率、大麻使用率、可卡因使用率也较高，而烟草使用率、吸烟率以及过度饮酒率较低。个体层面的元分析结果显示，开放性与酒精、药物以及二者的混合物质滥用行为均无显著的相关（Kotov et al.，2010）。因此，在美国州水平发现开放性与非法药品、大麻、可卡因等物质滥用率显著正相关，与个体层面的研究证据并不一致。但目前缺乏其他关于区域水平的开放性与物质滥用、健康行为之间关系的研究证据，未能与本研究结果进行对比。因此，笔者将结合现有证据尝试进行解释。高开放性的地区烟草使用、吸烟以及过度饮酒行为较少，与高开放性的地区健康行为幸福感较高具有一致性。而非法药品使用率、大麻使用率、可卡因使用率较高，可能与高开放性的地区居民对追求新异刺激，对新鲜事物抱有好奇、开放的心态，因而经受不起非法药品的诱惑有关。当然，以上解释也只是较为初步的猜测，有待未来研究提供更多深入的证据。

概括而言，高开放性作为反映好奇、创造力的人格特质，在美国50州水平上，与较高的健康行为幸福感、Twitter客观表达的幸福感显著正相关，与基本需要幸福感边缘显著地负相关，与死亡率、心理疾病率的关联较为微弱且不稳定，与非法药品使用率、大麻使用率、可卡因使用率等物质滥用率显著正相关，与烟草使用率、吸烟率和过度饮酒率显著负相关。已有研究，包括个体层面的研究，对于开放性在健康问题中的影响作用关注较少。本研究显示开放性在幸福感方面，尤其是健康行为幸福感和Twitter幸福感方面，吸烟等健康行为，非法药品使用率等物质滥用行为上具有显著的预测力。高开放性地区与较高的非法药品使用率等物质滥用率高相联系的研究结果，既弥补了区域水平该研究问题的证据空白，又提出了与个体水平研究结果不一致的新问题，待未来研究提供进一步的研究证据，寻找不一致的原因和解释。

第四节　小　结

本章通过美国50州的大五人格数据，以及幸福感、寿命/死亡率、心理疾病、物质滥用和健康行为四大方面的健康数据，系统地检验了各种人格类型与各种健康指标之间的关系。

结果发现，一方面，人格特征与健康指标之间存在不同程度的关联，并且不同的人格特质对健康指标的预测力有所不同，不同的健康指标与人格特质之间的关联也有所差异。例如，外向性与幸福感，包括情绪健康幸福感、身体健康幸福感、基本需要幸福感、Twitter幸福感，与物质滥用率，包括非法药品使用率、过度饮酒率等，与心理疾病率，包括任何心理疾病率、抑郁症率等均有显著关联。但外向性与死亡率的关联相对较弱一些。神经质与幸福感指标，尤其是与情绪健康幸福感有较为显著的关系，与死亡率指标的关系较为一般，而与心理疾病率、物质滥用和健康行为的比率关系较弱。另一方面，从五种人格特质整体上与各种健康指标的关系强度上来看，与幸福感指标的关系最强，与物质滥用和健康行为、心理疾病率关系强度次之，而与各种死亡率指标之间的关系相对而言稍弱一些。

系统性检验结果显示，有的人格特质与健康指标之间的关系与个体水平、与其他区域水平研究都有较好的一致性，例如神经质能显著负向预测情绪健康幸福感。有的研究结果与个体层面的结果不一致，但又表现出了一定的规律性，例如州水平的宜人性、尽责性能显著正向预测阿尔茨海默症死亡率，而神经质能显著负向预测阿尔茨海默症死亡率。开放性能显著正向预测非法药品使用率、大麻使用率、可卡因使用率，显著负向预测烟草使用率、吸烟率和过度饮酒率。还有的研究证据与已有其他区域水平研究结果发现不太一致。例如，在与预期寿命关系上，本研究结果显示，宜人性、尽责性与预期寿命的关系均不显著。与 Rentfrow 等（2008）关于美国州水平的研究发现宜人性相关不显著、尽责性为显著负相关，Renfrow 等（2015）关于英国地区水平的研究发现宜人性不显著、尽责性显著正相关的研究证据既具有一定的一致性，又有差异性。在宜人性上，三者均较为一致地与预期寿命关系不显著，而在尽责性上三者均不一致。以上结果，不论结果是验证性的还是探索性的，也不论结果是一致性的还是不一致的，都有待于未来研究者提供更多的相关证据予以检验和解释。

第四章

从"人—情境之争"到人格
与环境的亲和性假说

第一节　引　言

一、当前区域人格与健康关系研究的困境

　　第三章对美国州水平的人格与健康关系进行的系统性检验结果显示，人格特质与健康指标之间存在不同程度的关联。有的研究结果与个体水平、其他区域水平研究均具有较高的一致性，例如神经质对情绪健康幸福感的显著负向预测作用。但也有的研究结果与其他已有的区域研究结果并不一致。例如，本研究结果显示美国州水平的尽责性与预期寿命相关不显著，而 Rentfrow 等（2008）的研究证据显示美国的州水平尽责性与预期寿命显著负相关。Rentfrow 等（2015）关于英国的研究证据显示地区水平的尽责性与预期寿命显著正相关。本研究结果显示，美国州水平的神经质与地区的自杀死亡率显著负相关，但加入社会经济以及人口控制变量后则不再显著；而 Voracek（2009）的研究显示，美国州水平的神经质与自杀死亡率在控制州财富水平前后均显著负相关；Voracek（2013）关于俄罗斯样本的研究证据显示，地区水平的神经质与自杀死亡率加入 GDP 控制变量前后相关均不显著。

随着区域水平研究的推进，上述关于人格与健康指标之间的相关关系的研究证据会越来越多，并且呈现出一致或不一致的现象会越来越突出。对于具有较高一致性的研究结果，我们需要深入理解人格特质发挥作用的原因和路径，即回答该人格特质为什么以及如何能影响健康。而对于不一致的研究结果，研究者除了从样本选取、测量工具和指标操作化、控制变量的选择等方面进行分析，还需要深入挖掘该人格特质在什么条件下能显著影响该健康指标，而在什么条件下又对该健康指标没有显著影响。换言之，研究者可以针对不一致的结果，挖掘人格在健康指标上发挥显著作用的边界条件。以上关于区域水平的人格特质为何能影响健康、如何影响健康，在什么时候或者在什么条件下能影响健康的问题，便是研究关于人格影响健康的机制问题。事实上，关于人格与健康的机制问题研究，也是个体水平研究者正致力解决和关注的问题。例如，Friedman 和 Kern（2014）认为，当前个体水平的研究不再需要更多只是简单探讨人格特质与健康之间相关关系的研究，而是期待通过纵向追踪数据能够揭示人格影响健康的因果关系，以及通过研究中介或调节过程来促进我们对于人格影响健康作用机制理解的研究。以往关于人格结构的研究回答的是人格"是什么（What）"的问题，而不是人格"如何（How）"以及"为什么（Why）"的问题（Revelle，1995）。人格被证明对于重要生活结果变量，包括死亡率、寿命、关系满意度、离婚率、犯罪率等（Ozer & Benet - Martínez，2006；Roberts et al.，2007），回答的是人格"为了什么（What for）"或有什么用的问题。但关于人格为什么、如何以及在什么时候，可以影响重要生活结果变量的问题，则涉及人格特质如何表达的机制问题。因此，Hampson（2012）强调了立足于人格特质中介和调节机制的人格过程（Personality Process）研究的重要意义，并认为"要切实利用好我们新近发现的关于人格特质在影响人们的生活朝或好或坏的方向发展中的重要作用的知识，增加我们对于人格过程的理解将会是人格心理学的下一个飞跃"。

二、困境的突破口：环境的作用

正如 Lewin（1936）所强调的，任何心理事件都发生在特定的环境下，心理过程同时受到人与环境的共同影响。已有的一些证据也表明，人格与健康之间的关系可能受到环境的影响。例如，Sutin 等（2015）的研究发现，与西方样本中广泛证明的尽责性与肥胖率显著负相关的研究结果不同,基于日本、中国和韩国的亚洲国家样本数据中尽责性与肥胖率并没有呈现出显著关联。因此,人格与健康之间的关系可能受到文化环境的调节作用。在理论上,Rentfrow 等(2008)提出的关于区域水平人格特质如何在地域水平的社会指标进行表达的动态过程模型中,连接人格特质与社会指标(例如,健康指标)关系的 5 条作用路径都是发生在特定的环境下,因而可能在不同程度上受到文化的、经济的、政治的各种环境变量的影响。本研究将从环境变量入手,系统地检验在不同的环境下,区域人格与健康关系机制问题。

第二节 "人—情境之争"

"人—情境之争"所争论的核心问题是人格特质是否存在,并且它的存在是否能足够强劲地影响或预测行为(Fleeson & Noftle,2008)。或者说,在预测行为的问题上,人格特质和情境哪个更重要?争论的两方中,一方的特质论研究者认为人格特质是存在的,并且致力于通过相对稳定的(人格)特质来研究社会行为的一致性;而另一方的情境论研究者则致力于从个体生活所处的情境中寻找社会行为的规律性和一致性(Reis & Holmes,2012;Snyder & Ickes,1985)。情境论研究者认为是人们对情境的解释和反映过程上存在差异,从而导致在行为上存在差异,因此人格心理学研究者应该致力于研究人们这种对情境解释、反应等过程上的差异(Fleeson & Noftle,2008)。

一、特质论的观点

特质论的研究视角强调,特质对行为的预测力具有跨时间和跨情境的一致性(Epstein,1983;Kenrick & Funder,1988)。尽管一些特殊的事件可能干扰特质对行为的预测力,但只要在这些非常特殊的情境(例如,婚礼、葬礼)没有出现的绝大多数情境中,特质仍然能够可靠地预测结果变量(Snyder & Ickes,1985)。早期特质论的观点认为,由于人们在不同的情境下具有自身的一致性,并且又因此区别于他人，所以人格特质是的确存在的（Fleeson & Noftle，2008）。也是基于这样一种不证自明的现象，研究者认为是其背后的人格特质引起了人与人之间的差异（Fleeson & Noftle，2008）。Allport（1937）认为，人格特质是存在的，并且它们的存在具有神经生理基础；它在跨时间维度上具有较为稳定的特征，并且人们可以较为准确地感知；它们对重要的结果变量具有预测作用。尽管 Allport 认为的人格特质具有神经生理基础等观点都在后来的研究得到了支持（例如，Pickering & Gray，1999），但早期特质论的很多观点主要基于一些不证自明的常识或者说常人观（Lay View）。特质论因为强调特质的影响作用是全局的，而且不局限于特定情境，因此它本质上是一种自上而下的视角（CernMoeller & Shoda，1999；Robinson，2000；Moeller，Robinson & Bresin，2010）。

二、反对观点：情境的重要性

反对特质论的观点认为，特质可能不存在，因为人们的行为可能并不是稳定地区别于他人的行为（Hunt，1965；Mischel，1968）。Fleeson 和 Noftle（2008）把反对特质论观点的主要逻辑概括为：个体在跨时间和情境中的行为是不一致的，因此人们关于特质相关的常识可能是错误的；人们并没有广泛意义上的特质，特质在很大程度上可能只是观察者眼中的错觉或者刻板印象；关于人们如何行动更多的是由情境因素决定的而不是特质，就算特质存在，它也只是行为预测的微弱指标。由于反对论者质疑人格特质的存在，尤其是强调情境在预测行为中的重要性，因而与特质论研究者形成了"人—情境之争"。反对观点的证据主要如下：特质论的核心在于其强调个体在不同情境中具有较高的一致性，这是通过稳定的人格特质预测其社会行为的基础。研究者可以采用计算同一个体在多个情境中的相关系数的方法，来检验特质作用的大小（Funder，2008）。相关系数越大，说明跨情境一致性越高，即在一个情境下的个体差异能在其他情境下得以重复的程度越高。然而研究者发现，跨情境一致性的相关系数仅仅在 0.2 和 0.3 之间（Mischel，1968；Funder，2009）。Mischel（1968）将 0.3 左右的上限挖苦性地称为"人格系数"（Personality Coefficient）。这意味着个体行为的跨一致性程度较低，即使人格特质存在也没有多大的预测力（Fleeson & Noftle，2008）。事实上，这些证据影响如此广泛，以至于很多人格心理学家常常为相关系数仅有 0.2 至 0.3 而感到抱歉（Bornstein，1999）。

除了人格系数的证据外，其他一些研究证据表明，由于心理偏差的存在，人们会在没有根据的情况下相信人格特质的存在（Fleeson & Noftle，2008）。归因偏差、首因效应、自我实现预言等现象的存在，可能使得观察者对于他人行为的理解存在偏差。例如，观察者倾向于从内归因的角度责备他人的行为，尽管该行为可能是由情境导致的。尤其是社会心理学大量的研究证据表明，情境对于人们的行为有着显著而广泛的影响作用（Ross & Nisbett，1991）。

这些证据的说服力如此之强，以至于很多心理学系都停止招聘人格心理学家（Swann & Seyle，2005）。但是反对观点并不仅是为了反对特质论，而是建议从情境社会认知的视角来看待问题（Fleeson & Noftle，2008）。持情境视角的研究者认为，人们在情境的解读或建构上存在差异，然后基于解读的结果进行行动（例如，Mischel，1973）。因而，情境主义研究者认为心理学家应该关注人们对情境解读和反应上的差异，而不是关注在行为上的个体差异。这种自下而上的分析视角认为，不存在人格特质这种无视情境影响的一般化的行为倾向（Moeller et al.，2010）。

三、特质论的回应：特质重要性的巩固

为了回应情境视角研究者的批判，人格心理学家通过积累大量的实证研究证据来捍卫人格特质的存在和作用（Fleeson & Noftle，2008），从而巩固了人格特质研究的重要意义。首先，后来越来越多关于人格结构的研究证据巩固了人格特质的存在，尤其是大五人格理论的提出以及大五人格量表在跨文化研究中较为广泛地得以证实（Costa & McCrae，1992；Goldberg，1990，1992；John & Srivastava，1999；Schmitt et al.，2007）。人格特质还被证明具有行为基因学、神经科学等生物学基础（例如，Krueger et al.，2008；Funder，2001；Jang et al.，1998），并且在成年期的跨时间维度上表现出了高度的稳定性（McCrae & Costa，2003）。相关研究还证实，人格特质不仅仅存在于观察者的眼中，人们还能对自己的人格和他人人格具有较为准确的判断力，即存在较高的自我报告和他人评分一致性（Funder et al.，1998）。

其次，关于人格特质预测行为问题上存在的人格系数问题，Funder 和 Ozer（1983）认为，考虑到人类行为的复杂性以及可能受到众多变量的共同影响，0.3 的预测力并不算小。研究者发现社会心理学研究中一些主要的情境对于行

为的预测作用转化成相关系数后，其效果量也只在 0.3 到 0.4 之间（Funder，2008）。Meyer（2001）对心理学各种研究的效果量进行了系统研究和对比，结果发现：①绝大多数心理学研究的效果量（折算成可对比的相关尺度上）整体上都落在 0.1 到 0.4 之间，能到 0.5 至 0.6 之间的研究非常少。这意味着 0.3 的上限似乎适用于心理学中的大多数现象，而并非是人格心理学领域所独有的缺陷。②心理学关于测量评估和疗法干预研究中的效果量表现与药学领域的研究相当。其中，药学干预领域的很多研究，例如服用阿司匹林对于治疗心脏病的作用，其转化为相关尺度上的效果量仅仅为 0.02 至 0.03。但考虑到其在临床治疗上的重要意义，即使服用阿司匹林在降低心脏病上只有 0.03 的效果量，也不能否定其在药学研究中的重要价值（Roberts et al.，2007；Rosenthal，2000）。对于关于人格预测重要结果变量，例如疾病死亡率，即使是相对较小的效果量，如果考虑其临床价值，以及通过人一生的积累效应，都是具有重要意义的（Abelson，1995；Funder，2004；Rosenthal，1990）。

最后，后续越来越多的研究证据不断地证实，人格特质对于很多重要的结果变量具有重要的预测作用，包括学业成绩，工作绩效，健康问题中的寿命、心脏病、物质滥用和健康行为，亲密关系中的婚姻满意度、离婚率，犯罪率等（Ashton，2013；Roberts et al.，2007；Ozer & Benet – Martínez，2006）。尤其是 Roberts 等（2007）的研究，通过更为严格的纵向追踪数据结果对比了人格特质与社会经济地位、认知能力在预测重要生活结果变量上的预测力，结果发现人格特质在死亡率、离婚率和职业获得几大重要生活结果变量上的预测力并不比社会经济地位和认知能力低。

四、争端的解决：交互论视角

对于"人—情境之争"的解决方案，研究者普遍接受人与情境交互的视角（Fleeson & Noftle，2008；Funder，2009；Kenrick & Funder，1988），即人格特质和情境都是解释人类行为的重要组成部分，二者共同影响重要的生活结果变量。例如，Funder（2006）曾简明扼要地提出，"现在人人都是交互论者"。Fleeson 和 Noftle（2008）认为，特质论和情境主义视角都有各自的证据支持，只能通过某种整合的方式来调和一方强力证据所支持的关于人格特质的存在与另一方关于跨情境低一致性之间的冲突。关于特质存在但跨情境中的一致性低之间的矛盾，Fleeson（2001）提出了人格特质的密度分布（Density Distribution）的观点，认为人格特质并不是只有单一的行动方式，而是具有一个较为整体的行为分布。这种分布可以把行动描述为围绕一个较为稳定的均值加上围绕该均值的波动，波动部分可以解释跨情境的低一致性，而稳定的均值部分则可以被人格特质所解释（Fleeson & Noftle，2009）。

尽管关于人与情境关系的思考和探讨可能有上百年之久，但真正在心理学领域引发广泛关注的是 Walter Mischel（1968）出版的《人格与评估》一书，为此《人格心理学研究》（*Journal of Research in Personality*）杂志在该书出版40周年时开设了专刊，以系统地反映"人—情境之争"影响，以及探讨人格心理学在未来的研究中如何开展关于人与情境整合的研究和理论（Donnellan et al.，2009）。"人—情境之争"已经结束成为研究普遍接受的共识（Fleeson & Noftle，2008），当前的人格心理学研究者主要关注于如何在研究中采用交互或整合的视角，来调和人格特质和情境因素。Webster（2009）认为人格心理学过度强调个体差异而忽视了情境影响，而社会心理学由于过度关注情境影响而低估了个体差异，因此人格心理学与社会心理学的结合被认为是非常成功的"联姻"。为此，Webster 基于学术网络搜索引擎 Google Scholar 上 30 年（1978—2007）以来的搜索结果数据，从历史期刊发表趋势来考察"人—情境之争"的历史遗留产物和人与情境交互的可能解决方案在人格—社会心理学中的发展现状。结果发现，人与情境交互的研究趋势赶超了人与情境之争，人与情境现象在相关研究文献中越来越朝着整合、交互而不是争论的方向发展。

第三节 人与情境交互的理论模型综述

一、基于社会认知视角的人格机制

Kelly（2003）的个体建构理论（Personal Construct Theory）认为，个体建构是人们发展出来用以对物理世界进行分类以及指导个体行为的各种独特的认知图式。试图调和稳定的人格特质和行为跨情境波动性之间的矛盾的社会认知模型，例如认知—情绪人格系统（Cognitive and Affective Personality System，CAPS，Mischel & Shoda，1995，1998）模型也扎根于个体建构理论（Hampson，2012）。CAPS 模型（Mischel，2004；Mischel & Shoda，1998，2008）认为人格由五种认知和情感子系统组成的"中介单元"（Mediating Units）构成，具体包括：①编码策略：关于外界刺激个性化分类的编码策略；②预期和信念：关于社会世界、特定情境下的行为结果、自我效能的预期和信念；③情感：情绪和情绪反应（包括生理反应）；④目标和价值观：追求或厌恶的结果和情绪状态；⑤能力和自我管理计划。人们的行为都是经过上述中介单元中内部相关关联的子系统，以独特的方式处理来自社会物理世界的信息后得以产生，并且可以描述为一种较为稳定的"如果……那么（if...then）"的行为模式。这种"如果……那么"的特征模式反映的便是个体内跨情境的变异性（Wright & Mischel，1987）。人格则作为一种中介单位存在于模型中，它对于特定的情境将产生稳定的反应、对于不同的情境则产生不同的反应（Mischel & Shoda，1998）。

然而，CAPS 模型尚未被广泛应用于实证研究中，这被认为与"如果……那么"行为模式作为一种较为复杂的个体描述方式，难以被简化成少量的几种探索性原则，以及 CAPS 模型没有把现在被广泛接受的大五人格特质整合到模型中去等原因有关（Hampson，2012）。但最近也有一些研究尝试将 CAPS 模型和人格特质直接连接起来的实证研究。例如，Moeller 等（2010）将基于自上而下的特质论视角与基于自下而上的社会认知视角（"如果……那么"）整合到一起，研究了神经质、内隐压力启动以及神经质结果变量之间的关系。按照 CAPS 模型的"如果……那么"行为模式，如果被启动了压力相关的词汇，那么就会出现攻击、进食相关的词汇联结。通过关于攻击性、进食的内隐压力启动实验研究发现，在认知上与攻击性、进食相关的内隐压力启动只在高神经质的情况下才能显著预测问题行为（例如，身体攻击行为），即压力相关的内隐联结与神经质在预测压力相关的问题行为中存在显著的交互作用。

此外，一些结合认知社会心理学理论，例如计划行为理论（Theory of Planned Behavior，Ajzen，1991）的认知概念，与人格一起被应用于解释健康行为。例如，有研究证据显示，尽责性与行动意向能共同解释锻炼（Rhodes et al.，2002）、吸烟（Conner et al.，2009）等健康行为，即尽责性与认知意向在预测健康行为中存在交互作用。同伴越轨和媒体暴露的环境风险与物质滥用行为之间的关系，可以显著受到自我控制的调节作用（Wills et al.，2010），即同伴越轨和媒体暴露的环境风险与自我控制之间存在交互作用。因此,兼顾认知情境与人格特质对于解释和理解行为结果具有重要意义。

二、"人—环境匹配"模型

从一般意义上而言,"人—环境匹配(Person – Environment Fit, PE Fit)"模型描述的是人与环境之间的适合(Congruence)、匹配(Match)、相似(Similarity)或一致(Correspondence)程度(Edwards & Shipp, 2007)。Lewin(1935)最早讨论人与环境的匹配问题时认为,在个体的特征与周围他人或环境特征相似或匹配时,人们对情境的反应表现会最好;而在不匹配时,个体的反应则较差。个体与环境的匹配问题,尤其受到咨询与工业组织心理学家的广泛关注(Kristof – Brown et al. , 2005)。Pervin(1968)提出了这样一种假设:特定的环境是与每个个体相一致的,即在大多数情况下与个体的人格特质相匹配,而这种一致反过来又会使得个体获得更高的绩效、更高的满意度和更少的压力。此后,人与环境匹配假说得到了一大批研究证据的支持(Kristof – Brown et al. , 2005)。人—环境匹配被证明与工作绩效(Kim, Aryee, Loi & Kim, 2013)、工作满意度(Cable & DeRue, 2002)、离职倾向(Wang et al. , 2011)、员工保留率(Cable & DeRue, 2002)、组织公民行为(Kim et al. , 2013)等诸多组织结果变量有关。

人—工作匹配(Person – Job Fit, PJ Fit)、人—团队匹配(Person – Group Fit, PG Fit)、人—组织匹配(Person – Organization Fit, PO Fit)以及人—上级匹配(Person – Supervisor Fit, PS Fit)被认为是人与环境匹配的研究中研究最多的问题(Kristof – Brown & Guay, 2011)。其中,①人—工作匹配指的是个体与特定工作的匹配程度(Kristof, 1996)。Edwards(1991)认为人—工作匹配指工作需求和个体能力之间的匹配(需求—能力匹配),和个体的需要和工作岗位的供给特征之间的匹配(需要—供给匹配)。Chuang、Shen 和 Judge(2016)认为工作需求和个体能力匹配具体包括知识、技能、能力和人格的匹配;而需要—供给匹配包括个人兴趣和工作特征。②人—团队匹配是指个体与其工作团队之间的相容程度(Kristof, 1996),包括价值观、目标和团队成员属性(例如,人格、工作风格、生活风格)方面(Chuang et al. , 2016)。③人—组织匹配,指的是个体与他或她的组织在价值观、目标等维度上的一致程度(Kristof, 1996;Chuang et al. , 2016)。④人—上级匹配,指的是个体与他或她的上级在工作环境中的匹配程度,是目前为止在工作环境下关于二人匹配关系中研究最多的问题（Kristof - Brown et al.，2005）。Chuang 等（2016）围绕这四个维度，开发了多维度的感知人—环境匹配量表（Perceived Person - Environment Fit Scale，PPEFS）。鉴于人与环境匹配内涵上的丰富性，Edwards 和 Shipp（2007）提出了包含匹配类型（互补型、需求—能力型、需要—供给型），环境水平（个体、工作、团体、组织、行业），内容比较水平（全局、领域、方面）三大维度的人与情境匹配概念整合模型。

除了应用于组织管理研究问题外，"人—环境匹配"模型还被用于解释情绪的反应机制（Suls，Martin & David，1998）。例如，Diener、Larsen 和 Emmons（1984）的情境一致模型（Situational Congruence Model）认为，个体在与其人格特质相一致的环境下会体验到更多的积极情绪。Moskowitz 和 Coté（1995）基于情境一致模型进一步认为，当人们在从事与其人格特质相一致的行为活动时会体验到愉快的情绪，而在与其人格特质不一致的行为活动中则会体验到不愉快的情绪。

三、社会文化环境相关的理论模型

（一）文化 × 人 × 情境（CuPS）交互视角

文化环境是个体心理与行为的一种重要情境。文化心理学的观点认为，人类的心理与其生活的文化密不可分，人们受到文化的影响，而反过来文化也会被生活与其中的人们所改变和塑造（Fiske et al.，1998）。人类的行为差异既包括不同文化间的差异，也包括同一文化内的个体差异，即同时包含文化间（Between - Culture）和文化内（Within - Culture）差异。在以往的研究中，往往只考虑其中一方面而忽视了另一方面（Leung & Cohen，2011）。例如，关注文化间差异的研究往往将同一文化内个体间的差异视为噪音或误差处理，从而忽视了文化内差异；而关注个体差异的研究，则往往不太关注文化间存在的差异。为此，Leung 和 Cohen（2011）提出了文化 × 人 × 情境（Culture × Person × Situation，CuPS）交互视角，强调了同时关注文化间差异和文化内差异的重要性。CuPS 交互视角认为个体是处于文化情境中的，它一方面关注了文化内的个体差异，即研究人们在内化或认可文化观点时存在差异；另一方面关注了文化间存在的差异，即研究文化如何定义心理情境并且根据不同的逻辑创造了不同的行为模式群。基于 CuPS 交互视角，Leung 和 Cohen（2011）进一步通过实验方法，研究了被试在荣誉、面子和尊严三种文化情境下的行为规律。结果发现：乐于助人、诚实的个体在一定的文化下倾向于表现出正直行为，但同样这些个体在另一文化情境下却最不可能表现出正直行为。

（二）文化匹配假说

Ward 和他的同事们提出的文化匹配假说（Cultural Fit Proposition）主要被用于解释个体与文化的人格特质匹配对旅居者适应状况的问题（Ward & Chang，1997；Ward，Leong & Low，2004）。人格特质与旅居者适应状况的关系在前人研究结果中并不一致。例如，Armes 和 Ward（1989）的研究发现，旅居在新加坡的美国、加拿大、澳大利亚等英语母语国家学生的外向性越高，其抑郁、沮丧、无聊的比率也较高，即外向性与较差的健康状况相联系。但 Searle 和 Ward（1990）的研究发现，外向性是预测旅居在新西兰的马来西亚和新加坡学生主观幸福感的重要指标；Ward 和 Kennedy（1993）却在旅居于新加坡的马来西亚学生样本上发现外向性对于预测情绪问题不显著。为了解释外向性在上述研究结果中存在的冲突，Ward 和他的同事们提出了文化匹配假说，认为外向性本身在跨文化适应中并不能显著预测心理幸福感，但旅居者的人格特征与旅居国之间的匹配程度促进了主观幸福感（Searle & Ward，1990；Ward & Kennedy，1993）。文化匹配假说为旅居者适应性的研究提供了重要的新视角，并且与主流人格心理学强调人与情境交互的研究视角相一致（Mischel，1984），尤其是强调了文化情境在旅居者心理适应过程中的重要作用（Berry et al.，1987；Ward et al.，2004）。

Ward 和 Chang（1997）通过 139 名旅居在新加坡的美国被试，对文化匹配假说进行了实证检验。研究者通过计算美国被试的外向性分值与旅居所在国（即新加坡）的外向性常模之间的差值的绝对值，来实现对外向性匹配程度的测量。检验结果显示，外向性本身与心理、社会文化适应性的相关性均不显著；而外向性的差异则与抑郁水平显著正相关，即被试与旅居地国家成员的外向性差异越大，其体验到的抑郁症状和水平显著越高。因此，旅居在新加坡的美国被试数据，支持了文化匹配假说。Ward 等（2004）通过将人格维度拓展了大五人格的五个维度，并且在新加坡（集体主义国家）和澳大利亚（个体主义国家）样本上进一步对文化匹配假说及其跨文化适用性进行了检验。结果发现，神经质与外向性、心理和社会文化适应性在两个样本中都存在显著相关，宜人性和尽责性与心理幸福感在两个样本中都存在显著关联。但文化匹配假说在新加坡和澳大利亚样本上均没有得到支持。

（三）社会文化动机视角

与他人一致从而与他人或群体相适应的社会同化（Social Similation）动机，和与他人不同从而保证一定的不可替代性的社会比较（Social Contrast）动机，对形成社会声誉、获取社会资源，从而提高生物的生存和繁衍优势具有重要意义（Gebauer, Leary & Neberich, 2012；Leary & Baumeister, 2000；Leary, 2004）。社会文化动机视角（Sociocultural Motive Perspective）从动机成分差异的视角看待个体或群体差异，对于分析人格特质与社会结果变量之间的关系如何受到社会文化背景的影响具有重要意义。很多间接的证据表明，人们在与社会文化保持一致的同化动机（Assimilation Motivation），和与社会文化规范相反的比较动机（Contrast Motivation）上存在人际差异（Gebauer et al., 2014a）。例如，有些人喜欢顺应社会文化潮流，喜欢与别人的思考、感受和行为方式保持一致，与社会文化规范保持一致；而有的人则喜欢逆社会文化潮流，喜欢与别人的思考、感受和行为方式不相同，追求独特性，与社会文化规范相反（Gebauer, Paulhus & Neberich, 2013）。这种个体或群体存在的人际差异，便形成了社会文化动机视角的基础（Gebauer et al., 2014），并且与强调人们都有倾向于追求与自身人格特质的表达相一致的表达性视角（Expressiveness Perspective）形成对比。与"人—情境匹配"模型的观点相一致，经典的表达性视角认为，人们追求允许他们表达他们人格特质的生活方式、社会关系，热衷参与与自己人格特质相符的行为活动（Ickes, Snyder & Garcia, 1997）。因为表达自身的人格特质，可以给人们带来积极的情绪（Emmons et al., 1986）。但现有的一些研究结果发现，社会文化动机视角可以解释表达性视角难以解释的一些现象。

根据社会文化动机视角，对于反映社会文化同化动机的人格特质，人格特质与社会结果变量之间的关系会随着结果变量相关的社会文化规范的增强而增强（即正相关越大，或负相关越小）；对于反映社会文化比较动机的人格特质，人格特质与社会结果变量之间的关系会随着结果变量相关的社会文化规范的增强而衰落（即正相关越小，或负相关越大）。在大二人格理论中，能动性反映的是竞争力、独立性和开放性的程度，是一种与社会文化潮流相反，逆社会文化潮流的人格特质；合群性反映的是温暖、相互依赖、宜人性的程度，是一种与社会文化潮流保持一致的人格特质（Gebauer et al., 2014b）。在大二人格与宗教性的研究问题上，从表达性视角来看，宗教规范通常允许合群性而不是能动性的表达，因而是高合群性而不是高能动性与人们的高宗教性相联系，即合群性而不是能动性与宗教性有显著的正相关（Bakan，1966）。但 Gebauer 等（2013）通过研究发现，世俗国家的结果与表达视角的预期结果并不一致。例如，对于无神论的瑞典，只有能动性能显著正向预测宗教性，而合群性则与宗教性呈较弱的负相关。研究者进一步通过分析跨欧洲 11 个国家的样本数据发现，与社会文化动机视角相一致，合群性在宗教文化国家对宗教性具有较强的预测力，但在世俗国家对宗教性的预测力较弱；相反地，能动性对宗教性的预测力在世俗国家的预测力较强，但在宗教性国家的预测力较弱。Gebauer 等（2012）同样研究了大二人格与合作伙伴地位偏好的关系。研究结果发现，总体而言能动性预测选择高地位的合作伙伴偏好比合群性要强，但这种相似吸引（Similarity Attracts，Botwin，Buss & Shackelfor，1997）的模式还受到国家水平上这种地位偏好在文化内接受程度的影响，即受到社会动机视角的影响。具体而言，能动性对高地位合作伙伴偏好的预测效果在这种偏好属于文化禁忌的国家中最强；而合群性对高地位合作伙伴偏好的预测效果在这种偏好属于文化内广泛接受的国家中最强。

Gebauer 及其同事们还将社会文化动机视角应用于大二人格特质与亲社会行为之间的关系（Gebauer et al.，2014b）、大五人格与宗教性之间的关系（Gebauer et al.，2014a）问题。例如，Gebauer 等（2014a）在全球 66 个国家、美国 50 个州、英国 121 个城区等不同分析水平（国家、地区）和数据（自评、他评）样本上验证了社会文化动机视角。结果发现，宜人性和尽责性是与社会文化规范相一致的人格特质，因此它们与宗教性的关系在宗教文化背景下相对世俗文化背景下正相关更强；开放性作为与社会文化规范相反的人格特质，它与宗教性的关系在宗教文化背景下相对于世俗文化背景下的关系负相关更强。

第四节 现有理论解释的不足

一、宏观环境的重要性：社会生态视角

从已有的关于人与情境交互的理论模型来看，研究者对情境的关注有不断扩大的发展趋势。正如 Reis 和 Holmes（2012）在对情境与人格心理学研究的未来发展方向进行展望时认为：现有的（基于社会认知视角的人格—情境交互）

研究对于二元互动（Dyadic）的情况关注较多，即关注另一个个体作为情境中重要特征的情况；未来的研究情境还可以扩展到更大的社会实体，例如，团队、组织和文化。事实上，目前发展的一些模型中，人与环境匹配模型关注了个体—团队—组织多水平的情境；CuPS 视角、文化匹配假说以及社会文化动机视角则关注了文化层面的情境，尤其是社会文化动机视角的研究，关注了国家层面、国家内地区层面（例如，美国的州水平、英国的城市水平、德国的州水平）等不同水平上的社会文化特征。因此，现有的人与情境交互模型便能在一定程度上反映研究者对情境的理解有不断深入的特点，至少在宏观层面的文化环境上已经得到了一些研究者的重视。

宏观环境，不仅包括文化环境，还包括政治环境、经济环境、气候环境、地理环境等一系列丰富的概念。文化环境是文化心理学的关注对象，关于文化与人类心理和行为之间的关系取得了丰硕的研究成果（Shweder，1991）。但心理学对其他环境的关注则相对较少，Oishi 及其同事们提出的社会生态视角（Socioecological Perspective）则是系统关注宏观社会生态环境与个体和群体心理与行为关系的研究取向（Oishi & Graham，2010；Oishi，2014）。社会生态心理学致力于揭示物理的、社会的人际环境（例如，气候、民主和社会网络）如何影响个体和群体的情绪、认知和行为，同时也关注这些情绪、认知和行动反过来改变物理的、社会的人际环境（Oishi & Graham，2010）。换言之，社会生态视角关注的是众多慢性的客观环境和人类心理与行为之间的影响和相互作用。社会生态视角可以追溯到 Lewin（1939）的场论（Field Theory）和 Bronfenbrenner（1979）的人类生态理论（Human Ecolgy Theory）。Bronfenbrenner 认为，人类的行为及其发展是嵌套在变化、发展的情境中的，从远端的宏观环境到近端的微观环境。尽管在整个心理学的发展历史中出现过多次生态运动，但是关注宏观环境的视角在近 40 年以来却从未站到主流心理学舞台的中心位置（Oishi & Graham，2010）。Oishi（2014）认为，主流心理学研究者过度强调和关注了个体内部的心理机制（例如，内部表征、特定脑区激活），而忽视了人们的心理与行为可能受到他人（Berscheid & Reis，1998）、特定物理环境（Barker，1968）、气候环境（Anderson，2001）、政治环境（Inglehart，1997）、经济环境（Diener et al.，1995）、人口环境（Taylor，1998）和文化环境（Markus & Kitayama，1991）的影响这样的事实。因此，社会生态视角把环境和日常情境带回到心理学研究中，并关注人们的心理与行为如何被其生活的自然和社会环境（社会生态）所影响，以及反过来自然和社会环境又是如何被人类心理与行为所改变（Oishi，2014）。

社会生态指的是人类生存的环境，包括自然环境和社会环境。与生态生物学研究动物应对特定自然环境的适应行为（Stutchbury & Morton，2001）有所相似，社会生态心理学研究人类心理与行为如何受到自然和社会环境的影响及其反向作用（Oishi & Graham，2010）。尽管文化心理学和进化心理学由于也关注人类心理和行为与环境之间的关系，因此与社会生态心理学存在一些联系，但它们之间仍然存在一些明显的区别（Oshi & Graham，2010）。与社会生态同时关注宏观的物理环境和社会环境不同，文化心理学研究者很少关注宏观的客观环境（Rozin，2003，2007）。进化心理学则主要关注远古、远端的环境，社会生态心理学则既关注历史过去的环境，也关注现在当下的环境。

Oishi 和 Graham（2010）还总结了社会生态视角对心理学研究的一系列好处。社会生态视角可以帮助研究者关注人类所处的更大的宏观社会大环境，鼓励心理学研究者发挥和锻炼社会学的想象力（Sociological Imagination）。更为重要的是，社会生态视角还可以作为进化心理学和文化心理学的补充。进化心理学提供了一种理解人类心理与行为的长远宏观视角（例如，人性的基本问题、性别差异问题等），但很难就人们对特定情境的适应性问题提供具体的预测。进化心理学、进化生物学视角解释的是动物一般性的长程适应性（Long - Term Adaption）的问题，而社会生态的视角由于对特定情境、短程适应性问题的关注，可以作为进化心理学视角的有效补充。例如，进化心理学视角只能解释联盟的形成对于人类生存的重要性，而社会生态视角则有利于解释为什么一种类型的联盟关系在特定的生态情境下相对于另一种更有竞争优势。对于文化心理学而言，其面临的一个巨大挑战是无法确定所观察到的文化差异背后的驱动力（Cohen，2001；Yamagishi，1998）。而社会生态的视角由于对经济、政治等各种环境一一进行分离和检验，这无疑有利于厘清文化心理学研究背后的驱动力成分和作用关系，为寻找文化差异背后的驱动因素提供了更进一步的方向。此外，社会生态取向不仅只关注于文化差异，还关注个体和区域差异，为心理学研究提供了一系列可供检验的假设。同时，社会生态视角能对沟通进化心理学和文化心理学起到重要的桥梁作用，例如 Fincher 等（2008）关于历史疾病流行率与文化价值观的关系研究。Oishi（2014）还基于社会生态视角，较为系统地综述了一些最新的和经典的社会生态心理学实证研究，揭示了物理环境（例如，绿地面积、路标、气候）、人际环境（例如，性别比、人口多样性、居住流动性）、经济环境（例如，经济不平等、经济活动类型）、政治环境（例如，民主、社会福利、税收政策）对于人们认知、情绪和行为的影响。

总而言之，与文化心理学视角强调文化环境的重要性相一致，社会生态视角强调了经济环境、政治环境等宏观社会生态环境对于人类心理与行为的重要性。这为心理学研究者在主流心理学关注个体内、主观感知视角的基础上（Smith & Semin, 2004），加入远端而重要的宏观环境因素（Oishi, 2014），从而更加全面、系统地理解人类心理与行为规律大有裨益。因此，宏观文化的、经济的、政治的社会环境对于理解人类的健康问题同样具有重要作用。

二、已有理论模型的不足

从"人—情境之争"，到基于人与情境交互视角的争论解决方案的发展，尤其是文化心理学、社会生态心理学对于宏观环境的重视，人格心理学研究对于情境或环境重要性的重视在不断提高。但目前少有研究直接关注环境在人格与健康的关系，尤其是对于区域水平的人格与健康研究而言，现有研究主要集中于对人格与健康之间关系的简单相关关系研究，而缺乏对于人格影响健康的内在作用机制进行探讨和分析。这一方面是因为当前探讨人格与健康关系的研究本身数量并不足够多，而且健康指标内涵丰富，尚有一定的空间值得进一步挖掘一些简单相关关系。例如，目前关于区域水平上的人格与心理疾病和物质滥用和健康行为之间的简单相关关系证据就较为稀缺。但另一方面，笔者认为这种现状更与目前缺乏在宏观区域水平上支持研究者开展人格与健康机制研究的理论基础有关。虽然如前文所述，目前在人格心理学相关的研究领域中，发展出了像 CAPS 模型、"人—环境匹配"模型、CuPS 模型、文化匹配假说、社会文化动机视角等一系列关注人与环境交互的理论和模型，但这些模型的立足点并不能很好地契合区域层面的人格与健康关系机制问题。笔者认为，已有的模型在解释人格与环境交互影响健康的关系机制上，存在以下不足：

（一）分析对象仍主要局限于微观个体

已有的研究模型虽然都关注了环境的作用，但大多数模型的分析主体仍局限于微观个体的心理与行为反应规律。基于社会认知视角的人格与情境交互模型主要侧重于探讨个体水平的认知情境，或者以他人作为情境的二元互动情境对于个体的心理过程的影响（Reis & Holmes，2012）。例如，Moeller等（2010）基于社会认知视角，同时考虑自下而上的CAPS模型和自上而下的人格特质模型，探讨压力相关的内隐联结与神经质的交互作用对于压力相关的攻击行为和进食行为的影响作用。该研究对于理解神经质在内隐联结高和低的情况下，对压力相关的攻击行为和进食行为的影响机制具有重要意义。还有研究基于计划行为理论发现，尽责性能显著调节行动意向与吸烟行为（Conner et al.，2009）之间的关系，自我控制能显著调节同伴越轨、媒体暴露的环境风险与物质滥用行为之间的关系（Wills et al.，2010）。但以上研究均是分析微观个体的行为，并且情境因素也包含的是较为微观的认知情境、同伴环境等。

"人—环境匹配"模型主要应用于组织管理领域，其情境因素相对较为丰富，包括工作岗位、团队、组织、上级等。CuPS关注文化×人×情境的交互，其情境内涵也较为丰富，尤其是直接关注了文化环境。文化匹配模型关注的是旅居者的人格特质与旅居国人格常模之间的差值，因此是以旅居国的文化标准来代表情境。但无论是"人—环境匹配"模型、CuPS模型，还是文化匹配假说，均是立足于个体的心理与行为规律，即以个体为分析对象。以上模型中，只有社会文化动机视角，目前较多地被应用于进行跨国、国家内跨区域水平研究。因此，整体来说，上述模型均以微观个体为分析对象，而不太适用于解释区域层面的人格与环境交互对于健康的关系。社会文化动机视角虽然适用于区域水平，但它在环境内涵的刻画方面又存在一些缺陷。

（二）匹配等思想束缚了环境的独特性

已有的模型中，很多考虑相对宏观环境的模型都是基于匹配的思想逻辑。人—环境匹配模型，是基于人与工作岗位、人与团队、人与组织、人与上级的匹配，通常是在人格特征、价值观、目标等方面上的匹配程度，即相似或互补程度。文化匹配假说则是基于旅居者的人格特质，例如外向性与旅居所在国家样本的人格均值之间的匹配程度。以上匹配模型的共性在于，它们都是通过一个匹配特征将人与环境联结在一起，即通过测量人与环境在某一个匹配特征上的相似或互补程度，来对匹配程度进行操作化。例如，人与组织在价值观上的匹配，要对人的价值观和组织的价值观都进行测量，进而计算其匹配程度；文化匹配假说，要对旅居者的人格和旅居所在国家的人格均值都进行测量，进而计算其匹配程度。换言之，上述匹配模型，虽然考虑了情境因素，但并不是测量的一般意义上的情境，而只是考虑了与个体层面内容相同的某一特质在个体意外的人际、团队、组织、国家或文化等水平上的情况。例如，人与组织在价值观上的匹配，并不是直接用独立于个体价值观的组织指标来测量组织环境，而仍然是用价值观的构想来定义组织；文化匹配假说对于外向性的匹配度测量，并不是直接用旅居国的国家文化特征来刻画文化特征，而是仍然用测量个体人格特质的外向性指标来定义旅居国的文化特征。因此，匹配模型要求人与环境共用一套匹配特征或指标（例如，人格、价值观），从而极大地束缚了环境变量的独特性，难以探讨更为一般意义上的环境特征。

社会动机视角的社会文化特征虽然不像匹配模型需要与分析主体特征保持一致，但它却受结果变量的束缚。例如，Gebauer 等（2014a）在分析美国 50 个州大五人格特质与宗教性的关系时，以各州水平的宗教性水平作为环境变量。结果发现，宜人性和尽责性与宗教性的关系在宗教文化背景下相对世俗文化背景下正相关更强；开放性与宗教性的关系在宗教文化背景下相对于世俗文化背景下负相关更强。该研究中刻画宏观社会文化背景的宗教文化背景和世俗文化背景，与因变量的宗教性是相联系的。因此，社会文化动机视角的环境变量的刻画受限于因变量所测量的内容。总而言之，不管是"人—环境匹配"和文化匹配假说等匹配模型，还是社会动机视角，在探讨人与交互的操作化过程中，对环境变量的刻画要么依赖于自变量的内容，要么受限于因变量的内容，无法充分发掘环境特征的独特性。

（三）对宏观环境的定义较为局限

现有的研究模型对宏观环境的定义也较为局限。上述模型中，基于社会认知视角的交互模型关注的是微观个体环境。"人—环境匹配"模型和文化匹配假说虽然对宏观环境有所关注，但其采用的是匹配思想，对于环境的刻画受限于自变量的内容，例如人格特质。相对而言，CuPS 模型和社会文化动机视角关注的环境特征较为宏观。CuPS 模型关注的文化特征与文化心理学的文化环境相一致，例如荣誉文化、面子文化等。社会文化动机视角，则关注于个体或群体人格特质与社会文化规范之间的相符或相反程度，通常关注与宗教文化与世俗文化等。但 CuPS 模型和社会文化动机视角关注的文化特征相对而言，主要与文化心理学所关注的文化环境较为相似，例如荣誉文化、宗教文化等。而宏观环境除了文化环境外，还包括经济环境、政治环境，乃至物理环境等丰富的内容。

根据社会生态视角，这些内涵丰富的宏观环境被认为对于理解个体或群体心理与行为机制具有重要意义（Oishi，2014）。因此，目前关于人与情境的交互模型在对宏观环境的定义上仍较为局限。

第五节 新假说的提出：人格与环境亲和性假说

在解释人格与环境交互健康问题上，已有的模型如 CAPS、人—环境匹配、CuPS、文化匹配假说、社会文化动机视角等关注主体偏微观，因此存在对环境的刻画缺乏独立性、定义较为局限等不足。考虑到社会生态视角强调了宏观社会环境的重要性，为研究者关注和研究物理环境、人际环境、经济环境、政治环境等社会生态环境对于人类心理与行为的影响提供了较为综合、系统的研究框架。为此，笔者将基于社会生态心理学视角、文化心理学视角，提出更加适合区域层面指导和解释区域人格健康机制的人格与环境亲和性假说。

一、新假说的实证基础

笔者对人格与环境交互影响人类心理与行为规律，尤其是对于健康结果变量的影响进行了分析。首先，近些年在个体层面探讨人格影响健康的调节机制的研究为人格与环境交互机制研究提供了一些启发。例如，Feltman（2009）的研究关注了正念在神经质与愤怒、抑郁情绪障碍症状之间的调节作用。研究者的结果发现，正念作为一种关注、聚焦于当下的心理状态，能显著调节神经质与愤怒、抑郁症状之间的关系，即神经质与愤怒、抑郁症状之间的关系在低正念水平的情况下更加显著。换言之，高神经质的个体在高正念水平的情况下，能够削弱高神经质本身面临的高愤怒、抑郁症风险。Hellmuth 和 McNulty（2008）通过夫妻纵向追踪调查数据发现，神经质与后来的亲密关系暴力行为正相关，但该关系受到压力大小以及问题解决策略的调节。在受访者压力水平低或者拥有更为有效的问题解决策略的情况下，神经质导致的暴力行为显著更少。因此，压力水平和有效的问题解决策略对于削弱神经质的暴力行为结果具有重要意义。虽然这些研究证据提供的是以个体的其他特质或者能力作为人格特质影响健康结果的情境（Hampson，2012），但这些研究揭示了人格特质在不同的情境下可能具有不同的健康结果。这对于研究者通过调节变量分析，寻找有利于人格特质影响健康结果的环境机制具有重要的启发意义。

与社会认知视角研究将个体的特质或能力视为情境不同，也有个体层面的研究基于社会生态视角，关注了个体面临的外界环境因素对于人类心理与行为的内在规律。例如，Kesebir 等（2010）借助仿真模拟的方法研究了范围广、弱的社会关系相对于窄而深入的社会关系在不同社会背景下的优势。结果发现，拥有广而弱社会关系的个体要比窄而深入社会关系的个体境况好，尤其是在社会流动性高的情境下。有趣的是，只有在流动性低和发生信用危机概率高的情境下，拥有窄而深入社会关系的个体才能相对于拥有广而弱社会关系的个体有生存优势。该例子也较好地体现了社会生态视角在研究特定生态环境的生存策略优势问题上的优势（Oishi & Graham，2010）。笔者认为，个体拥有窄而深入的社会关系或广而弱的社会关系可以在一定程度上反映出个体差异，例如，窄而深入的社会关系与低外向性相联系，广而弱的社会关系与高外向性相联系。因此该结果可能意味着高外向性的个体在社会流动性高的社会环境下具有较高的生存优势，而低外向性的个体则在流动性低、发生信用危机概率高的情境下具有较高的生存优势。事实上，Oishi 和 Schimmack（2009）的一篇关于童年期与幸福感、死亡率关系的研究结果的确证实了笔者的猜想。研究者的结果发现，童年期居住流动性与幸福感之间显著存在的负相关仅存在于内向性个体而不是外向性个体上；对于内向性个体而言，其童年期居住流动性越高，成年后的死亡率风险越高，但外向性个体则不相关。以上证据似乎都支持这么一种规律：外向性个体在流动性高的环境下具有健康优势，而内向性个体的在流动性高的环境下则具有高健康风险。在生存优势和健康结果上，外向性与高流动性环境结合具有较好的结果，而内向性则与低流动性环境相结合较好。

在个体水平研究的基础上，研究者也逐渐将研究视角扩大，通过一些跨文化研究证据来揭示文化环境的作用。例如，Sutin 等（2015）的研究发现尽责性与肥胖率在日本、中国和韩国三国的亚洲文化样本中并没有呈现出显著关联，但尽责性与肥胖率在西方文化背景下被广泛证明存在显著负相关。研究者认为这可能与亚洲文化中强调吃的社会文化规范而不是苗条文化有关。该研究虽然仅仅以跨文化样本进行结果对比，而未能对文化环境进行较为明确的测量，但也揭示了文化环境可能在尽责性与肥胖健康问题之间存在调节作用。进一步而言，尽责性对于肥胖率的保护作用仅在西方强调苗条的文化下起作用，在亚洲强调饮食文化的东方环境下则没有显著作用。

直接在区域水平上探讨宏观社会环境在区域人格特征与健康之间起调节作用的研究非常少，但一些在研究问题、视角上有相似的实证研究证据对本研究问题具有一定的启发作用。例如，Diener 和 Diener（1995）研究了在 31 个国家的个体主义程度在自尊和生活满意度之间的调节作用，结果发现自尊与生活满意度之间的正相关在个体主义程度越高的国家关系越强。Lechner、Obschonka 和 Silbereisen（2015）以德国和波兰两国内的区域为研究对象，研究了探索性人格与社会性变迁带来的新生活方式选择收益等变量之间的关系是否受到该地区个体主义程度的影响。研究结果显示，探索性人格与新生活方式选择收益之间的确存在正向关系，但该正向收益在个体主义程度越高的地区越强，即该研究结果显示，探索性人格在个体主义程度越强的地区，该地居民享受到社会变迁带来的新生活方式选择收益越高。鉴于前人研究在跨文化样本上未能找到能够稳健预测亲社会行为的人格特征，Gebauer 等（2014b）引入了社会动机视角来研究社会文化特征在人格与亲社会行为中的调节作用。该研究结果表明，合群性作为社会同化动机的人格特质，在亲社会行为规范较为普遍的文化背景下对亲社会行为具有较强的预测力，而在亲社会行为规范较为不普遍的文化背景下预测力则较弱。换言之，从亲社会行为这一重要的结果变量来看，合群性在亲社会行为规范较为普遍，而不是亲社会行为规范不普遍的文化环境下更容易产生具有积极意义的亲社会行为。在经济环境相关的研究证据上，Oishi 和 Kesebir（2015）的研究显示，收入不平等能显著调节经济增长与幸福感之间的关系，即低收入不平等对于发挥经济增长促进幸福感的作用上具有积极意义。

二、人格与环境亲和性假说的内容及原则

基于人与环境交互的理论以及实证证据表明，特定的个体或群体特征与特定的环境组合可以产生积极或消极的结果。例如，高神经质与高正念水平的组合能降低愤怒、抑郁情绪症状（Feltman，2009）。高神经质与低压力水平或更多有效的问题解决策略组合可以降低夫妻之间的暴力行为（Hellmuth & McNulty，2008）。拥有广而弱社会关系的个体与高流动性情境组合具有较高的

生存优势；窄而深入社会关系的个体与流动性低和发生信用危机概率高的情境
组合具有较高的生存优势（Kesebir et al.，2010）。自尊与个体主义文化的组合
与更高的生活满意度相联系（Diener & Diener，1995）。合群性与亲社会行为规
范普遍被接受的文化背景相结合会产生更多的亲社会行为（Gebauer et al.，
2014）。经济增长与高收入不平等的经济环境组合则会削弱幸福感（Oishi &
Kesebir，2015）。对于人格特质和健康的关系而言，尽责性在西方强调苗条文化
的环境组合对于降低肥胖率具有积极作用（Sutin et al.，2015）。低外向性（内
向）与童年期高居住流动性组合能在成年期产生更低的幸福感、更高的死亡率
风险（Oishi 和 Schimmack，2009）。根据 Kesebir 等（2010）与 Oishi 和 Schim-
mack（2009）的研究，高外向性与流动性高的社会环境组合能产生较高的生存
优势，而低外向性的个体与低流动性、高风险的信用危机情境下相结合则具有
较高的生存优势。

综合本章介绍的人与情境交互理论和模型，尤其是社会生态视角等理论基
础以及相关的实证证据，笔者认为一些特定的人格特质与特定的环境特质的交
互作用，能产生一些积极或消极的社会结果，例如更高或更低的幸福感、死亡
率，这无疑关系到个体或群体的生存优势。因此，笔者将特定的人格特征与特
定的环境的交互作用能够显著影响生存优势的现象，称为存在显著亲和性，即
人格与环境亲和性假说（the Affinity Hypothesis of Personality and Environment）。
考虑到人格与环境的交互作用对生存优势的影响作用包含积极影响和消极影响，
笔者进一步将亲和性区分为积极亲和性和消极亲和性。具体而言，如果特定人
格与环境的交互作用能够显著提升生存优势，即人格或环境对生存优势的积极
作用显著被增强或消极作用显著被削弱，则称二者存在积极的亲和性；若特定
人格与环境的交互作用能够显著削弱生存优势，即人格或环境对生存优势的消
极作用显著被增强或积极作用显著被削弱，则称二者存在消极的亲和性。值得
说明的是，本书关注的死亡率、寿命、幸福感等健康指标可以作为衡量和反映
生存优势（亲和结果）的良好指标。例如，死亡率越高则生存优势越差，或者
说降低死亡率则意味着提升了生存优势。此外，由于本书侧重于分析人格对于
健康的作用以及环境在其中可能存在的调节作用，即关注人格对健康的作用如
何受到环境的调节，那么人格与环境亲和性假说可表述为：如果人格对于健康
指标的积极作用显著地被环境变量增强，或消极作用显著被环境变量削弱，则
称人格与环境在该健康指标上存在积极的亲和性；如果人格对于健康指标的消

极作用显著地被环境变量增强,或积极作用显著被环境变量削弱,则称人格与环境在该健康指标上存在消极的亲和性。

基于人格与环境亲和性假说,上文中关于人格与健康关系的实证证据可以理解为:探索性人格与个体主义具有显著的积极亲和性(能提高新生活方式选择收益);自尊与个体主义具有显著的积极亲和性(能提高幸福感);尽责性与西方追求苗条的文化背景具有积极的亲和性(能降低肥胖率);内向性与高居住流动性存在消极的亲和性(能增大死亡率风险、降低幸福感)。因此,基于社会生态视角、文化心理学视角的人格与环境亲和性假说对于指导、解释和归纳人格与环境交互影响健康的问题具有重要价值。

三、亲和性概念的渊源及内涵

亲和性这一概念得到学术界的关注,其实有着较为悠久的历史传统和丰富的内涵。它被广泛地应用于解释物理化学、生物学、生态学等自然科学现象和规律,后来也被应用于社会学、政治心理学等社会科学问题。

Partington(1960)在《化学简史》一书中认为,物理化学是最早探讨亲和性理论的科学分支。物理化学领域提出的化学亲和性(Chemical Affinity)概念,主要用于描述不同的化学物质在化学反应中的结合倾向。早在1250年,德国哲学家Magnus就使用亲和性的概念来解释化学关系,后来Boyle等研究者为了解释燃烧反应又提出了选择亲和性(Elective Affinity)的观点。在历史上,化学亲和性曾被用于形容导致化学反应的未知力量(Thomson,1810)。从最为广泛、一般的意义上而言,化学亲和性指的是原子或化合物与另一种原子或化合物在化学反应中结合倾向的难易程度(Levere,1971)。与现代的可视化原理略有相似,法国化学家Geoffroy(1718)根据24种化学物质(包括酸和碱)在置换反应中的规律,整理出了历史上第一个化学物质的亲和性表格(Affinity Table)。置换反应规律可以描述为:对于由两种具有结合倾向而结合在一起的化合物,当有能与其中任一物质形成更高亲和性的第三种物质加入时,这两种高亲和的物质将结合在一起,而将另一种物质剔除出去,即 $AB + C \rightarrow AC + B$。

在物理化学领域,为了反映元素或原子结合电子的难易程度,还提出了电子亲和能或电子亲和势(Electron Affinity)的概念。所谓电子亲和能 E_{ea},是指元素 X 处于基的气态原子在获得一个电子,形成负一价气态离子 X^- 时的能量变化，即 $X + e^- + E_{ea} \rightarrow X^-$。如果在上述过程中需要吸收能量，则电子亲和能 E_{ea} 为正值；如果在该过程中放出能量，则电子亲和能 E_{ea} 为负值。该过程需要吸收的能量越大，代表电子亲和能越大。

在生物化学和药理学领域，亲和性的概念被用于描述细胞学中配体与受体之间的关系。配体是指能与受体相结合，进而激活细胞内一系列生物化学反应，使细胞对外界刺激产生相应效应的物质，例如神经递质、酶抑制剂。配体与受体通过离子键、范德华力等分子间作用力实现结合。亲和力则用于表征配体与受体结合的难易程度和结合后的作用力强度大小。具体而言，两者越容易结合，结合后的作用力强度越大，则亲和力越强。在胚胎学上，亲和性被用于形容细胞或组织之间的相互连接情况，并且根据其连接倾向是紧密或分离情况，分别称为正、负亲和性。在病毒学研究中，病毒只能在特定的某种细胞内才能繁殖的现象称为病毒亲和性，并且将病毒特别对某一内脏器官具有亲和性的现象称为内脏亲和性。例如，流感病毒具有肺亲和性，而狂犬病病毒具有神经亲和性。在生态学领域，为了描述两个样本的生态成分相似性程度，提出了亲和性指数（Affinity Index）（Allaby，2010）。亲和性指数 A 通过同时存在于两个样本中的生物物种数量 c，除以存在于样本 1 但不存在于样本 2 的生物物种数 a 与存在于样本 2 但不存在于样本 1 的生物物种数 b 之和的平方根得到，即 $A = c/(a+b)^{0.5}$。为了描述研究物种与环境之间的关系，还有研究者使用了环境亲和性（Environment Affinity）的概念来解释引入外来物种对生态系统多样性的影响问题。例如，Belmaker、Parravicini 和 Kulbicki（2013）通过物种地域分布来估计环境亲和性，考察了物种特质与环境亲和性之间的关系，进而解释了红海鱼群引入地中海的生态学影响问题。

亲和性作为一种揭示自然哲学规律的重要概念，也可以用于解释人类的行为规律和社会科学问题。早在公元前 5 世纪左右，希腊哲学家 Empedocles 曾用液体的化学溶解规律来类比人类之间的关系，"人们相互喜欢时就像是水与酒交融在一起，相互讨厌时便像水与油分隔开来"。Goethe（1809/1966）的小说《选择性亲和》（*Elective Affinity*）用化学物质之间的选择性亲和规律来类比人类社会关系中存在的吸引、排斥等关系，使得该小说成为联系科学和文学的里程碑式著作。受 Geoffroy 和 Bergman 关于化学亲和性表格的启发，Goethe 用它来描述人们与不同对象之间的联结亲和性（Bonding Affinity）。用于解释人类的婚姻关系则可表述为：A 和 B 两个人通过婚姻结合形成了夫妻关系，但当遇到 C 时，

A 发现 C 对其吸引力大于 B，那么就会存在一种力量驱使 A 离开 B 而与 C 在一起。同样地，双置换反应 $AB + CD \rightarrow AD + BC$，可以类比为：存在两对夫妻 AB 和 CD，一开始 A 和 B 在一起，而 C 与 D 在一起。当两对夫妻相遇后，A 离开了原来的伴侣 B，选择了和 D 在一起；而 C 离开了原来的伴侣 D，选择了和 B 在一起。在该小说中，A、B、C、D 分别对应着故事的四个主人公 Charlotte、Eduard、Captain 以及 Ottilie。Geothe 通过故事的形式来揭示背叛、爱情、死亡、婚姻、道德等人类决定性的行为中所蕴含的化学科学规律，该小说被誉为阐述人类爱情的化学性起源的科学专著。Geothe 也因此被认为是从化学反应的视角来分析人类生活演化规律的人类化学（Human Chemistry）领域的奠基人（Thims，2007）。

后来，选择性亲和性的概念又被社会学家 Webber 用以描述观念（或信念）与兴趣（需求）之间的关联，即选择性过程（Selective Process），指信念和信奉它们的大众寻找亲和性的过程（Gerth & Mills，1948/1970；Lewins，1989）。Jost、Federico 和 Napier（2009）认为，选择性亲和的比喻对于理解信念结构体系与持有信念结构体系的个体或群体需要、动机之间的相互吸引和作用关系具有重要意义。因此，亲和性的概念也成为政治意识形态研究中，关于个体或群体心理特征与政治意识形态关系的重要概念（例如，Frimer, Gaucher & Schaefer，2014）。

总结亲和性这一概念在不同学术领域中的应用可以发现，亲和性的哲学思想广泛地渗透在自然世界和社会生活中。虽然不同的学科领域根据自身研究对象的特殊性，对亲和性的定义和发展的理论存在不同程度的差异，但亲和性的概念均较为一致地表达的是不同主体之间存在的相互吸引或排斥、相互促进或阻碍的作用规律。例如，原子核和电子之间，化学物质与化学物质之间，细胞的配体与受体之间，病毒与细胞之间，鱼群与海洋之间，人与人之间，存在相互吸引、排斥，相互促进或阻碍的作用规律。从当前的研究现状来看，亲和性规律在自然科学界的应用较为广泛，相关理论也较为丰富；而它在社会科学领域的内涵和相关理论仍显得相对模糊和单薄，受到的关注也相对较少。

在社会科学领域的应用方面，社会学家 Webber 将亲和的主体扩展到了人的信念和个体需求层面，这相对于传统亲和主体关注相对较为对等的物质与物质之间、人与人之间具有一定程度的深化，并且为亲和性应用于政治意识形态起到了重要的铺垫作用。选择性亲和的概念在政治心理学的意识形态研究中受到的关注相对其他社会科学领域要更多一些。但目前政治心理学的研究主要借亲和性概念来强调信念结构体系与其受众之间存在相互作用的过程，即解释具有能动特征的相互选择过程（Mutual Selective Process），而不是具体而深入地挖掘不同主体之间的亲和性规律本身。本章提出的人格与环境亲和性假说将进一步拓展亲和性思想在解释人类行为规律中的重要意义，即关注人格与环境在健康问题上的相互作用问题。一方面，与 Belmaker 等（2013）在生态学领域的研究中关注外来物种与环境之间的环境亲和性特征有相似之处，人格与环境亲和性假说以人格与环境作为亲和性的主体，并且采用亲和性的概念来描述人格与环境交互产生的积极生存优势，较好地体现了该假说产生的社会生态学视角和理论基础。另一方面，人格与环境的亲和性假说中涉及促进或削弱生存优势，这与进化生物学的适应性（Fitness / Adaption）概念存在一定的关联。适应性通常是指的是进化论视角下较为远端、时间跨度较长的进化意义上的概念。而本章提出的人格与环境亲和性假说则是基于既关注过去历史、又关注当下环境的社会生态视角（Oishi & Graham，2010）。因此，笔者用亲和性（Affinity）的概念来描述人格与环境之间影响作用关系，以区别于进化论视角下的适应性概念。此外，以往在揭示社会科学领域的亲和性规律时，例如描述人与人之间的爱情、相互吸引等现象，通常缺乏较为清晰和相对客观的指标对亲和性效果进行评价。本章基于生存优势概念提出的人格与环境亲和性假说，则更加明晰了亲和性结果的衡量办法，通过寿命、死亡率等能较为直接地反映生存优势的变量来反映亲和的结果。这使得亲和性规律在应用于解释社会科学现象时，能够超越在研究同质亲和主体的亲和性规律时面临的亲和结果度量较为模糊的困境。

物理化学领域在定义电子亲和能时根据基态原子获得电子形成离子过程中，如果吸收能量则将电子亲和能定义为正值，反之放出能量则定义为负值。与电子亲和能的正负之分有类似之处，本章关注的人格与环境亲和性假说则根据人格与环境对于生存优势的积极或消极意义来区分积极亲和性和消极亲和性。由于本章立足于人格对于健康的作用受到环境的调节，因此加入环境变量后，人格对于健康结果的积极作用被显著增强或者消极作用被显著削弱，则认为该环境与人格具有积极的亲和性；如果人格对于健康结果的积极作用被显著削弱或者消极作用被显著增强，则认为该环境与人格具有消极的亲和性。

四、与已有理论模型的比较

和已有的人与情境交互理论模型相比，人格与环境亲和性假说有以下优势。首先，人格与环境亲和性假说超越了传统模型主要立足于个体的心理与行为反应规律的出发点，而兼顾区域等宏观分析水平的重要性。由于人格与环境亲和性假说基于社会生态视角、文化心理学视角，因此其对于区域等宏观分析水平的环境刻画具有独特的优势，对应的人格特征在已有研究已实现对个体、区域、国家层面等不同的分析水平进行测量，因而该假说容易在区域层面开展研究。而已有研究立足点大都立足于分析个体，例如，基于社会认知视角的人格交互模型，虽然在理论上可扩展至组织、区域等水平，但其认知情境难以在宏观区域水平进行操作。人—环境匹配模型，虽然本身便包括人与团队、组织等相对超越个体的分析水平，但其仍然是以个体为研究主体，研究的是个体与群体的匹配过程；CuPS 和文化匹配假说虽然关注的是宏观文化环境，但其最优的分析水平仍然是个体水平。其次，人格与环境亲和性假说所关注的宏观社会环境，将从挖掘环境变量自身独特特征的视角出发来定义环境内涵，而不是像匹配模型中的环境受限于自变量特征，或像社会动机视角的环境变量受限于因变量的内容。"人—环境匹配"模型、文化匹配模型都将环境变量限制于与自变量的个体特质相同。而社会动机视角则将因变量所测量的变量在群体水平的流行度作为社会文化环境，例如宗教文化和世俗文化。最后，人格与环境亲和性假说基于对于宏观环境的理解将尽可能超越已有模型局限于以文化环境为主的环境视角，将同时关注经济的、政治的环境等更加丰富的宏观社会环境内涵。

值得说明的是，本章的人格与环境亲和性假说，虽是为解决区域水平的人格与环境交互影响健康问题提出的，但其实际解释力和应用范围并不局限于区域分析水平。例如，人格与环境的亲和性假说也适用于个体水平。在个体分析水平上，人格与环境亲和性假说也可以与人—环境匹配模型类似应用于组织情境，测量员工的人格，与团队、组织环境的交互作用对健康的影响。对于发展心理学关注的相对微观的家庭环境、同伴环境，也可采用测量个体的人格特质，以及个体的家庭环境、同伴环境，从而检验其人格与家庭环境、同伴环境的亲和性问题。除了国家内区域水平的研究外，人格与环境亲和性假说从理论上和操作方法上而言，完全适用于国家水平的分析，即分析国家人格特征与文化的、经济的等宏观社会文化环境对健康的交互影响问题。尤为重要的是，人格与环境亲和性假说有利于开展个体—区域—国家等跨多水平的跨层分析（Multi - Level Analysis）。与立足于个体水平的理论模型相比，人格与环境亲和性假说最大的优势在于，人格与环境亲和性假说本身适用于解释各水平上的研究，也适用于解释多水平的跨层分析。这种理论框架的相对一致性和连贯性，不仅有利于对不同层次的研究进行对比，也有利于对跨层分析问题进行更加系统的解释和整合。

此外，笔者认为人格与环境的亲和性假说为人格心理学研究者乃至大的心理学领域研究者提供的不仅是解释人格问题、健康问题的一种具体理论，而是一种更具普适意义和应用潜力的亲和性视角。本章基于人与环境交互视角提出的亲和性假说，可进一步抽象出不受环境束缚、人格特质束缚的亲和性视角。例如，有研究认为神经质虽然在抑郁、焦虑等健康问题上具有消极作用，但其警觉机制对于健康有积极作用。因此高尽责性与高神经质的组合被证明对吸烟等健康问题具有积极作用（Weston & Jackson，2015），即人格特质与另一种人格特质的亲和性问题。Oishi 和 Kesebir（2015）关于收入不平等环境对于经济增长与幸福感关系的调节作用研究，探讨的则是收入水平与经济环境之间的健康亲和性问题。本章分析的寿命、死亡率、幸福感等健康指标可以较好地用于反映生存优势，未来研究还可通过资源等角度来刻画生存优势，从而为丰富和应用亲和性规律提供更多证据。

第六节　小　结

第三章对区域人格与健康关系的系统性检验结果显示，人格与健康之间存在显著关联，但仍存在一些不稳健或者与其他证据不一致的结果。因此，本章讨论了通过引入环境因素进而深入研究人格与健康关系机制的重要性。为了更加全面地了解人格与环境交互影响健康的内在机制。本章首先介绍了人格心理学中经典的"人—情境之争"。然后，对作为解决"人—情境之争"主要方案的人与情境交互理论和模型进行了较为系统的综述。最后，结合社会生态视角、文化心理学视角强调宏观环境的重要性，以及已有人与情境交互理论在探讨区域水平研究上的不足，本章提出了有利于在区域水平上系统揭示人格与宏观社会生态环境共同影响健康问题的人格与环境亲和性假说。但值得说明的是，本章提出的人格与环境亲和性假说不仅适用于解释区域水平的社会心理机制，也适用于个体、国家等水平以及跨层分析水平。

　　本章提出的人格与环境亲和性假说的核心目的，在于为后续开展人格与环境交互影响健康问题研究提供系统性的理论框架和研究假设。在后续的研究中，本书将基于社会生态学视角和文化心理学视角，将从文化环境、经济环境和政治环境三大重要的环境视角来刻画环境，并进一步在美国50州水平上系统地检验人格特质与各种环境共同对健康变量的影响，即较为系统地检验人格与环境亲和性假说。基于上述理论基础和研究假设，本书将在后续的第五、六、七章，分别检验人格与文化环境的健康亲和性、人格与经济环境的健康亲和性、人格与政治环境的健康亲和性。后文基于该假说的系统性检验思路如图4.1。

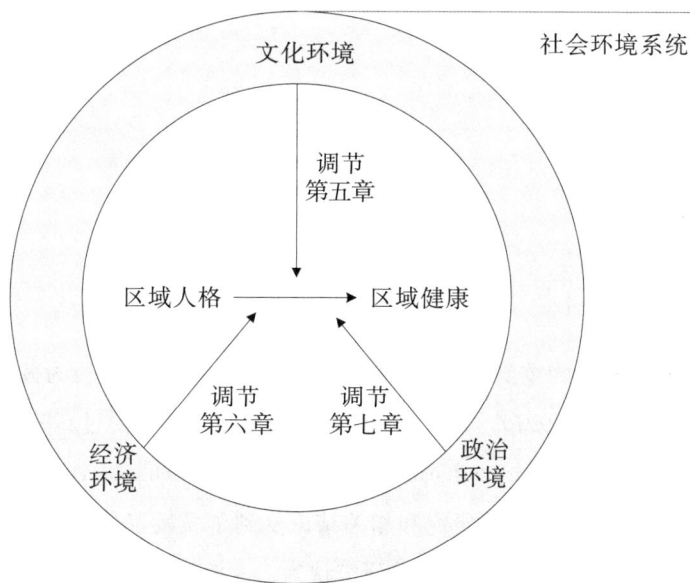

图4.1　人格与环境亲和性假说检验思路

第五章

文化环境的调节：
以集体主义和松—紧文化为例

　　边缘人群，例如有心理障碍的人群，在个体主义社会可能比集体主义社会生活得更加艰难，而拥有大量资源和强大实力的人在个体主义社会则会更加享受个体主义的生活方式。

——Diener, Oishi & Lucas, 2003

第一节　引　言

　　文化环境作为重要的宏观环境之一，与人们的心理与行为彼此关联、密切交织（Shweder, 1991）。传统心理学主要以来自西方、受过高等教育、工业化、富裕、民主（Western, Educated, Industrialized, Rich and Democratic, W. E. I. R. D.）背景样本开展的研究和相关结论受到了质疑（Henrich, Heine & Norenzayan, 2010）。关注文化差异的研究认为，人们的认知、动机等心理过程在不同的文化下存在显著差异（例如，Fiske et al., 1998；Markus & Kitayama, 1991；Nisbett, 2003）。例如，来自西方文化背景的个体倾向于采用情境独立式（Context – Independent）的认知过程，并且采用分析性的方式来知觉和思考环境；而来自东方文化背景的个体则倾向于采用情境依赖式（Context – Dependent）的认知过程，并且采用整体性的方式来知觉和思考环境（Miyamoto, Nisbett &

Masuda，2006）。Blais 等（2008）的研究结果表明人脸加工过程和知觉方式也存在文化差异，来自西方文化背景的被试在加工人脸时倾向于采用分散三角固定的加工模式，而来自东方文化背景的被试则更加关注脸的中心位置。

此外，文化还被认为对一系列重要的社会结果变量具有重要影响，包括消费行为（Kacen & Lee，2002；Wong & Ahuvia，1998）、信任（Brockner et al.，2000）、领导力（House et al.，2004）、组织人力资源管理（Stone & Stone-Romero，2012）、创造力（Goncalo & Staw，2006）等。其中，健康也被广泛证实显著受到文化的影响。在幸福感方面，一系列的跨国调查研究数据表明生活满意度存在较为稳健的文化差异，例如日本的幸福感水平显著低于丹麦（Diener et al.，2003）。Ye、Ng 和 Lian（2015）基于全球领导力和组织行为有效性（Global Leadership and Organizational Behavior Effectiveness，GLOBE）文化项目中的9个文化指数和基于世界价值观调查（WVS）数据中的幸福感数据，发现9个文化指数均对幸福感有显著影响，尤其是权利距离与性别平等对于主观幸福感具有显著而稳定的预测作用。还有研究表明，欧裔美国人生活满意度显著高于亚裔美国人（Diener et al.，2003）；而亚裔美国人相比欧裔美国人有更高的抑郁、焦虑水平（Okazaki，2000）。研究者发现不同文化背景对于幸福感的内涵和理解存在差异。例如，Oishi 和 Galinha（2013）分析了30个国家关于幸福感概念的共性和差异，Plaut 等（2002）研究了生活于美国不同地区的居民对幸福的看法存在的共性和差异。在疾病健康方面，吕小康和汪新建（2012）在讨论躯体化疾病与文化的关系时认为，疾病不仅是一种医学现象，也是一种文化现象，躯体化疾病的表达具有文化心理基础。因此，研究者认为中国文化塑造的中国人特有的身心不分而非两分的身体观、疾病观和治疗观，对于躯体化疾病的诊断和治疗具有重要意义。Napier 等（2014）在《柳叶刀》杂志上撰文较为系统地讨论了文化在与健康促进、医学治疗、医疗保健等健康与卫生实践中的重要作用。

近些年来，也有一些研究证据表明文化、人格与健康之间存在一定的联系。例如，与西方文化样本发现的尽责性对于肥胖率具有显著的抑制作用不同，Sutin等（2015）的研究发现尽责性与肥胖率在基于日本、中国和韩国三国的亚洲文化样本显示并没有呈现出显著关联。研究者认为这可能与西方文化背景强调苗条的文化规范，而亚洲文化强调吃的文化规范差异有关。换言之，文化环境可能对人格与健康之间的关系起着调节作用。根据本书第四章提出的人格与环境亲和性假说，特定的人格与文化环境组合，可能在健康问题上存在一些具有亲和性的优势效应。Gelfand 及其同事关于松—紧文化的研究，强调了情境因素对于心理与行为的影响，例如文化在员工主观努力与员工绩效之间的调节作用研究（Smith et al., 2006）。Hofstede 和 McCrae（2004）在讨论国家水平的文化与人格之间的关系时，McCrae 认为研究不同人格特质的个体或群体，在不同的文化规范下的适应状况具有重要意义（例如，内向性的个体在集体主义文化还是个体主义文化下更幸福）。但已有的实证研究鲜有直接探索人格与环境对健康的共同影响作用，或者文化环境在人格与健康中可能存在的调节作用。因此，本章将立足于文化环境，通过集体主义和松—紧文化两个指标对文化环境实现操作化，从而在美国 50 州水平上对人格与环境亲和性假说中进行系统性检验。

第二节　研究设计

一、研究目的

在已有关于人格影响健康、集体主义和松—紧文化影响健康等相关研究的基础上，本章将分别以集体主义、松—紧文化作为调节变量，系统检验区域人格与文化环境的交互作用对于健康的影响，即验证人格与环境（文化环境）的亲和性假说。如果某种人格对于健康指标的积极作用显著被文化环境变量增强，或消极作用显著被文化环境削弱，则称人格与文化环境在该健康指标上存在积极的亲和性；如果人格对于健康指标的消极作用显著被文化环境变量增强，或积极作用显著被文化环境削弱，则称人格与文化环境在该健康指标上存在消极的亲和性。例如，集体主义文化越高的文化环境下，神经质降低情绪健康幸福感的消极作用会越低吗？

二、数据来源

（一）文化环境

集体主义指数：Oyserman 等（2002）认为，个体主义主要强调个体独立于群体，关注自身的独特性和自主性，人与人之间彼此独立，形成独立自我（Independent Self）。而集体主义则强调个体依赖于群体，关注与群体之间的联系和整体结果，人与群体之间彼此依赖，形成互依自我（Interdependent Self）（Markus & Kitayama，1991；Cheng & Lam，2013）。尽管关于个体主义和集体主义的概念仍没有明确定义，但其核心内涵是较为一致的。总而言之，个体主义与集体主义是关于个体与群体利益、关系重要性的权衡。

本章的集体主义数据采用的是在美国州水平研究中被广泛使用的、由Vandello和Cohen（1999）构造的集体主义指数。该指数由 8 个指标合成：①独居人口比例；②65 岁以上老人独居比例；③祖孙三代同堂比例；④离婚与结婚比率；⑤没有宗教信仰的人群比例；⑥前四次总统选举中自由党的支持率；⑦上班时共用车与独自驾车之比；⑧自主就业率。研究者将各指标经过标准化处理（反向指标经过反向处理）及相关转化，得到了以 50 为均值，20 为标准差的集体主义指数。该综合指数内部各项目具有较好的内部一致性（α = 0.71），并被证明具有良好的效度。本章使用的集体主义指标与该综合指数保持一致，即分值越大，代表集体主义程度越高。

松—紧文化指数：与强情境和弱情境的概念本质有相似之处，文化的松紧性反映的是社会规范等外在环境因素的强弱对于人们心理与行为的作用，它主要包括两个核心成分：①社会规范的强度，或者说社会规范的明确和普遍程度；②惩罚的强度，或者对违背社会规范的越轨行为的容忍程度（Gelfand et al.，2011）。

美国 50 州的松—紧文化数据来自 Harrington 和 Gelfand（2014）的松—紧文化指数。该指数由 4 类共 9 个指标构成：①反映惩罚的严厉程度的 4 个指标——州水平的学校体罚的合法性、学生在学校被打或者惩罚的比例、1976—2011 年的死刑率、违反法律的惩罚严厉程度（例如，销售、使用或持有大麻）；②反映社会规范广度或普遍性的 2 个指标——酒精获得、同性婚姻合法性；③反映强化道德秩序和行为约束的 2 个指标——州水平的宗教性（religiosity）、没有宗教信仰的人群占比；④1 个指标——外来人口占总人口比例。该综合指数内部各项目具有较好的内部一致性（$\alpha = 0.84$），并且形成了一个可单独解释46.45%的单因子。该指数越高，反映该州的文化越偏向紧文化。

（二）其他数据

其他数据包括美国 50 州的人格数据，所有的健康指标，收入水平、教育程度等控制变量指标均与第三章相同。

（三）研究方法

本章首先将通过相关分析系统检验集体主义和松—紧文化与各健康指标之间的关系，并且在此基础上进一步控制收入水平、教育程度、女性人口比例、白人人口比例、城市人口比例等控制变量进行偏相关分析。

更为重要的是，为了检验人格与文化环境的交互作用对于健康的影响，本章将采用分步回归的方法进行调节作用分析（温忠麟、侯杰泰、张雷，2005）。在第一步方程中，以健康指标为因变量，以收入水平等 5 个控制变量，人格变量以及文化环境变量（集体主义或松—紧文化）作为自变量，构建回归方程；第二步方程中，在第一步的基础上进一步加入人格变量与文化环境变量的交互项。

第三节 研究结果

一、文化环境与健康的相关关系

将集体主义和松—紧文化分别与各健康指标进行相关分析，以及控制了收入水平、教育程度、女性人口比例、白人人口比例、城市人口比例的偏相关分析，结果见表5.1。

表 5.1　集体主义和松—紧文化与健康指标的相关关系汇总

	集体主义（简）	集体主义（偏）	松—紧文化（简）	松—紧文化（偏）
Gallup 总体幸福感	− 0.261[†]	0.137	− 0.559[***]	− 0.131
生活评价幸福感	0.011	0.065	− 0.380[**]	0.091
情绪健康幸福感	− 0.140	− 0.077	− 0.262[†]	0.196
工作环境幸福感	− 0.409[**]	0.003	− 0.175	0.068
身体健康幸福感	− 0.156	0.072	− 0.528[***]	− 0.038
健康行为幸福感	− 0.156	0.158	− 0.760[***]	− 0.653[***]
基本需要幸福感	− 0.341[*]	0.286[†]	− 0.459[***]	0.043
Twitter 幸福感	− 0.211	0.191	− 0.541[***]	− 0.541[***]
预期寿命	− 0.203	0.297[*]	− 0.796[***]	− 0.572[***]
总死亡率	0.149	− 0.162	0.792[***]	0.570[***]
恶性肿瘤死亡率	0.095	− 0.333[*]	0.593[***]	0.180
糖尿病死亡率	0.121	− 0.049	0.567[***]	0.185
帕金森症死亡率	− 0.461[***]	− 0.027	− 0.084	0.034
阿尔茨海默症死亡率	− 0.207	− 0.156	0.293[*]	0.122
心脏病死亡率	0.333[*]	− 0.207	0.724[***]	0.455[**]
高血压死亡率	0.210	− 0.246	0.340[*]	− 0.029
脑血管病死亡率	0.300[*]	− 0.041	0.771[***]	0.594[***]
流感类死亡率	0.415[**]	0.071	0.507[***]	0.286[†]
慢下呼吸道死亡率	− 0.283[*]	− 0.383[**]	0.574[***]	0.374[*]
肝病死亡率	− 0.284[*]	− 0.334[*]	0.078	− 0.089
肾病死亡率	0.462[***]	0.226	0.708[***]	0.519[***]
事故导致死亡率	− 0.250[†]	− 0.159	0.418[**]	0.157
机动车事故死亡率	− 0.077	− 0.284[†]	0.683[***]	0.506[***]
自杀死亡率	− 0.393[**]	− 0.008	0.056	0.036
凶杀死亡率	0.432[**]	− 0.196	0.646[***]	0.390[*]
酒精导致死亡率	− 0.554[***]	− 0.363[*]	− 0.364[**]	− 0.344[*]
药物导致死亡率	0.047	0.166	0.000	− 0.222
枪支导致死亡率	− 0.020	− 0.157	0.598[***]	0.444[**]

（续上表）

	集体主义（简）	集体主义（偏）	松—紧文化（简）	松—紧文化（偏）
酒精依赖症率	− 0.435 **	− 0.406 **	− 0.470 ***	− 0.162
非法药品依赖率	0.125	− 0.006	− 0.099	− 0.287 †
严重心理疾病率	− 0.269 †	0.110	0.210	− 0.057
任何心理疾病率	− 0.094	0.106	0.086	− 0.246
强自杀念头率	− 0.146	0.285 †	− 0.072	− 0.229
抑郁症率	− 0.121	0.238	− 0.003	− 0.064
非法药品使用率	− 0.159	− 0.220	− 0.619 ***	− 0.574 ***
大麻使用率	− 0.250 †	− 0.208	− 0.671 ***	− 0.621 ***
可卡因使用率	0.082	0.080	− 0.474 ***	− 0.415 **
止痛药滥用率	0.216	− 0.199	0.172	− 0.035
过度饮酒率	− 0.333 *	− 0.293 †	− 0.178	0.092
烟草使用率	− 0.200	− 0.452 **	0.657 ***	0.475 ***
吸烟率	− 0.121	− 0.425 **	0.688 ***	0.458 **

（一）文化环境与幸福感相关

美国州水平的集体主义文化程度与工作环境幸福感（$r = -0.409$）、基本需要幸福感（$r = -0.341$）呈显著负相关，与 Gallup 总体幸福感（$r = -0.261$）呈边缘显著的负相关。在加入控制变量后的偏相关结果中，集体主义仅与基本需要幸福感（$r = 0.286$，$p < 0.1$）呈边缘显著的正相关。集体主义与其余幸福感指标相关均不显著。

美国州水平的松—紧文化程度与健康行为幸福感（$r = -0.760$）、Gallup 总体幸福感（$r = -0.559$）、Twitter 幸福感（$r = -0.541$）、身体健康幸福感（$r = -0.528$，$p < 0.001$）、基本需要幸福感（$r = -0.459$）、生活评价幸福感（$r = -0.380$）呈显著负相关，与情绪健康幸福感（$r = -0.262$）呈边缘显著的负相关。在加入控制变量后的偏相关结果中，松—紧文化仅与健康行为幸福感（$r = -0.653$）和 Twitter 幸福感（$r = -0.541$）之间呈显著负相关。

（二）文化环境与寿命/死亡率相关

美国州水平的集体主义文化程度与肾病死亡率（$r = 0.462$）、凶杀死亡率

（$r = 0.432$）、流感类死亡率（$r = 0.415$）、心脏病死亡率（$r = 0.333$）、脑血管病死亡率（$r = 0.300$）呈显著正相关，与酒精导致死亡率（$r = -0.554$）、帕金森症死亡率（$r = -0.461$）、自杀死亡率（$r = -0.393$）、肝病死亡率（$r = -0.284$）、慢下呼吸道死亡率（$r = -0.283$）呈显著负相关，与事故导致死亡率呈边缘显著的负相关。在加入控制变量后的偏相关结果中，集体主义与慢下呼吸道死亡率（$r = -0.383$）、酒精导致死亡率（$r = -0.363$）、肝病死亡率（$r = -0.334$）、恶性肿瘤死亡率（$r = -0.333$）呈显性负相关。集体主义与预期寿命（$r = 0.297$）呈显著的正相关，与机动车事故死亡率（$r = -0.284$）呈边缘显著的负相关。集体主义与其余幸福感指标相关均不显著。

美国州水平的松—紧文化程度与总死亡率（$r = 0.792$）、脑血管病死亡率（$r = 0.771$）、心脏病死亡率（$r = 0.724$）、肾病死亡率（$r = 0.708$）、机动车事故死亡率（$r = 0.683$，$p < 0.001$）、凶杀死亡率（$r = 0.646$，$p < 0.001$）、枪支导致死亡率（$r = 0.598$）、恶性肿瘤死亡率（$r = 0.593$）、慢下呼吸道死亡率（$r = 0.574$）、糖尿病死亡率（$r = 0.567$）、流感类死亡率（$r = 0.507$）、事故导致死亡率（$r = 0.418$）、高血压死亡率（$r = 0.340$）、阿尔茨海默症死亡率（$r = 0.293$）呈显著正相关。松—紧文化与预期寿命（$r = -0.796$）、酒精导致死亡率（$r = -0.364$）呈显著负相关。在加入控制变量后的偏相关结果中，松—紧文化与脑血管病死亡率（$r = 0.594$）、总死亡率（$r = 0.570$）、肾病死亡率（$r = 0.519$）、机动车事故死亡率（$r = 0.506$）、心脏病死亡率（$r = 0.455$）、枪支导致死亡率（$r = 0.444$）、凶杀死亡率（$r = 0.390$）、慢下呼吸道死亡率（$r = 0.374$）呈显著正相关。松—紧文化与预期寿命（$r = -0.572$）、酒精导致死亡率（$r = -0.344$）呈显著负相关，与流感类死亡率（$r = 0.286$）呈边缘显著的正相关。

（三）文化环境与心理疾病相关

美国州水平的集体主义文化程度与酒精依赖症率（$r = -0.435$）呈显著负相关，与严重心理疾病率（$r = -0.269$）呈边缘显著负相关。在加入控制变量后的偏相关结果中，集体主义文化程度与酒精依赖症率（$r = -0.406$）呈显著负相关，与强自杀念头率（$r = 0.285$）呈边缘显著正相关。

美国州水平的松—紧文化程度与酒精依赖症率（$r = -0.470$）呈显著负相关。在加入控制变量后的偏相关结果中，松—紧文化程度与非法药品依赖率

（$r = -0.287$）呈边缘显著负相关。松—紧文化与其余心理疾病率指标相关均不显著。

（四）文化环境与物质滥用和健康行为相关

美国州水平的集体主义文化程度与过度饮酒率（$r = -0.333$）呈显著负相关，与大麻使用率（$r = -0.250$）呈边缘显著负相关。在加入控制变量后的偏相关结果中，集体主义文化程度与吸烟率（$r = -0.425$）、烟草使用率（$r = -0.452$）呈显著负相关，与过度饮酒率（$r = -0.293$）呈边缘显著负相关。

美国州水平的松紧主义文化程度与吸烟率（$r = 0.688$）、烟草使用率（$r = 0.657$）呈显著正相关，与非法药品使用率（$r = -0.619$）、可卡因使用率（$r = -0.474$）呈显著负相关。在加入控制变量后的偏相关结果中，松紧主义文化程度与烟草使用率（$r = 0.475$）、吸烟率（$r = 0.458$）呈显著正相关，与大麻使用率（$r = -0.621$）、非法药品使用率（$r = -0.574$）、可卡因使用率（$r = -0.415$）呈显著负相关。

二、集体主义对人格与健康的调节

（一）幸福感

为展示集体主义在人格与健康关系中的调节作用检验结果，本章首先以外向性与集体主义交互作用影响 Gallup 总体幸福感为例（见表 5.2）进行说明。表 5.2 的结果显示，在调节作用检验的模型 1 中，教育程度与 Gallup 总体幸福感有极其显著的正向预测作用（$\beta = 0.873$，$t = 7.442$，$p = 0.000 < 0.001$），即教育程度越高，Gallup 调查中的总体幸福感水平越高。其他控制变量的影响则均不显著。外向性与 Gallup 总体幸福感呈边缘显著的正相关（$\beta = 0.149$，$t = 1.933$，$p = 0.060 < 0.1$），集体主义对 Gallup 总体幸福感也没有显著影响（$\beta = 0.134$，$t = 0.921$，$p = 0.362$）。在加入了外向性与集体主义的交互项后的模型 2 中，交互项对因变量的影响作用不显著（$\beta = -0.096$，$t = -0.984$，$p = 0.331$），即集体主义对外向性与总体幸福感之间的调节作用不显著。其中模型 1 的方差解释力（R^2）为 0.763，模型 2 的解释力为 0.768；R^2 的变化为 0.005，未达到显著水平（$p = 0.331$）。在各模型中，方差膨胀因子 VIF 均小于 4，即模型中不存在显著的共线性问题。限于模型数量多而篇幅有限，在后文结果中将不对每一模型逐一展开，而仅将核心信息进行整理后进行展示。

表 5.2　外向性与集体主义对 Gallup 总体幸福感的交互作用检验（例）

	模型 1				模型 2			
	β	t	p	VIF	β	t	p	VIF
收入水平	0.036	0.341	0.735	1.997	−0.002	−0.017	0.987	2.262
教育程度	0.873***	7.442***	0.000	2.438	0.878***	7.472***	0.000	2.441
女性人口比例	−0.059	−0.673	0.505	1.360	−0.051	−0.583	0.563	1.371
白人人口比例	−0.054	−0.411	0.683	3.102	−0.030	−0.219	0.827	3.215
城市人口比例	0.040	0.454	0.652	1.404	0.061	0.666	0.509	1.481
外向性	0.149	1.933†	0.060	1.047	0.097	1.036	0.306	1.540
集体主义	0.134	0.921	0.362	3.727	0.122	0.835	0.409	3.753
外向性 × 集体主义					−0.096	−0.984	0.331	1.691
R^2	0.763				0.768			
ΔR^2					0.005			
ΔR^2 显著性					0.331			

在幸福感方面，大五人格与集体主义交互效应检验结果详见表 5.3。具体来说，①对于 Gallup 总体幸福感，集体主义与尽责性的交互作用对于 Gallup 总体幸福感具有边缘显著的负向影响（$t = -1.836$，$p = 0.074 < 0.1$），即尽责性与 Gallup 总体幸福感之间的正相关显著受到集体主义文化的调节。②对于情绪健康幸福感，集体主义与神经质的交互作用对于情绪健康幸福感具有显著正向影响（$t = 2.040$，$p = 0.048 < 0.05$），即神经质与情绪健康幸福感的负相关显著受到集体主义文化调节。集体主义与开放性的交互作用对于情绪健康幸福感具有边缘显著的正向影响（$t = 1.922$，$p = 0.062 < 0.1$），即开放性与情绪健康幸福感的关系显著受到集体主义文化的调节。③对于工作环境幸福感，集体主义与外向性的交互作用对于工作环境幸福感具有显著负向影响（$t = -2.470$，$p = 0.018 < 0.05$），即外向性与工作环境幸福感的关系显著受到集体主义文化的调节。集体主义与尽责性的交互作用对于工作环境幸福感具有非常显著的负向影

响（$t = -2.727$，$p = 0.009 < 0.01$）；尽责性与工作环境幸福感的关系显著受到集体主义的调节。④对于身体健康幸福感，集体主义与开放性的交互作用对于身体健康幸福感具有显著正向影响（$t = 2.481$，$p = 0.017 < 0.05$），即开放性与身体健康幸福感的关系显著受到集体主义文化的调节。⑤对于基本需要幸福感，集体主义与尽责性的交互作用对于基本需要幸福感具有极其显著负向影响（$t = -4.304$，$p = 0.000 < 0.001$），即尽责性与基本需要幸福感的关系显著受到集体主义文化的调节。集体主义与开放性的交互作用对于基本需要幸福感具有边缘显著负向影响（$t = -1.883$，$p = 0.067 < 0.1$），即开放性与基本需要幸福感的负相关显著受到集体主义文化的调节。⑥对于 Twitter 幸福感，集体主义与开放性的交互作用对于 Twitter 幸福感具有显著负向影响（$t = -2.310$，$p = 0.026 < 0.05$），即开放性与 Twitter 幸福感的关系显著受到集体主义文化的调节。集体主义与神经质的交互作用对于 Twitter 幸福感具有显著负向影响（$t = -2.151$，$p = 0.037 < 0.05$），即神经质与 Twitter 幸福感的关系显著受到集体主义文化的调节。集体主义与尽责性的交互作用对于Twitter幸福感具有显著负向影响（$t = -2.081$，$p = 0.044 < 0.05$），即尽责性与 Twitter 幸福感关系显著受到集体主义文化的调节。

表5.3　大五人格和集体主义预测幸福感

因变量	人格	模型1(基准模型)		模型2(加入交互项)			
		人格(t)	p	人格(t)	p	人格 × 环境(t)	p
Gallup 总体幸福感	外向性	$1.933^{\dagger}$	0.060	1.036	0.306	-0.984	0.331
	宜人性	2.258^{*}	0.029	1.676	0.101	-1.108	0.274
	尽责性	2.336^{*}	0.024	2.465^{*}	0.018	$-1.836^{\dagger}$	0.074
	神经质	-2.688^{*}	0.010	-2.562^{*}	0.014	0.679	0.501
	开放性	0.708	0.483	1.027	0.310	0.879	0.385
生活评价幸福感	外向性	1.250	0.218	0.983	0.332	-0.063	0.950
	宜人性	1.251	0.218	1.088	0.283	-0.149	0.882
	尽责性	2.878^{**}	0.006	2.842^{**}	0.007	0.001	0.999
	神经质	-2.940^{**}	0.005	-2.770^{**}	0.008	1.431	0.160
	开放性	0.932	0.357	1.482	0.146	1.418	0.164

（续上表）

因变量	人格	模型1(基准模型)		模型2(加入交互项)			
		人格(t)	p	人格(t)	p	人格×环境(t)	p
情绪健康幸福感	外向性	3.172**	0.003	2.659*	0.011	0.133	0.895
	宜人性	2.271*	0.028	2.119*	0.040	0.113	0.911
	尽责性	3.524**	0.001	3.472**	0.001	0.299	0.766
	神经质	−2.925**	0.006	−2.749**	0.009	2.040*	0.048
	开放性	−1.577	0.122	−0.582	0.564	1.922†	0.062
工作环境幸福感	外向性	1.641	0.108	0.034	0.973	−2.470*	0.018
	宜人性	3.429**	0.001	2.616*	0.012	−1.635	0.110
	尽责性	1.456	0.153	1.660	0.105	−2.727**	0.009
	神经质	−1.883†	0.067	−1.859†	0.070	−0.105	0.917
	开放性	−0.533	0.597	−0.236	0.815	0.521	0.605
身体健康幸福感	外向性	2.672*	0.011	1.669	0.103	−0.937	0.354
	宜人性	1.626	0.111	1.136	0.263	−0.972	0.337
	尽责性	2.46*	0.018	2.462*	0.018	−0.609	0.546
	神经质	−1.248	0.219	−1.076	0.288	1.371	0.178
	开放性	−0.023	0.982	1.101	0.277	2.481*	0.017
健康行为幸福感	外向性	−2.016†	0.050	−0.983	0.332	1.217	0.230
	宜人性	−1.633	0.110	−1.441	0.157	0.138	0.891
	尽责性	−1.136	0.262	−1.134	0.263	0.303	0.764
	神经质	−0.302	0.764	−0.372	0.712	−0.590	0.558
	开放性	4.276***	0.000	3.367**	0.002	−0.985	0.330
基本需要幸福感	外向性	2.235*	0.031	1.053	0.298	−1.436	0.159
	宜人性	1.759†	0.086	1.086	0.284	−1.493	0.143
	尽责性	0.524	0.603	0.777	0.442	−4.304***	0.000
	神经质	−0.215	0.831	−0.323	0.749	−0.865	0.392
	开放性	−1.840†	0.073	−2.542*	0.015	−1.883†	0.067
Twitter幸福感	外向性	−2.109*	0.041	−1.842†	0.073	−0.218	0.829
	宜人性	−0.875	0.387	−0.863	0.393	−0.165	0.870
	尽责性	−1.626	0.111	−1.614	0.114	−2.081*	0.044
	神经质	0.593	0.556	0.339	0.736	−2.151*	0.037
	开放性	2.817**	0.007	1.594	0.119	−2.310*	0.026

（二）寿命/死亡率

在寿命/死亡率方面，大五人格与集体主义交互效应检验结果详见表5.4。具体而言，①对于预期寿命，集体主义与尽责性的交互作用对于预期寿命具有显著的负向影响（$t = -2.356$，$p = 0.023 < 0.05$），即尽责性与预期寿命的关系显著受到集体主义文化的调节。集体主义与宜人性的交互作用对于预期寿命具有边缘显著的负向影响（$t = -1.777$，$p = 0.083 < 0.1$），即宜人性与预期寿命的关系显著受到集体主义文化的调节。②对于阿尔茨海默症死亡率，集体主义与神经质的交互作用对于阿尔茨海默症死亡率具有显著的正向影响（$t = 2.029$，$p = 0.049 < 0.05$），即神经质与阿尔茨海默症死亡率的负相关显著受到集体主义文化的调节。③对于事故导致死亡率，集体主义与宜人性的交互作用对于事故导致死亡率具有显著的正向影响（$t = 2.436$，$p = 0.019 < 0.05$），即宜人性与事故导致死亡率的关系显著受到集体主义文化的调节。集体主义与开放性的交互作用对于事故导致死亡率具有边缘显著的负向影响（$t = -1.700$，$p = 0.097 < 0.1$），即开放性与事故导致死亡率的关系显著受到集体主义文化的调节。④对于机动车事故死亡率，集体主义与宜人性的交互作用对于机动车事故死亡率具有显著的正向影响（$t = 2.131$，$p = 0.039 < 0.05$），即宜人性与机动车事故死亡率的正相关显著受到集体主义文化的调节。集体主义与开放性的交互作用对于机动车事故死亡率具有显著的正向影响（$t = 2.032$，$p = 0.049 < 0.05$），即开放性与机动车事故死亡率的正相关显著受到集体主义文化的调节。集体主义与神经质的交互作用对于机动车事故死亡率具有边缘显著的正向影响（$t = 1.973$，$p = 0.055 < 0.1$），即神经质与机动车事故死亡率的关系显著受到集体主义文化的调节。⑤对于自杀死亡率，集体主义与尽责性的交互作用对于自杀死亡率具有显著的正向影响（$t = 2.548$，$p = 0.015 < 0.05$），即尽责性与自杀死亡率的负相关显著受到集体主义文化的调节。⑥对于凶杀死亡率，集体主义与神经质的交互作用对于凶杀死亡率具有显著的正向影响（$t = 2.723$，$p = 0.009\ 7 < 0.01$），即神经质与凶杀死亡率的关系显著受到集体主义文化的调节。集体主义与开放性的交互作用对于凶杀死亡率具有显著的正向影响（$t = 2.714$，$p = 0.009\ 9 < 0.01$），即开放性与凶杀死亡率的关系显著受到集体主义文化的调节。集体主义与尽责性的交互作用对于凶杀死亡率具有边缘显著的正向影响（$t = 1.870$，$p = 0.069 < 0.1$），即尽责性与凶杀死亡率的关系显著受到集体主义文化的调节。

⑦对于酒精导致死亡率，集体主义与尽责性的交互作用对于酒精导致死亡率具有边缘显著的正向影响（$t = 1.839$，$p = 0.073 < 0.1$），即尽责性与酒精导致死亡率的关系显著受到集体主义文化的调节。⑧对于药物导致死亡率，集体主义与开放性的交互作用对于药物导致死亡率具有显著的负向影响（$t = -2.515$，$p = 0.016 < 0.05$），即开放性与药物导致死亡率的关系显著受到集体主义文化的调节。集体主义与神经质的交互作用对于药物导致死亡率具有边缘显著的负向影响（$t = -1.874$，$p = 0.068 < 0.1$），即神经质与药物导致死亡率的正相关关系显著受到集体主义文化的调节。⑨对于枪支导致死亡率，集体主义与尽责性的交互作用对于枪支导致死亡率具有极其显著的正向影响（$t = 4.101$，$p = 0.000 < 0.001$），即尽责性与枪支导致死亡率的关系显著受到集体主义文化的调节。集体主义与开放性的交互作用对于枪支导致死亡率具有显著的正向影响（$t = 2.565$，$p = 0.014 < 0.05$），即开放性与枪支导致死亡率的关系显著受到集体主义文化的调节。集体主义与神经质的交互作用对于枪支导致死亡率具有显著的正向影响（$t = 2.328$，$p = 0.025 < 0.05$），即神经质与枪支导致死亡率的关系显著受到集体主义文化的调节。集体主义与宜人性的交互作用对于枪支导致死亡率具有边缘显著的正向影响（$t = 1.868$，$p = 0.069 < 0.1$），即宜人性与枪支导致死亡率的关系显著受到集体主义文化的调节。

表5.4　大五人格和集体主义预测寿命/死亡率

因变量	人格	模型1（基准模型）		模型2（加入交互项）			
		人格（t）	p	人格（t）	p	人格 × 环境（t）	p
预期寿命	外向性	0.814	0.420	0.286	0.776	-0.673	0.505
	宜人性	0.610	0.545	-0.094	0.925	-1.777[†]	0.083
	尽责性	-0.404	0.688	-0.341	0.735	-2.356[*]	0.023
	神经质	0.367	0.716	0.232	0.817	-1.032	0.308
	开放性	1.120	0.269	0.541	0.591	-1.014	0.317
总死亡率	外向性	-0.401	0.690	0.071	0.944	0.706	0.484
	宜人性	0.193	0.848	0.675	0.504	1.305	0.199
	尽责性	0.023	0.982	-0.032	0.975	1.548	0.129
	神经质	0.205	0.839	0.298	0.767	0.750	0.457
	开放性	-1.217	0.230	-0.868	0.390	0.459	0.649

（续上表）

因变量	人格	模型1（基准模型）		模型2（加入交互项）			
		人格(t)	p	人格(t)	p	人格×环境(t)	p
恶性肿瘤死亡率	外向性	−0.816	0.419	−0.899	0.374	−0.413	0.682
	宜人性	−0.961	0.342	−1.072	0.290	−0.503	0.618
	尽责性	−2.036*	0.048	−2.030*	0.049	0.425	0.673
	神经质	2.131*	0.039	2.164*	0.036	0.541	0.591
	开放性	−1.168	0.249	−1.497	0.142	−1.006	0.320
糖尿病死亡率	外向性	0.772	0.444	0.661	0.513	0.056	0.956
	宜人性	2.175*	0.035	2.094*	0.042	0.273	0.786
	尽责性	1.681	0.100	1.653	0.106	0.220	0.827
	神经质	0.162	0.872	0.244	0.808	0.669	0.507
	开放性	−0.584	0.563	−0.331	0.742	0.407	0.686
帕金森症死亡率	外向性	0.278	0.783	0.357	0.723	0.231	0.819
	宜人性	−0.555	0.582	−1.121	0.269	−1.579	0.122
	尽责性	0.125	0.901	0.099	0.922	0.700	0.488
	神经质	−1.197	0.238	−1.239	0.223	−0.487	0.629
	开放性	−0.185	0.854	−0.096	0.924	0.148	0.883
阿尔茨海默症死亡率	外向性	0.295	0.770	0.104	0.918	−0.240	0.811
	宜人性	3.794***	0.000	3.695***	0.001	0.560	0.579
	尽责性	1.649	0.107	1.617	0.113	0.400	0.691
	神经质	−2.856**	0.007	−2.678*	0.011	2.029*	0.049
	开放性	0.118	0.907	0.150	0.881	0.102	0.919
心脏病死亡率	外向性	0.361	0.720	0.484	0.631	0.336	0.739
	宜人性	0.634	0.530	0.853	0.399	0.712	0.480
	尽责性	−0.242	0.810	−0.254	0.801	0.424	0.674
	神经质	0.415	0.681	0.366	0.716	−0.317	0.753
	开放性	−1.389	0.172	−0.780	0.440	1.016	0.316

（续上表）

因变量	人格	模型1（基准模型）		模型2（加入交互项）			
		人格（t）	p	人格（t）	p	人格×环境（t）	p
高血压死亡率	外向性	0.970	0.337	1.284	0.206	0.859	0.395
	宜人性	2.856**	0.007	2.796**	0.008	0.468	0.642
	尽责性	1.396	0.170	1.360	0.181	1.316	0.196
	神经质	−1.188	0.241	−1.097	0.279	0.564	0.576
	开放性	0.670	0.506	1.117	0.270	1.144	0.259
脑血管病死亡率	外向性	0.260	0.796	0.665	0.510	0.798	0.430
	宜人性	0.924	0.361	1.173	0.247	0.848	0.401
	尽责性	0.967	0.339	0.928	0.359	1.419	0.163
	神经质	−2.312*	0.026	−2.147*	0.038	1.282	0.207
	开放性	−0.659	0.514	−0.140	0.890	0.990	0.328
流感类死亡率	外向性	0.316	0.753	−0.317	0.753	−1.021	0.313
	宜人性	0.340	0.736	0.780	0.440	1.225	0.227
	尽责性	0.168	0.868	0.206	0.837	−1.084	0.285
	神经质	1.232	0.225	1.042	0.303	−1.574	0.123
	开放性	−0.928	0.358	−0.654	0.517	0.365	0.717
慢下呼吸道死亡率	外向性	−1.645	0.107	−1.337	0.188	0.005	0.996
	宜人性	−0.627	0.534	−0.055	0.956	1.404	0.168
	尽责性	0.116	0.908	0.075	0.941	1.178	0.246
	神经质	0.150	0.882	0.234	0.816	0.677	0.502
	开放性	−0.758	0.453	−0.429	0.670	0.534	0.596
肝病死亡率	外向性	−1.667	0.103	−1.504	0.140	−0.256	0.799
	宜人性	−0.319	0.751	−0.054	0.957	0.630	0.532
	尽责性	1.372	0.177	1.336	0.189	1.293	0.203
	神经质	−1.170	0.249	−1.022	0.313	1.118	0.270
	开放性	1.256	0.216	1.415	0.165	0.669	0.507
肾病死亡率	外向性	1.899†	0.064	1.924†	0.061	0.653	0.518
	宜人性	0.547	0.587	0.706	0.484	0.539	0.593
	尽责性	1.209	0.233	1.184	0.243	0.307	0.761
	神经质	0.562	0.577	0.630	0.532	0.601	0.551
	开放性	−2.262*	0.029	−1.859†	0.070	0.300	0.765

（续上表）

因变量	人格	模型1(基准模型)		模型2(加入交互项)			
		人格(t)	p	人格(t)	p	人格×环境(t)	p
事故导致死亡率	外向性	-1.549	0.129	-0.515	0.610	1.370	0.178
	宜人性	-0.885	0.381	0.057	0.955	2.436*	0.019
	尽责性	-0.338	0.737	-0.356	0.723	0.596	0.554
	神经质	1.266	0.212	1.251	0.218	0.077	0.939
	开放性	-0.245	0.808	-0.992	0.327	-1.700†	0.097
机动车事故死亡率	外向性	0.933	0.356	0.635	0.529	-0.222	0.826
	宜人性	1.483	0.145	2.237*	0.031	2.131*	0.039
	尽责性	2.211*	0.033	2.172*	0.036	0.444	0.659
	神经质	-1.432	0.160	-1.217	0.231	1.973†	0.055
	开放性	-1.708†	0.095	-0.659	0.513	2.032*	0.049
自杀死亡率	外向性	-2.792**	0.008	-1.634	0.110	1.201	0.237
	宜人性	-4.203***	0.000	-3.397**	0.002	1.426	0.162
	尽责性	-1.71†	0.095	-1.908†	0.063	2.548*	0.015
	神经质	-0.492	0.625	-0.485	0.630	-0.026	0.980
	开放性	1.264	0.213	1.214	0.232	0.219	0.828
凶杀死亡率	外向性	0.225	0.823	0.225	0.823	0.053	0.958
	宜人性	-0.081	0.936	0.114	0.910	0.845	0.403
	尽责性	1.574	0.124	1.486	0.145	1.870†	0.069
	神经质	-1.275	0.210	-0.997	0.325	2.723**	0.010
	开放性	-0.559	0.579	-0.106	0.916	2.714**	0.010
酒精导致死亡率	外向性	-2.296*	0.027	-1.661	0.104	0.375	0.710
	宜人性	-1.408	0.166	-1.004	0.321	0.773	0.444
	尽责性	0.249	0.804	0.191	0.850	1.839†	0.073
	神经质	-0.452	0.654	-0.345	0.732	0.794	0.432
	开放性	1.862†	0.070	1.783†	0.082	0.309	0.759

（续上表）

因变量	人格	模型1(基准模型)		模型2(加入交互项)			
		人格(t)	p	人格(t)	p	人格×环境(t)	p
药物导致死亡率	外向性	−3.142**	0.003	−2.213*	0.033	0.634	0.529
	宜人性	−2.512*	0.016	−1.863†	0.070	1.261	0.214
	尽责性	−2.29*	0.027	−2.263*	0.029	0.047	0.963
	神经质	2.655*	0.011	2.472*	0.018	−1.874†	0.068
	开放性	0.907	0.370	−0.28	0.781	−2.515*	0.016
枪支导致死亡率	外向性	−1.163	0.251	−0.362	0.719	1.056	0.297
	宜人性	−1.603	0.116	−0.819	0.417	1.868†	0.069
	尽责性	0.340	0.736	0.252	0.802	4.101***	0.000
	神经质	−1.441	0.157	−1.206	0.235	2.328*	0.025
	开放性	−0.196	0.845	0.974	0.336	2.565*	0.014

（三）心理疾病

在心理疾病方面，大五人格与集体主义交互效应检验结果详见表5.5。具体而言，①对于酒精依赖症率，集体主义与外向性的交互作用对于酒精依赖症率具有显著的负向影响（$t = -2.118$，$p = 0.040 < 0.05$），即外向性与酒精依赖症率的关系显著受到集体主义文化的调节。集体主义与尽责性的交互作用对于酒精依赖症率具有显著的负向影响（$t = -2.323$，$p = 0.025 < 0.05$），即尽责性与酒精依赖症率的关系显著受到集体主义文化的调节。②对于任何心理疾病率，集体主义与开放性的交互作用对于任何心理疾病率具有显著的负向影响（$t = -2.357$，$p = 0.023 < 0.05$），即开放性与任何心理疾病率的关系显著受到集体主义文化的调节。集体主义与神经质的交互作用对于任何心理疾病率具有边缘显著的负向影响（$t = -1.943$，$p = 0.059 < 0.1$），即神经质与任何心理疾病率的关系显著受到集体主义文化的调节。集体主义与外向性的交互作用对于任何心理疾病率具有边缘显著的正向影响（$t = 1.689$，$p = 0.099 < 0.1$），即外向性与任何心理疾病率的关系显著受到集体主义文化的调节。③对于抑郁症率，集体主义与神经质的交互作用对于抑郁症率具有显著的负向影响（$t = -2.403$，$p = 0.021 < 0.05$），即神经质与抑郁症率的关系显著受到集体主义文化的调节。

表 5.5　大五人格和集体主义预测心理疾病

因变量	人格	模型 1（基准模型）		模型 2（加入交互项）			
		人格(t)	p	人格(t)	p	人格 × 环境(t)	p
酒精依赖症率	外向性	− 0.224	0.824	− 1.391	0.172	− 2.118 *	0.040
	宜人性	− 0.201	0.842	− 0.517	0.608	− 0.877	0.386
	尽责性	− 0.698	0.489	− 0.650	0.519	− 2.323 *	0.025
	神经质	1.095	0.280	1.137	0.262	0.478	0.635
	开放性	− 0.923	0.362	− 1.282	0.207	− 1.014	0.317
非法药品依赖率	外向性	− 1.724 †	0.092	− 1.394	0.171	0.017	0.986
	宜人性	− 1.132	0.264	− 0.971	0.337	0.168	0.867
	尽责性	− 0.974	0.335	− 1.053	0.299	1.657	0.105
	神经质	0.251	0.803	0.255	0.800	0.074	0.941
	开放性	0.856	0.397	0.264	0.793	− 1.108	0.274
严重心理疾病率	外向性	− 2.148 *	0.038	− 1.312	0.197	0.797	0.430
	宜人性	− 0.291	0.772	0.010	0.992	0.734	0.467
	尽责性	− 1.633	0.110	− 1.674	0.102	1.087	0.284
	神经质	1.196	0.238	1.001	0.323	− 1.642	0.108
	开放性	1.271	0.211	0.604	0.549	− 1.182	0.244
任何心理疾病率	外向性	− 3.043 **	0.004	− 1.608	0.115	1.689 †	0.099
	宜人性	− 1.496	0.142	− 0.835	0.409	1.508	0.139
	尽责性	− 3.202 **	0.003	− 3.241 **	0.002	1.044	0.303
	神经质	0.709	0.482	0.479	0.635	− 1.943 †	0.059
	开放性	2.037 *	0.048	0.847	0.402	− 2.357 *	0.023
强自杀念头率	外向性	− 1.619	0.113	− 1.109	0.274	0.374	0.710
	宜人性	− 0.586	0.561	− 0.308	0.759	0.607	0.548
	尽责性	− 2.624 *	0.012	− 2.592 *	0.013	0.032	0.975
	神经质	1.675	0.101	1.578	0.122	− 0.547	0.587
	开放性	1.011	0.318	0.224	0.824	− 1.529	0.134
抑郁症率	外向性	− 2.472 *	0.018	− 1.296	0.202	1.346	0.186
	宜人性	− 1.289	0.204	− 0.790	0.434	1.071	0.290
	尽责性	− 2.563 *	0.014	− 2.656 *	0.011	1.525	0.135
	神经质	1.086	0.284	0.830	0.411	− 2.403 *	0.021
	开放性	0.948	0.348	0.190	0.850	− 1.475	0.148

（四）物质滥用和健康行为

在物质滥用和健康行为方面，大五人格与集体主义交互效应检验结果详见表5.6。具体而言，①对于非法药品使用率，集体主义与开放性的交互作用对于非法药品使用率具有非常显著的负向影响（$t = -3.146$，$p = 0.003 < 0.01$），即开放性与非法药品使用率的正相关关系显著受到集体主义文化的调节。②对于大麻使用率，集体主义与开放性的交互作用对于大麻使用率具有非常显著的负向影响（$t = -3.066$，$p = 0.004 < 0.01$），即开放性与大麻使用率的正相关关系显著受到集体主义文化的调节。③对于可卡因使用率，集体主义与开放性的交互作用对于可卡因使用率具有边缘显著的负向影响（$t = -1.756$，$p = 0.087 < 0.1$），即开放性与可卡因使用率的正相关关系显著受到集体主义文化的调节。④对于过度饮酒率，集体主义与外向性的交互作用对于过度饮酒率具有显著的负向影响（$t = -2.218$，$p = 0.032 < 0.05$），即外向性与过度饮酒率的关系显著受到集体主义文化的调节。集体主义与尽责性的交互作用对于过度饮酒率具有边缘显著的负向影响（$t = -1.753$，$p = 0.087 < 0.1$），即尽责性与过度饮酒率的关系显著受到集体主义文化的调节。

表5.6　大五人格和集体主义预测物质滥用和健康行为

因变量	人格	模型1（基准模型）		模型2（加入交互项）			
		人格（t）	p	人格（t）	p	人格 × 环境（t）	p
非法药品使用率	外向性	−3.588***	0.001	−2.211*	0.033	1.376	0.176
	宜人性	−3.097**	0.003	−2.803**	0.008	0.076	0.940
	尽责性	−3.443**	0.001	−3.507**	0.001	1.240	0.222
	神经质	0.995	0.326	0.934	0.356	−0.327	0.745
	开放性	3.616***	0.001	2.127*	0.040	−3.146**	0.003
大麻使用率	外向性	−3.603***	0.001	−2.299*	0.027	1.217	0.230
	宜人性	−3.582***	0.001	−3.374**	0.002	−0.252	0.802
	尽责性	−3.533**	0.001	−3.594***	0.001	1.217	0.231
	神经质	1.177	0.246	1.116	0.271	−0.305	0.762
	开放性	3.673***	0.001	2.201*	0.033	−3.066**	0.004

（续上表）

因变量	人格	模型1（基准模型）		模型2（加入交互项）			
		人格（t）	p	人格（t）	p	人格×环境（t）	p
可卡因使用率	外向性	− 1.664	0.104	− 0.571	0.571	1.446	0.156
	宜人性	− 1.214	0.232	− 0.672	0.505	1.206	0.235
	尽责性	− 0.265	0.792	− 0.296	0.769	0.882	0.383
	神经质	0.391	0.698	0.472	0.639	0.683	0.498
	开放性	2.773 **	0.008	1.739 †	0.089	− 1.756 †	0.087
止痛药滥用率	外向性	− 2.827 **	0.007	− 2.706 **	0.010	− 0.689	0.495
	宜人性	− 1.127	0.266	− 1.630	0.111	− 1.509	0.139
	尽责性	− 1.281	0.207	− 1.301	0.200	0.775	0.443
	神经质	− 1.000	0.323	− 0.981	0.332	− 0.009	0.993
	开放性	0.734	0.467	0.170	0.866	− 1.075	0.289
过度饮酒率	外向性	2.965 **	0.005	1.300	0.201	− 2.218 *	0.032
	宜人性	1.201	0.236	0.510	0.613	− 1.647	0.107
	尽责性	0.391	0.698	0.462	0.646	− 1.753 †	0.087
	神经质	1.391	0.172	1.523	0.135	1.098	0.279
	开放性	− 3.134 **	0.003	− 2.725 **	0.009	0.081	0.936
烟草使用率	外向性	0.380	0.706	0.199	0.843	− 0.195	0.846
	宜人性	0.199	0.843	0.524	0.603	0.898	0.374
	尽责性	0.116	0.908	0.099	0.922	0.473	0.639
	神经质	1.284	0.206	1.472	0.149	1.434	0.159
	开放性	− 2.315 *	0.026	− 2.265 *	0.029	− 0.484	0.631
吸烟率	外向性	0.986	0.330	0.357	0.723	− 0.799	0.429
	宜人性	0.578	0.566	0.638	0.527	0.286	0.776
	尽责性	0.677	0.502	0.665	0.510	0.114	0.910
	神经质	1.015	0.316	1.139	0.261	1.033	0.308
	开放性	− 2.723 **	0.009	− 2.335 *	0.025	0.145	0.885

三、松—紧文化对人格与健康的调节

（一）幸福感

在幸福感方面，大五人格与松—紧文化交互效应检验结果详见表5.7。具体而言，①对于情绪健康幸福感，松—紧文化与尽责性的交互作用对于情绪健康幸福感具有边缘显著的负向影响（$t = -1.766$，$p = 0.085 < 0.1$），即尽责性与情绪健康幸福感的正相关关系显著受到松—紧文化的调节。②对于工作环境幸福感，松—紧文化与宜人性的交互作用对于工作环境幸福感具有边缘显著的负向影响（$t = -1.959$，$p = 0.057 < 0.1$），即宜人性与工作环境幸福感的正相关关系显著受到松—紧文化的调节。③对于基本需要幸福感，松—紧文化与宜人性的交互作用对于基本需要幸福感具有边缘显著的负向影响（$t = -1.697$，$p = 0.097 < 0.1$），即宜人性与基本需要幸福感的关系显著受到松—紧文化的调节。④对于 Twitter 幸福感，松—紧文化与神经质的交互作用对于 Twitter 幸福感具有边缘显著的负向影响（$t = -1.755$，$p = 0.087 < 0.1$），即神经质与 Twitter 幸福感的关系显著受到松—紧文化的调节。

表5.7　大五人格和松—紧文化预测幸福感

因变量	人格	模型1（基准模型）		模型2（加入交互项）			
		人格（t）	p	人格（t）	p	人格 × 环境（t）	p
Gallup 总体幸福感	外向性	2.382*	0.022	2.423*	0.020	0.633	0.530
	宜人性	2.898**	0.006	2.427*	0.020	-1.353	0.183
	尽责性	2.977**	0.005	3.030**	0.004	-1.600	0.117
	神经质	-2.965**	0.005	-3.032**	0.004	-1.087	0.283
	开放性	0.347	0.730	0.402	0.690	0.391	0.698
生活评价幸福感	外向性	1.117	0.270	1.705†	0.096	1.659	0.105
	宜人性	1.156	0.254	1.029	0.309	-0.239	0.813
	尽责性	2.791**	0.008	2.809**	0.008	-1.262	0.214
	神经质	-2.731**	0.009	-2.708**	0.010	-0.220	0.827
	开放性	1.361	0.181	1.426	0.161	0.582	0.564

（续上表）

因变量	人格	模型1（基准模型）		模型2（加入交互项）			
		人格(t)	p	人格(t)	p	人格 × 环境(t)	p
情绪健康幸福感	外向性	2.863**	0.007	2.998**	0.005	0.941	0.352
	宜人性	1.852†	0.071	1.698†	0.097	−0.210	0.835
	尽责性	3.256**	0.002	3.335**	0.002	−1.766†	0.085
	神经质	−2.682*	0.010	−2.664*	0.011	−0.279	0.781
	开放性	−1.099	0.278	−1.080	0.287	−0.048	0.962
工作环境幸福感	外向性	1.579	0.122	1.367	0.179	−0.166	0.869
	宜人性	3.452**	0.001	2.871**	0.006	−1.959†	0.057
	尽责性	1.386	0.173	1.381	0.175	−0.847	0.402
	神经质	−1.800†	0.079	−1.818†	0.076	−0.594	0.556
	开放性	−0.376	0.709	−0.410	0.684	−0.269	0.789
身体健康幸福感	外向性	2.943**	0.005	2.717**	0.010	0.121	0.904
	宜人性	1.870†	0.068	1.870†	0.069	0.338	0.737
	尽责性	2.813**	0.007	2.795**	0.008	−0.699	0.488
	神经质	−1.293	0.203	−1.385	0.174	−1.358	0.182
	开放性	−0.153	0.879	−0.061	0.951	0.553	0.583
健康行为幸福感	外向性	−0.797	0.430	−0.450	0.655	0.697	0.490
	宜人性	−0.064	0.949	−0.228	0.820	−0.595	0.555
	尽责性	0.875	0.387	0.865	0.392	−0.291	0.772
	神经质	−2.091*	0.043	−2.109*	0.041	−0.626	0.535
	开放性	2.552*	0.014	2.427*	0.020	−0.413	0.682
基本需要幸福感	外向性	2.164*	0.036	1.570	0.124	−1.054	0.298
	宜人性	1.911†	0.063	1.396	0.170	−1.697†	0.097
	尽责性	0.188	0.851	0.187	0.852	−1.072	0.290
	神经质	0.198	0.844	0.133	0.895	−1.080	0.286
	开放性	−1.851†	0.071	−1.624	0.112	1.383	0.174
Twitter 幸福感	外向性	−1.097	0.279	−1.488	0.144	−1.199	0.238
	宜人性	0.563	0.577	0.188	0.852	−1.263	0.214
	尽责性	−0.238	0.813	−0.236	0.815	0.700	0.488
	神经质	−0.386	0.702	−0.500	0.620	−1.755†	0.087
	开放性	1.281	0.207	1.242	0.221	−0.044	0.965

（二）寿命/死亡率

在寿命/死亡率方面，大五人格与松—紧文化交互效应检验结果详见表5.8。具体而言，①对于预期寿命，松—紧文化与神经质的交互作用对于预期寿命具有边缘显著的负向影响（$t = -1.735$，$p = 0.090 < 0.1$），即神经质与预期寿命的关系显著受到松—紧文化的调节。②对于总死亡率，松—紧文化与神经质的交互作用对于总死亡率具有显著的正向影响（$t = 2.070$，$p = 0.045 < 0.5$），即神经质与总死亡率的正相关关系显著受到松—紧文化的调节。松—紧文化与宜人性的交互作用对于总死亡率具有边缘显著的正向影响（$t = 1.940$，$p = 0.059 < 0.1$），即宜人性与总死亡率的关系显著受到松—紧文化的调节。松—紧文化与开放性的交互作用对于总死亡率具有边缘显著的负向影响（$t = -1.829$，$p = 0.075 < 0.1$），即开放性与总死亡率的关系显著受到松—紧文化的调节。③对于恶性肿瘤死亡率，松—紧文化与神经质的交互作用对于恶性肿瘤死亡率具有显著的正向影响（$t = 2.554$，$p = 0.014 < 0.05$），即神经质与恶性肿瘤死亡率的正相关关系显著受到松—紧文化的调节。松—紧文化与宜人性的交互作用对于恶性肿瘤死亡率具有显著的正向影响（$t = 2.126$，$p = 0.040 < 0.05$），即宜人性与恶性肿瘤死亡率的关系显著受到松—紧文化的调节。松—紧文化与尽责性的交互作用对于恶性肿瘤死亡率具有边缘显著的正向影响（$t = 1.958$，$p = 0.057 < 0.1$），即尽责性与恶性肿瘤死亡率的负相关关系显著受到松—紧文化的调节。④对于帕金森症死亡率，松—紧文化与尽责性的交互作用对于帕金森症死亡率具有边缘显著的正向影响（$t = 1.919$，$p = 0.062 < 0.1$），即尽责性与帕金森症死亡率的关系显著受到松—紧文化的调节。⑤对于阿尔茨海默症死亡率，松—紧文化与神经质的交互作用对于阿尔茨海默症死亡率具有显著的正向影响（$t = 2.728$，$p = 0.009 < 0.01$），即神经质与阿尔茨海默症死亡率的负相关关系显著受到松—紧文化的调节。松—紧文化与外向性的交互作用对于阿尔茨海默症死亡率具有显著的正向影响（$t = 2.344$，$p = 0.024 < 0.05$），即外向性与阿尔茨海默症死亡率的关系显著受到松—紧文化的调节。松—紧文化与开放性的交互作用对于阿尔茨海默症死亡率具有显著的负向影响（$t = -2.166$，$p = 0.036 < 0.05$），即开放性与阿尔茨海默症死亡率的关系显著受到松—紧文化的调节。⑥对于心脏病死亡率，松—紧文化与开放性的交互作用对于心脏病死亡率具有显著的正向影响（$t = -2.415$，$p = 0.020 < 0.05$），即开放性与心脏病死亡率的

关系显著受到松—紧文化的调节。⑦对于高血压死亡率，松—紧文化与外向性的交互作用对于高血压死亡率具有极其显著的正向影响（$t = 3.462$，$p = 0.001$），即外向性与高血压死亡率的正相关关系显著受到松—紧文化的调节。松—紧文化与开放性的交互作用对于高血压死亡率具有极其显著的负向影响（$t = -2.879$，$p = 0.006 < 0.01$），即开放性与高血压死亡率的关系显著受到松—紧文化的调节。松—紧文化与神经质的交互作用对于高血压死亡率具有显著的正向影响（$t = 2.071$，$p = 0.045 < 0.05$），即神经质与高血压死亡率的关系显著受到松—紧文化的调节。⑧对于脑血管病死亡率，松—紧文化与神经质的交互作用对于脑血管病死亡率具有显著的正向影响（$t = 2.473$，$p = 0.019 < 0.05$），即神经质与脑血管病死亡率的关系显著受到松—紧文化的调节。⑨对于慢下呼吸道死亡率，松—紧文化与开放性的交互作用对于慢下呼吸道死亡率具有边缘显著的负向影响（$t = -1.841$，$p = 0.073 < 0.1$），即开放性与慢下呼吸道死亡率的关系显著受到松—紧文化的调节。⑩对于机动车事故死亡率，松—紧文化与开放性的交互作用对于机动车事故死亡率具有边缘显著的负向影响（$t = -1.927$，$p = 0.061 < 0.1$），即开放性与机动车事故死亡率的关系显著受到松—紧文化的调节。

表5.8　大五人格和松—紧文化预测寿命/死亡率

因变量	人格	模型1（基准模型）		模型2（加入交互项）			
		人格（t）	p	人格（t）	p	人格 × 环境（t）	p
预期寿命	外向性	2.706^{**}	0.010	2.287^{*}	0.027	-0.435	0.666
	宜人性	2.835^{**}	0.007	2.350^{*}	0.024	-1.437	0.158
	尽责性	1.358	0.182	1.343	0.187	-0.290	0.773
	神经质	-0.626	0.535	-0.744	0.461	$-1.735^{\dagger}$	0.090
	开放性	-0.879	0.385	-0.646	0.522	1.444	0.156
总死亡率	外向性	-2.098^{*}	0.042	-1.627	0.111	0.724	0.473
	宜人性	-1.513	0.138	-0.953	0.346	$1.940^{\dagger}$	0.059
	尽责性	-2.025^{*}	0.049	-2.029^{*}	0.049	1.115	0.271
	神经质	1.536	0.132	$1.716^{\dagger}$	0.094	2.070^{*}	0.045
	开放性	0.679	0.501	0.395	0.695	$-1.829^{\dagger}$	0.075

（续上表）

因变量	人格	模型1（基准模型）		模型2（加入交互项）			
		人格（t）	p	人格（t）	p	人格 × 环境（t）	p
恶性肿瘤死亡率	外向性	−1.243	0.221	−1.031	0.309	0.244	0.809
	宜人性	−1.683†	0.100	−1.082	0.286	2.126*	0.040
	尽责性	−2.502*	0.016	−2.582*	0.013	1.958†	0.057
	神经质	2.125*	0.039	2.410*	0.021	2.554*	0.014
	开放性	−0.617	0.541	−0.645	0.522	−0.269	0.789
糖尿病死亡率	外向性	0.416	0.679	0.962	0.342	1.448	0.155
	宜人性	1.808†	0.078	2.148*	0.038	1.396	0.170
	尽责性	1.307	0.198	1.301	0.201	0.753	0.456
	神经质	0.513	0.611	0.597	0.554	1.332	0.190
	开放性	−0.041	0.968	−0.117	0.907	−0.481	0.633
帕金森症死亡率	外向性	0.218	0.828	0.663	0.511	1.163	0.251
	宜人性	−0.684	0.498	−0.217	0.829	1.602	0.117
	尽责性	0.054	0.957	0.058	0.954	1.919†	0.062
	神经质	−1.200	0.237	−1.221	0.229	−0.551	0.585
	开放性	−0.094	0.926	−0.037	0.971	0.337	0.738
阿尔茨海默症 死亡率	外向性	0.040	0.968	0.969	0.338	2.344*	0.024
	宜人性	3.432**	0.001	3.290**	0.002	0.126	0.900
	尽责性	1.541	0.131	1.523	0.135	−0.209	0.836
	神经质	−2.859**	0.007	−2.901**	0.006	2.728**	0.009
	开放性	0.546	0.588	0.214	0.832	−2.166*	0.036
心脏病死亡率	外向性	−0.688	0.495	−0.492	0.625	0.334	0.740
	宜人性	−0.604	0.549	−0.150	0.881	1.561	0.126
	尽责性	−1.726†	0.092	−1.709†	0.095	0.442	0.661
	神经质	1.314	0.196	1.327	0.192	0.470	0.641
	开放性	0.017	0.986	−0.370	0.713	−2.415*	0.020
高血压死亡率	外向性	1.046	0.301	2.453*	0.019	3.462**	0.001
	宜人性	2.770**	0.008	3.141**	0.003	1.556	0.127
	尽责性	1.807†	0.078	1.787†	0.081	0.231	0.818
	神经质	−1.555	0.128	−1.487	0.145	2.071*	0.045
	开放性	0.649	0.520	0.231	0.819	−2.879**	0.006

（续上表）

因变量	人格	模型1（基准模型）		模型2（加入交互项）			
		人格(t)	p	人格(t)	p	人格×环境(t)	p
脑血管病死亡率	外向性	−1.265	0.213	−0.908	0.369	0.617	0.541
	宜人性	−0.516	0.609	−0.601	0.551	−0.396	0.694
	尽责性	−0.923	0.361	−0.912	0.367	0.104	0.918
	神经质	−1.334	0.189	−1.262	0.214	2.437*	0.019
	开放性	1.555	0.127	1.387	0.173	−0.898	0.375
流感类死亡率	外向性	−0.288	0.775	−0.656	0.515	−0.988	0.329
	宜人性	−0.246	0.807	−0.149	0.882	0.300	0.765
	尽责性	−0.785	0.437	−0.776	0.442	−0.014	0.989
	神经质	2.122*	0.040	2.082*	0.044	−0.197	0.845
	开放性	−0.101	0.920	−0.157	0.876	−0.364	0.717
慢下呼吸道死亡率	外向性	−2.777**	0.008	−2.788**	0.008	−0.647	0.521
	宜人性	−1.966†	0.056	−1.821†	0.076	0.152	0.880
	尽责性	−0.783	0.438	−0.774	0.443	0.197	0.845
	神经质	0.546	0.588	0.629	0.533	1.314	0.196
	开放性	0.512	0.611	0.224	0.824	−1.841†	0.073
肝病死亡率	外向性	−1.467	0.150	−1.369	0.178	−0.099	0.922
	宜人性	−0.370	0.714	−0.462	0.647	−0.393	0.697
	尽责性	2.032*	0.049	2.029*	0.049	−0.969	0.338
	神经质	−1.754†	0.087	−1.747†	0.088	−0.259	0.797
	开放性	1.050	0.300	0.867	0.391	−1.063	0.294
肾病死亡率	外向性	0.907	0.369	0.507	0.615	−0.813	0.421
	宜人性	−0.521	0.605	−0.371	0.713	0.441	0.662
	尽责性	−0.584	0.563	−0.577	0.567	0.043	0.966
	神经质	2.382*	0.022	2.425*	0.020	0.885	0.381
	开放性	−0.760	0.451	−0.624	0.536	0.763	0.450
事故导致死亡率	外向性	−2.025*	0.049	−2.109*	0.041	−0.660	0.513
	宜人性	−1.440	0.157	−0.978	0.334	1.508	0.139
	尽责性	−0.734	0.467	−0.736	0.466	1.184	0.243
	神经质	1.482	0.146	1.482	0.146	0.307	0.760
	开放性	0.260	0.796	0.259	0.797	0.032	0.974

（续上表）

因变量	人格	模型1（基准模型）		模型2（加入交互项）			
		人格（t）	p	人格（t）	p	人格×环境（t）	p
机动车事故死亡率	外向性	−0.186	0.853	0.030	0.976	0.503	0.618
	宜人性	0.115	0.909	0.024	0.981	−0.304	0.763
	尽责性	1.038	0.305	1.048	0.301	−1.388	0.172
	神经质	−0.750	0.458	−0.738	0.465	0.026	0.980
	开放性	−0.112	0.911	−0.424	0.674	−1.927†	0.061
自杀死亡率	外向性	−3.076**	0.004	−3.449**	0.001	−1.478	0.147
	宜人性	−4.695***	0.000	−4.366***	0.000	0.322	0.749
	尽责性	−2.012†	0.051	−1.988†	0.054	−0.116	0.908
	神经质	−0.444	0.660	−0.447	0.657	−0.158	0.876
	开放性	1.552	0.128	1.537	0.132	0.142	0.888
凶杀死亡率	外向性	−0.538	0.594	−0.390	0.699	0.188	0.852
	宜人性	−1.297	0.202	−0.954	0.346	1.271	0.211
	尽责性	0.657	0.515	0.683	0.499	−1.179	0.246
	神经质	−0.678	0.502	−0.599	0.552	1.444	0.157
	开放性	0.460	0.648	0.279	0.781	−0.691	0.493
酒精导致死亡率	外向性	−1.535	0.132	−1.190	0.241	0.521	0.605
	宜人性	−0.911	0.368	−0.698	0.489	0.601	0.551
	尽责性	1.764†	0.085	1.745†	0.088	−0.327	0.746
	神经质	−1.725†	0.092	−1.698†	0.097	0.049	0.961
	开放性	0.823	0.415	0.620	0.539	−1.227	0.227
药物导致死亡率	外向性	−2.731**	0.009	−3.176**	0.003	−1.577	0.123
	宜人性	−1.928†	0.061	−1.644	0.108	0.691	0.494
	尽责性	−1.918†	0.062	−1.919†	0.062	1.058	0.296
	神经质	2.445*	0.019	2.392*	0.021	−0.382	0.704
	开放性	0.259	0.797	0.396	0.694	0.882	0.383
枪支导致死亡率	外向性	−2.578*	0.014	−2.444*	0.019	−0.263	0.794
	宜人性	−3.471**	0.001	−2.971**	0.005	1.418	0.164
	尽责性	−0.976	0.335	−0.968	0.339	−0.478	0.635
	神经质	−0.765	0.448	−0.691	0.494	1.354	0.183
	开放性	1.427	0.161	1.272	0.210	−0.813	0.421

（三）心理疾病

在心理疾病方面，大五人格与松—紧文化交互效应检验结果详见表 5.9。具体而言，①对于非法药品依赖率，松—紧文化与神经质的交互作用对于非法药品依赖率具有边缘显著的正向影响（$t = 1.949$，$p = 0.058 < 0.1$），即神经质与非法药品依赖率关系显著受到松—紧文化的调节。②对于严重心理疾病率，松—紧文化与神经质的交互作用对于严重心理疾病率具有边缘显著的正向影响（$t = 1.902$，$p = 0.064 < 0.1$），即神经质与严重心理疾病率关系显著受到松—紧文化的调节。松—紧文化与尽责性的交互作用对于严重心理疾病率具有显著的正向影响（$t = 2.366$，$p = 0.023 < 0.05$），即尽责性与严重心理疾病率的正相关关系显著受到松—紧文化的调节。③对于抑郁症率，松—紧文化与尽责性的交互作用对于抑郁症率具有显著的正向影响（$t = 3.122$，$p = 0.003 < 0.01$），即尽责性与抑郁症率的负相关关系显著受到松—紧文化的调节。

表 5.9　大五人格和松—紧文化预测心理疾病

因变量	人格	模型1（基准模型）		模型2（加入交互项）		
		人格(t)	p	人格(t)	p	人格 × 环境(t)	p
酒精依赖症率	外向性	0.116	0.908	0.132	0.896	0.067	0.947
	宜人性	−0.136	0.892	−0.338	0.737	−0.740	0.464
	尽责性	0.125	0.901	0.123	0.902	−0.692	0.493
	神经质	0.233	0.817	0.197	0.844	−0.549	0.586
	开放性	−1.496	0.142	−1.646	0.107	−1.046	0.301
非法药品依赖率	外向性	−1.212	0.232	−0.544	0.590	1.470	0.149
	宜人性	−0.554	0.582	−0.515	0.609	0.036	0.972
	尽责性	−0.185	0.854	−0.183	0.856	−0.337	0.738
	神经质	−0.366	0.716	−0.261	0.795	1.949[†]	0.058
	开放性	0.011	0.991	−0.057	0.955	−0.425	0.673
严重心理疾病率	外向性	−2.116[*]	0.040	−1.658	0.105	0.687	0.496
	宜人性	−0.093	0.926	0.205	0.839	1.044	0.303
	尽责性	−1.703[†]	0.096	−1.791[†]	0.081	2.366[*]	0.023
	神经质	1.241	0.222	1.390	0.172	1.902[†]	0.064
	开放性	1.219	0.230	1.169	0.249	−0.121	0.904

（续上表）

因变量	人格	模型1（基准模型）		模型2（加入交互项）			
		人格(t)	p	人格(t)	p	人格×环境(t)	p
任何心理疾病率	外向性	-2.621^*	0.012	-2.111^*	0.041	0.706	0.484
	宜人性	-0.928	0.359	-0.761	0.451	0.428	0.671
	尽责性	-2.772^{**}	0.008	-2.826^{**}	0.007	1.647	0.107
	神经质	0.339	0.736	0.398	0.693	0.994	0.326
	开放性	1.430	0.160	1.305	0.199	-0.594	0.556
强自杀念头率	外向性	-1.132	0.264	-1.344	0.186	-0.781	0.439
	宜人性	0.148	0.883	0.055	0.956	-0.304	0.763
	尽责性	-2.276^*	0.028	-2.265^*	0.029	0.784	0.438
	神经质	1.529	0.134	1.641	0.108	1.518	0.137
	开放性	0.313	0.756	0.492	0.625	1.133	0.264
抑郁症率	外向性	-2.364^*	0.023	-2.029^*	0.049	0.294	0.770
	宜人性	-0.981	0.332	-0.662	0.511	0.988	0.329
	尽责性	-2.765^{**}	0.008	-3.036^{**}	0.004	3.122^{**}	0.003
	神经质	1.234	0.224	1.280	0.208	0.868	0.391
	开放性	0.803	0.427	0.869	0.390	0.521	0.605

（四）物质滥用和健康行为

在物质滥用和健康行为的检验结果方面，大五人格与松—紧文化环境的交互效应检验结果详见表5.10。具体而言，①对于非法药品使用率，松—紧文化与外向性的交互作用对于非法药品使用率具有边缘显著的正向影响（$t=1.897$，$p=0.065<0.1$），即外向性与非法药品使用率的负相关关系显著受到松—紧文化的调节作用。松—紧文化环境与神经质的交互作用对于非法药品使用率具有边缘显著的正向影响（$t=1.823$，$p=0.076<0.1$），即神经质与非法药品使用率的关系显著受到了松—紧文化环境的调节。②对于止痛药滥用率，松—紧文化与开放性的交互作用对于止痛药滥用率具有边缘显著的负向影响（$t=-1.745$，$p=0.088<0.1$），即开放性与止痛药滥用率的关系显著受到松—紧文化的调节。③对于烟草使用率，松—紧文化与神经质的交互作用对于烟草使用率具有显著的正向影响（$t=2.370$，$p=0.023<0.05$），即神经质与烟草使用率

的正相关关系显著受到松—紧文化的调节。④对于吸烟率，松—紧文化与神经质的交互作用对于吸烟率具有边缘显著的正向影响（$t = 1.838$，$p = 0.073 < 0.1$），即神经质与吸烟率的正相关关系显著受到松—紧文化的调节。

表 5.10　大五人格和松—紧文化预测物质滥用和健康行为

因变量	人格	模型 1（基准模型）		模型 2（加入交互项）			
		人格(t)	p	人格(t)	p	人格 × 环境(t)	p
非法药品使用率	外向性	− 2.646 *	0.011	− 1.750 †	0.088	1.897 †	0.065
	宜人性	− 2.246 *	0.030	− 1.905 †	0.064	0.864	0.392
	尽责性	− 1.674	0.102	− 1.674	0.102	1.033	0.308
	神经质	− 0.564	0.576	− 0.469	0.642	1.823 †	0.076
	开放性	2.029 *	0.049	1.856 †	0.071	− 0.875	0.387
大麻使用率	外向性	− 2.653 *	0.011	− 1.972 †	0.055	1.200	0.237
	宜人性	− 2.745 **	0.009	− 2.363 *	0.023	0.954	0.346
	尽责性	− 1.672	0.102	− 1.669	0.103	0.952	0.347
	神经质	− 0.465	0.644	− 0.388	0.700	1.362	0.181
	开放性	1.977 †	0.055	1.894 †	0.065	− 0.222	0.825
可卡因使用率	外向性	− 0.888	0.380	− 0.528	0.600	0.710	0.482
	宜人性	− 0.276	0.784	− 0.125	0.901	0.489	0.627
	尽责性	1.020	0.314	1.008	0.319	0.110	0.913
	神经质	− 0.421	0.676	− 0.364	0.717	0.915	0.365
	开放性	1.681	0.100	1.588	0.120	− 0.333	0.741
止痛药滥用率	外向性	− 2.849 **	0.007	− 2.365 *	0.023	0.577	0.567
	宜人性	− 1.239	0.222	− 1.285	0.206	− 0.385	0.702
	尽责性	− 1.102	0.277	− 1.089	0.282	− 0.071	0.944
	神经质	− 1.328	0.191	− 1.255	0.217	1.578	0.122
	开放性	0.704	0.485	0.431	0.669	− 1.745 †	0.088
过度饮酒率	外向性	2.731 **	0.009	2.270 *	0.029	− 0.544	0.590
	宜人性	0.767	0.447	0.589	0.559	− 0.499	0.621
	尽责性	0.364	0.717	0.369	0.714	− 1.581	0.121
	神经质	1.244	0.220	1.200	0.237	− 0.520	0.606
	开放性	− 2.987 **	0.005	− 2.880 **	0.006	0.213	0.833

（续上表）

因变量	人格	模型1（基准模型）		模型2（加入交互项）			
		人格(t)	p	人格(t)	p	人格×环境(t)	p
烟草使用率	外向性	-0.774	0.443	-0.812	0.421	-0.275	0.785
	宜人性	-1.431	0.160	-1.112	0.272	0.916	0.365
	尽责性	-1.125	0.267	-1.112	0.273	-0.096	0.924
	神经质	1.972[†]	0.055	2.216*	0.032	2.370*	0.023
	开放性	-0.677	0.502	-0.788	0.435	-0.765	0.449
吸烟率	外向性	-0.075	0.940	-0.349	0.729	-0.705	0.485
	宜人性	-0.919	0.363	-0.545	0.589	1.216	0.231
	尽责性	-0.441	0.662	-0.435	0.666	0.016	0.988
	神经质	1.663	0.104	1.816[†]	0.077	1.838[†]	0.073
	开放性	-1.162	0.252	-1.310	0.197	-1.012	0.317

第四节　讨　论

一、外向性与文化环境的亲和性

集体主义、松—紧文化文化环境变量分别对外向性与各健康结果变量关系的调节作用检验结果汇总如图5.1所示。图中数值均为调节效应检验中，人格特质与文化环境变量的交互项的 t 值。t 值的绝对值越大，表示该调节效应越显著。对于幸福感类健康指标和预期寿命（正向反映健康状况的因变量），若 t 值显著为正，则意味着该文化环境对于人格特质与健康指标之间的关系存在显著的正调节作用，即积极的健康亲和性；若 t 值显著为负，则意味着该文化环境对于人格特质与健康指标之间的关系存在显著的负调节作用，即消极的健康亲和性。对于死亡率、心理疾病、物质滥用和健康行为类健康指标（反向反映健康状况的因变量)，若 t 值显著为正，则意味着该文化环境对于人格特质与健康指标之间的关系存在显著的正调节作用，即消极的健康亲和性；若 t 值显著为负，则意味着该文化环境对于人格特质与健康指标之间的关系存在显著的负调节作用，即积极的健康亲和性。

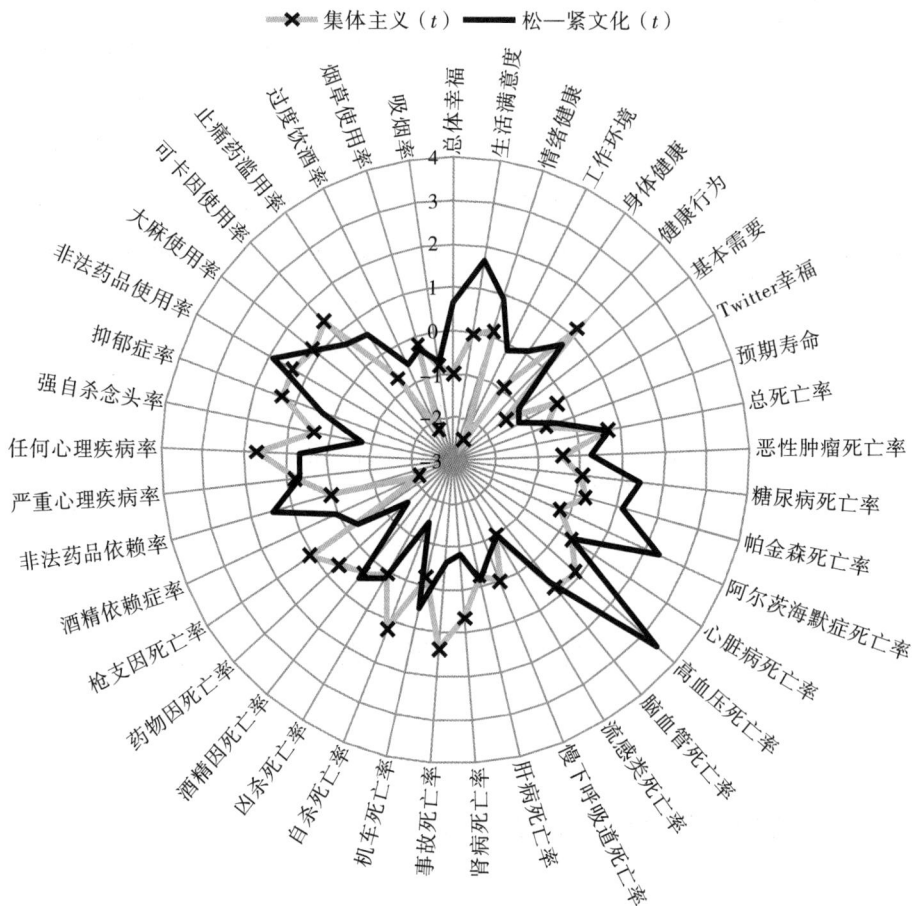

图5.1　外向性与集体主义、松—紧文化的交互结果图

（一）外向性与集体主义文化

集体主义与外向性的组合在酒精依赖症率、过度饮酒率上表现出了显著、积极的亲和性，在工作环境幸福感、任何心理疾病率上表现出了显著、消极的亲和性。在积极亲和性结果中，在不考虑与集体主义文化交互项的模型1中，外向性越高，过度饮酒问题越严重（$t = 2.965$，$p < 0.01$）。在加入了与集体主义文化的

交互项后，外向性对过度饮酒率的主效应不再显著，但交互项对于过度饮酒率有显著的负向影响（$t = -2.218$，$p < 0.05$）。因此，一方面，集体主义文化程度越高，外向性导致过度饮酒率的消极影响越弱，或者说外向性降低过度饮酒率的保护作用越强。这意味着集体主义文化对于外向性在过度饮酒的健康风险上具有缓冲、保护作用。在酒精依赖症率上，外向性对酒精依赖症率的主效应不显著，但外向性与集体主义的交互项则显著为负向影响（$t = -2.118$，$p < 0.05$）。这说明集体主义文化越高，外向性降低酒精依赖症健康风险的保护作用越强。已有的研究证据（包括个体水平、区域水平）普遍发现外向性越高，饮酒越多（Walton & Roberts，2004；Rentfrow et al.，2008），即外向性存在饮酒问题相关的健康风险。而另一方面，Vandello 和 Cohen（1999）的研究发现美国州水平的集体主义与过度饮酒率呈负相关，即集体主义可以降低饮酒带来的健康风险。但已有的研究并没有直接探讨人格与集体主义文化对于饮酒相关的健康问题的共同作用。本研究则首次基于人格与环境亲和性假说，证实了高集体主义文化有利于削弱外向性在过度饮酒、酒精依赖症方面的健康风险，起到缓冲或积极的保护作用。这为区域层面制定降低过度饮酒率、酒精依赖症率方面的公共政策提供了可参考的方向，即对于高外向性的地区，可尝试通过强调集体主义文化，发挥高外向性与高集体主义组合对于降低过度饮酒率的积极作用。

在工作环境幸福感指标上，外向性对于工作环境幸福感的主效应影响不显著，但其与集体主义文化的交互项为显著负向影响作用（$t = -2.470$，$p < 0.05$）。这意味着集体主义文化程度越高，外向性降低工作环境幸福感的负面作用越强。这与 Hofstede 和 McCrae（2004）基于研究中通常揭示的外向性与个体主义文化相适应，从而推测外向性在个体主义文化和集体主义文化下的幸福感不同的假设具有一定的一致性。但本研究的结果还显示，集体主义调节外向性与其他幸福感指标关系的作用均不显著。这意味着外向性对于幸福感的影响作用，仅在工作环境幸福感方面显著依赖于集体主义文化程度。在任何心理疾病率方面，外向性与任何心理疾病率在不考虑集体主义文化程度的调节作用时呈现显著的负相关（$t = -3.043$，$p < 0.01$），即外向性越高，任何心理疾病率越低。但考虑了集体主义文化程度的调节作用后，外向性对于任何心理疾病率之间的主效应则不再显著，但仍有负向趋势（$t = -1.608$，$p = 0.115$），而外向性与集体主义文化对于任何心理疾病率则有显著的正向影响（$t = 1.689$，$p < 0.1$）。因此，相对于集体主义文化低的环境下，集体主义文化高的环境能够削

弱外向性对于任何心理疾病率的保护作用。换言之，集体主义文化程度越高，外向性降低任何心理疾病率的积极作用越弱。

综合而言，同与其他人格特质的组合相比，集体主义对外向性与各健康指标关系的调节作用达到显著的模型数量相对较少、显著程度相对较弱，即集体主义与外向性在各健康指标上的亲和性相对较弱，并且集体主义文化程度在上述显著的调节效应中积极亲和性和消极亲和性的分布较为均匀。一方面，集体主义文化越高，外向性提高过度饮酒率的负面作用越弱，降低酒精依赖症率的积极作用越强；但另一方面，集体主义越高，外向性降低工作环境幸福感的作用越强，而降低心理疾病率的积极作用则越弱。

（二）外向性与松—紧文化

松—紧文化与外向性的组合在高血压死亡率、阿尔茨海默症死亡率、非法药品使用率上表现出了显著的消极亲和性。

在高血压死亡率方面，外向性对高血压死亡率的主效应为显著正相关（$t = 2.453$，$p < 0.05$），即外向性越高，高血压死亡率越高。而外向性与松—紧文化的交互作用对高血压死亡率有显著的正向影响（$t = 3.462$，$p < 0.01$），说明外向性与高血压死亡率之间的正相关在紧文化下比松文化下更加强劲。这意味着，文化越紧，外向性增大高血压死亡率风险的负面作用越强，即紧文化增大了外向性暴露于高血压死亡率的风险。在阿尔茨海默症死亡率方面，外向性对于阿尔茨海默症死亡率的主效应不显著，但外向性与松—紧文化的交互作用对于阿尔茨海默症死亡率有显著正向影响（$t = 2.344$，$p < 0.05$）。这意味着，紧文化增大了外向性暴露于阿尔茨海默症死亡率的风险。结合简单分析结果中，松—紧文化与高血压死亡率（$r = 0.340$）、阿尔茨海默症死亡率（$r = 0.293$）存在显著的正相关，但加入控制变量后，相关均不再显著，即文化的松紧性与两种死亡率存在正相关的趋势，但并不稳健。而本研究基于人格与环境亲和性假说，则进一步厘清了特定的人格维度与松—紧文化对于健康的影响，对深入理解人格影响健康的机制具有重要意义。

在非法药品使用率方面，外向性对于非法药品使用率的主效应达到边缘显著的负向影响（$t = -1.750$，$p < 0.1$），即外向性越高，非法药品使用率越低。而外向性与松—紧文化的交互作用则为边缘显著的正向影响（$t = 1.897$，$p < 0.1$），这意味着紧文化相对于松文化显著削弱了外向性与非法药品使用率之间

的负相关，即削弱了外向性在非法药品使用率方面的保护作用。换言之，文化越紧，外向性降低非法药品使用率的积极作用越弱。

综合而言，同与其他人格特质的组合相比，松—紧文化对外向性与各健康指标关系的调节作用达到显著的模型数量较少、显著程度也较弱，即松—紧文化与外向性在各健康指标上的亲和性较弱，并且所有显著的调节作用均为消极的亲和性。文化越紧，外向性增大高血压死亡率、阿尔茨海默症死亡率风险的消极作用越强，而降低非法药品使用率的积极作用则越弱。

二、宜人性与文化环境的亲和性

集体主义、松—紧文化文化环境变量分别对宜人性与各健康结果变量关系的调节作用检验结果汇总如图 5.2 所示。

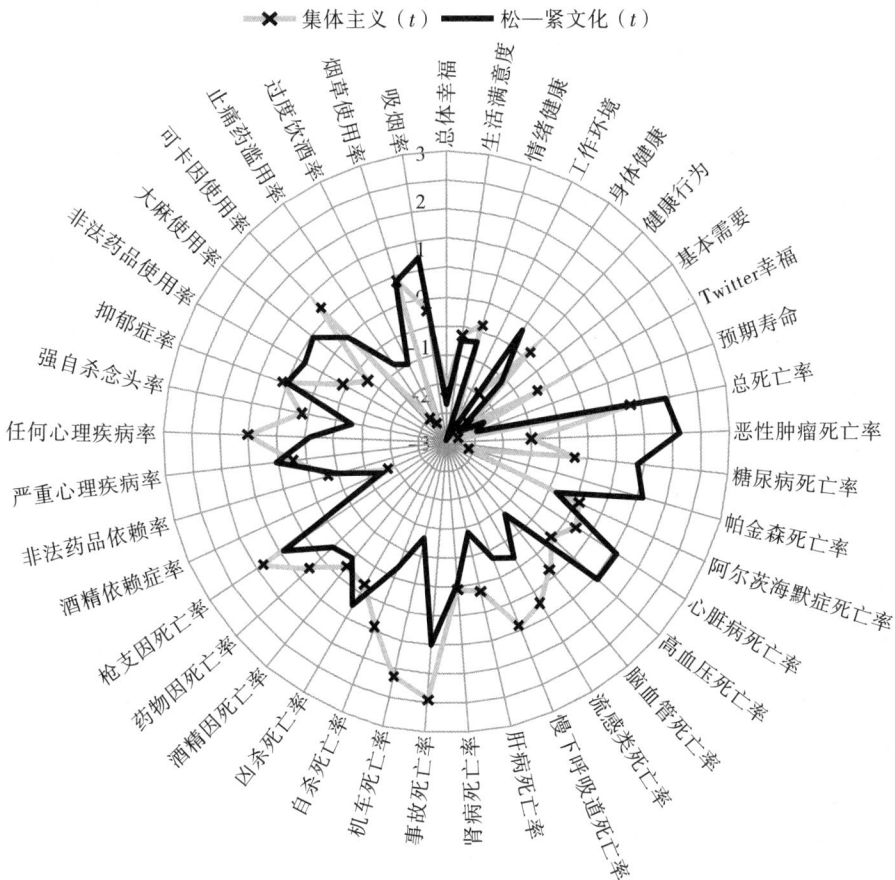

图 5.2 宜人性与集体主义、松—紧文化的交互结果图

（一）宜人性与集体主义文化

集体主义与宜人性的组合在事故导致死亡率、机动车事故死亡率、预期寿命、枪支导致死亡率的健康风险上表现出了消极的亲和性。在预期寿命方面，宜人性对于预期寿命的主效应不显著，而宜人性与集体主义的交互项则对预期寿命有显著的负向作用（$t = -1.777$，$p < 0.1$）。这意味着集体主义文化程度越高，宜人性降低预期寿命的作用越强。在意外事故死亡率方面，宜人性与事故导致死亡率的主效应不显著，而宜人性与集体主义的交互项则对事故导致死亡率有显著的正向作用（$t = 2.436$，$p < 0.05$）。这意味着集体主义程度越高，宜人性增大事故导致死亡率风险的负面作用越强。在机动车事故死亡率方面，宜人性对其有显著的正向影响（$t = 2.172$，$p < 0.05$），即宜人性越高，机动车事故死亡率越高。而宜人性与集体主义的交互作用则对机动车事故死亡率有显著正向影响（$t = 2.131$，$p < 0.05$），这意味着集体主义越高，宜人性与机动车事故死亡率之间的正相关越大，即增大了宜人性导致机动车事故死亡率的健康风险。在枪支导致死亡率方面，宜人性对其主效应不显著，但宜人性与集体主义的交互作用为正向显著（$t = 1.868$，$p < 0.1$）。这意味着集体主义程度越高，宜人性增大枪支导致死亡率风险的负面作用越强。

已有研究认为宜人性是与宗教等社会文化规范相一致的人格特质，与社会同化动机相联系（Gebauer et al.，2014a）。并且州水平的高宜人性作为居民较高水平的热情、友好、利他主义倾向的反映，在相关分析中显示与高幸福感、低自杀死亡率、药物导致死亡率、枪支导致死亡率相联系，即对健康结果变量有积极的作用。但进一步考虑集体主义程度的文化环境作用，则发现在集体主义高的文化环境显著增大了宜人性在降低预期寿命，增大事故导致死亡率、机动车事故死亡率、枪支导致死亡率健康指标上的负面作用。因此，在考虑宜人性对健康的影响作用时，进一步考虑集体主义文化特征的作用具有重要意义。尤其是在区域公共政策制定的过程中，对于高宜人性、高集体主义的文化需要注意在事故导致死亡率、机动车事故死亡率、枪支导致死亡率、预期寿命方面面临的风险。

综合而言，同与其他人格特质的组合相比，集体主义对宜人性与各健康指标关系的调节作用达到显著的模型数量较少，显著程度也较弱，即集体主义与宜人性在各健康指标上的亲和性较弱。并且所有显著的调节作用均显示为消极的亲和性（皆为寿命/死亡率指标）。集体主义文化程度越高，宜人性在降低预期寿命，增大事故导致死亡率、机动车事故死亡率、枪支导致死亡率方面的负面健康影响作用越大。

（二）宜人性与松—紧文化

松—紧文化与宜人性的组合在幸福感类健康指标的工作环境幸福感、基本需要幸福感，以及寿命/死亡率类指标的恶性肿瘤死亡率、总死亡率上均表现出了消极的亲和性。具体而言，在工作环境幸福感方面，宜人性对其主效应为非常显著的正相关（$t = 2.871$，$p < 0.01$），意味着宜人性越高，工作环境幸福感越高。但宜人性与松—紧文化的交互项显著为负，则说明文化越紧，宜人性增强工作环境幸福感的作用则越弱。这意味着，相对于松的文化环境，紧的文化环境会削弱宜人性增强工作环境幸福感的积极作用。在基本需要幸福感方面，宜人性在不考虑松—紧文化的调节作用时，对于基本需要幸福感也有积极的促进作用。在加入与松—紧文化的交互项后，宜人性的主效应虽然不再显著，但仍然有正向影响的趋势。并且宜人性与松—紧文化的交互作用能显著负向影响基本需要幸福感，说明文化越紧，宜人性与基本需要幸福感的正相关显著被削弱。这意味着，相对于松的文化环境，紧的文化环境会削弱宜人性增强基本需要幸福感的积极作用。在恶性肿瘤死亡率方面，宜人性对其主效应虽然不显著，但有负向影响的趋势。而宜人性与松—紧文化的交互项显著为正，说明文化越松，宜人性对于降低恶性肿瘤死亡率的影响作用越强。这意味着紧文化相对于松文化，对于削弱宜人性降低恶性肿瘤死亡率的健康风险具有消极作用。在总死亡率方面，宜人性对其主效应不显著，但宜人性与松—紧文化的交互项呈边缘显著的正向影响。这说明文化越紧，宜人性导致总死亡率的风险越高，即紧文化在增大宜人性暴露于总死亡率的健康风险方面有显著的作用。

综合而言，同与其他人格特质的组合相比，松—紧文化对宜人性与各健康指标关系的调节作用达到显著的模型数量较少，显著程度也较弱，即松—紧文化与宜人性在各健康指标上的亲和性较弱，并且所有显著的调节作用均显示为消极的亲和性。文化越紧，宜人性在降低恶性肿瘤死亡率，促进工作环境幸福感、基本需要幸福感的积极作用越弱，同时宜人性增大总死亡率健康风险的负面作用越大。

三、尽责性与文化环境的亲和性

集体主义、松—紧文化文化环境变量分别对尽责性与各健康结果变量关系的调节作用检验结果汇总如图 5.3 所示。

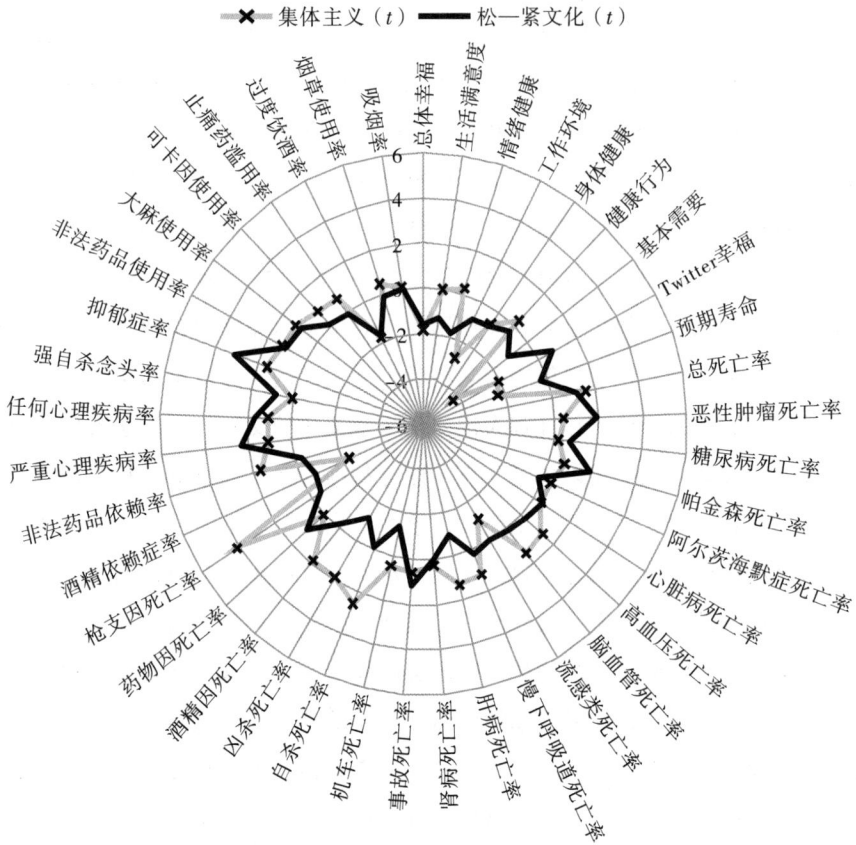

图 5.3　尽责性与集体主义、松—紧文化的交互结果图

（一）尽责性与集体主义文化

集体主义与尽责性的组合在酒精依赖症率、过度饮酒率上表现出了积极的亲和性，在基本需要幸福感、枪支导致死亡率、工作环境幸福感、Twitter 幸福感、预期寿命、自杀死亡率、凶杀死亡率、酒精导致死亡率、Gallup 总体幸福感上则表现出了消极的亲和性。

在积极亲和性结果中，尽责性对于酒精依赖症率的主效应不显著，但尽责性与集体主义文化的交互作用显著为负（$t = -2.323$，$p < 0.05$），即集体主义文化程度越高，尽责性降低酒精依赖症率的积极作用越强。这意味着高集体主义文化环境，有利于增强尽责性对降低酒精依赖症率健康风险的保护作用。在过度饮酒率健康风险方面的作用机制与之类似，尽责性对过度饮酒率的主效应影响不显著，但与集体主义的交互作用呈边缘显著的负向影响（$t = -1.753$，$p < 0.1$）。这说明集体主义文化程度越高，尽责性对于降低过度饮酒率风险的保护作用越强，即集体主义有利于发挥尽责性降低过度饮酒率健康风险的保护作用。该结果与外向性与集体主义的组合在降低过度饮酒率、酒精依赖症率方面也具有显著的积极亲和性结果具有较强的相似性。

在消极的亲和性结果中，集体主义对于尽责性与特定幸福感类健康指标，寿命/死亡率健康指标均有显著的调节作用。在幸福感方面的基本需要幸福感指标上，尽责性对其主效应不显著，但与集体主义的交互作用呈极其显著的负向影响（$t = -4.304$，$p < 0.001$）。这说明集体主义文化程度越高，尽责性降低基本需要幸福感的负面作用越强。在工作环境幸福感指标上，尽责性对其主效应不显著，但与集体主义的交互作用呈非常显著的负向影响（$t = -2.727$，$p < 0.01$）。这说明集体主义文化程度越高，尽责性降低工作环境幸福感的负面作用越强。在 Gallup 总体幸福感方面，尽责性对其主效应有显著正向影响（$t = 2.465$，$p < 0.05$），即尽责性越高，Gallup 总体幸福感越高。并且尽责性与集体主义的交互作用为显著的负向影响作用（$t = -1.836$，$p < 0.1$），说明集体主义文化程度越高，尽责性对于 Gallup 总体幸福感的促进作用越弱。这意味着集体主义文化环境对于尽责性促进 Gallup 总体幸福感有显著的削弱作用。在 Twitter 幸福感方面，尽责性对其主效应虽然有负向趋势，但并不显著。而尽责性与集体主义的交互项显著为负（$t = -2.081$，$p < 0.05$），则说明集体主义文化程度越高，尽责性降低 Twitter 幸福感的负面作用越强。

在预期寿命和死亡率指标方面，尽责性对枪支导致死亡率的主效应不显著，但尽责性与集体主义文化的交互项则对枪支导致死亡率有极其显著的正向作用（$t = 4.101$，$p < 0.001$）。这意味着集体主义文化程度越高，尽责性增大枪支导致死亡率健康风险的负面作用越强。在自杀死亡率方面，尽责性主效应呈边缘显著的负相关（$t = -1.908$，$p < 0.1$），即尽责性越高，自杀死亡率越低。但尽责性与集体主义的交互作用对自杀死亡率的影响显著为正（$t = 2.548$，$p <$

0.05），这意味着集体主义程度越高，尽责性降低自杀死亡率的积极作用越弱。或者说个体主义程度越高，尽责性降低自杀死亡率的保护作用更强，即个体主义文化环境与尽责性在自杀死亡率方面存在积极的亲和作用。在预期寿命指标上，尽责性对其主效应不显著，但尽责性与集体主义文化的交互项则有显著负向影响（$t = -2.356$，$p < 0.05$）。这意味着，集体主义文化程度越高，尽责性降低预期寿命的负面作用越强。在凶杀死亡率、酒精导致死亡率方面，尽责性分别对其主效应均不显著，但分别与集体主义的交互作用影响均显著为正。这意味着，集体主义文化程度越高，尽责性增大凶杀死亡率、酒精导致死亡率健康风险的负面作用越强。

综合而言，同与其他人格特质的组合相比，集体主义文化对尽责性与各健康指标关系的调节作用达到显著的模型数量较多、显著程度较强，即集体主义与尽责性在各健康指标上的亲和性相对较强。并且集体主义文化程度在上述显著的调节效应中既存在积极亲和性，也存在消极亲和性。一方面，集体主义程度越高，尽责性降低酒精依赖症率、过度饮酒率健康风险的积极作用越强。另一方面，集体主义程度越高，尽责性促进 Gallup 总体幸福感的积极作用越弱，而降低基本需要幸福感、工作环境幸福感、Twitter 幸福感的负面作用则越强，即对幸福感总体上的负面影响越强；并且尽责性增大枪支导致死亡率、凶杀死亡率、酒精导致死亡率健康风险，降低预期寿命的负面作用均越强，而降低自杀死亡率的积极作用越弱。

（二）尽责性与松—紧文化

松—紧文化与尽责性的组合在抑郁症率、严重心理疾病率、情绪健康幸福感、恶性肿瘤死亡率、帕金森症死亡率上表现出了消极的亲和性。在抑郁症率指标上，尽责性对其主效应显著为负向影响（$t = -3.036$，$p < 0.01$），即尽责性越高，抑郁症率越低。而尽责性与松—紧文化的交互项显著为正（$t = 3.122$，$p < 0.01$），则说明文化越紧，尽责性降低抑郁症率的积极作用越弱。在严重心理疾病率指标上，尽责性对其主效应有边缘显著的负向影响（$t = -1.791$，$p < 0.1$），即尽责性越高，严重心理疾病率越低。而尽责性与松—紧文化的交互项显著为正（$t = 2.366$，$p < 0.05$），则说明文化越紧，尽责性降低严重心理疾病率的积极作用越弱。在恶性肿瘤死亡率方面，尽责性对其主效应呈显著负相关（$t = -2.582$，$p < 0.05$），即尽责性越高，恶性肿瘤死亡率越低。该结果与已有

• • • • • •

研究普遍发现尽责性由于对健康问题较为谨慎、及时就医、遵从医嘱等，从而对于健康具有积极作用的研究证据具有较强的一致性（例如，Friedman & Kern，2014；Weston & Jackson，2015）。而尽责性与松—紧文化的交互项对恶性肿瘤死亡率有边缘显著的正向影响（$t = 1.958$，$p < 0.1$），这说明文化环境越紧，尽责性对于降低恶性肿瘤死亡率的保护作用越弱。换言之，松的文化环境更有利于尽责性发挥降低恶性肿瘤死亡率的保护作用。因此，本研究对于挖掘尽责性影响健康的作用机制具有重要意义。在帕金森症死亡率方面，尽责性对其主效应不显著，但尽责性与松—紧文化的交互项显著为正（$t = 1.919$，$p < 0.1$）。这意味着文化越紧，尽责性增大帕金森症死亡率风险的负面作用越强。在情绪健康幸福感方面，尽责性对其主效应显著为正（$t = 3.335$，$p < 0.01$），即尽责性越高，情绪健康幸福感越高。而尽责性与紧文化的交互项呈边缘显著的负向影响（$t = -1.766$，$p < 0.1$），这说明文化越紧，尽责性促进情绪健康幸福感的积极作用越弱。

综合而言，同与其他人格特质的组合相比，松—紧文化对尽责性与各健康指标关系的调节作用达到显著的模型数量相对较少，显著程度也相对较弱，即松—紧文化与尽责性在各健康指标上的亲和性较弱。并且所有显著的调节作用均显示为消极的亲和性，即文化越紧，尽责性在降低抑郁症率、严重心理疾病率、恶性肿瘤死亡率，促进情绪健康幸福感方面的积极作用均越弱，对于增大帕金森症死亡率风险的负面作用越强。

四、神经质与文化环境的亲和性

集体主义、松—紧文化文化环境变量分别对神经质与各健康结果变量关系的调节作用检验结果汇总如图 5.4 所示。

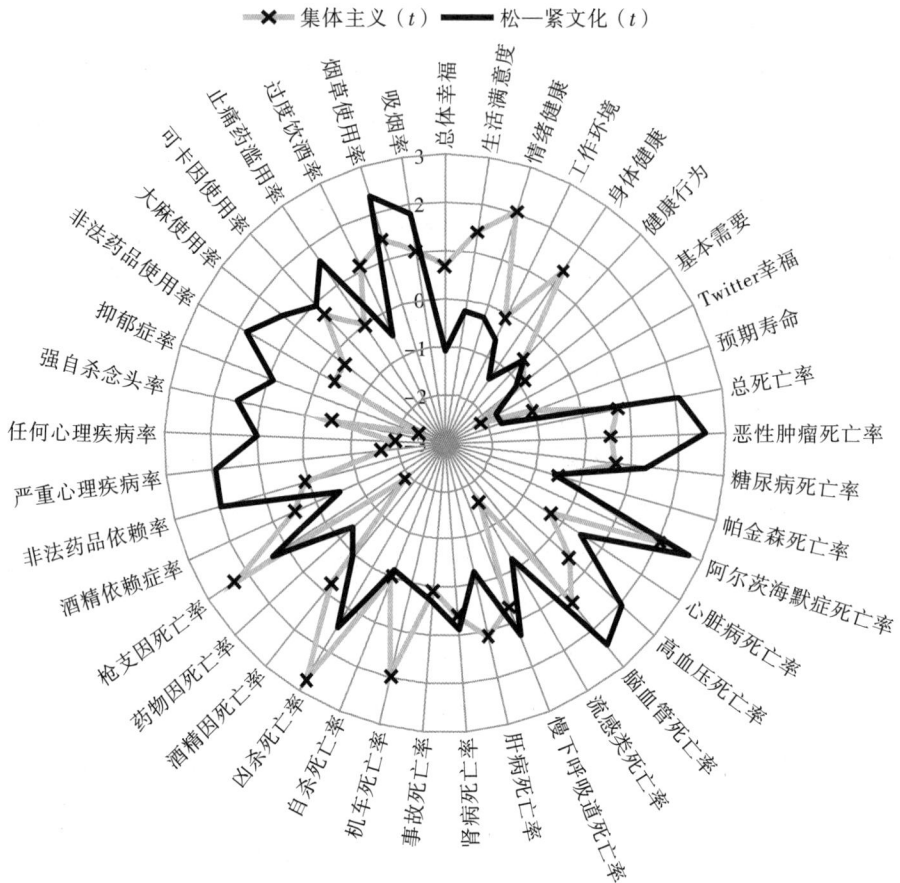

图5.4 神经质与集体主义、松—紧文化的交互结果图

（一）神经质与集体主义文化

集体主义与神经质在情绪健康幸福感、抑郁症率、任何心理疾病率、药物导致死亡率上表现出了积极的亲和性，在 Twitter 幸福感、凶杀死亡率、枪支导致死亡率、阿尔茨海默症死亡率、机动车事故死亡率健康指标上则表现出了消极的亲和性。

在积极的亲和性结果中，神经质对情绪健康幸福感的主效应显著为负（$t = -2.749$，$p < 0.01$），即神经质越高，情绪健康幸福感越低。但神经质与集体主义文化的交互项对情绪健康幸福感有显著的正向影响（$t = 2.040$，$p < 0.05$），这说明集体主义文化程度越高，神经质与情绪健康幸福感之间的负相关越弱。这意味着集体主义文化对于神经质暴露于情绪健康幸福感风险具有缓冲和保护作用。该结果可能与集体主义文化能为生活于其中的个体提供社会和人际支持，从而缓冲压力、负性生活事件和情绪问题有关（Triandis et al.，1988；Ye et al.，2015），并且与 Chiao 和 Blizinsky（2009）发现集体主义文化在缓冲亚洲国家基因层面的抑郁、焦虑情绪障碍流行率具有显著作用的研究证据也具有一定的一致性。但与 Chiao 和 Blizinsky（2009）关注远端基因因素的研究不同，本研究关注的是近端的人格特质与集体主义文化的共同作用。因此，本研究为深入理解集体主义在人格影响情绪健康幸福感的关系中的作用机制具有重要意义。在心理疾病类的抑郁症率和任何心理疾病率指标上，神经质分别对其主效应均不显著，但神经质与集体主义文化的交互项均有显著的负向作用。这说明，集体主义文化程度越高，神经质降低抑郁症率、任何心理疾病率的积极作用越强。该结果可能仍然与 Triandis 等（1988）认为的集体主义提供的社会支持对于抑郁症等心理疾病的积极作用有关。在药物导致死亡率方面，神经质对其主效应显著为正向影响（$t = 2.472$，$p < 0.05$）。但神经质与集体主义的交互项则有边缘显著的负向作用（$t = -1.874$，$p < 0.1$），这说明集体主义程度越高，神经质增强药物死亡率的负面作用被削弱，即意味着集体主义文化可以缓冲神经质导致药物死亡率的风险。

在消极亲和性结果中，神经质对于 Twitter 幸福感的主效应不显著，但神经质与集体主义的交互项对 Twitter 幸福感有显著的负向影响（$t = -2.151$，$p < 0.05$）。这说明，集体主义程度越高，神经质降低 Twitter 幸福感的负面作用越强。在死亡率类中的凶杀死亡率、枪支导致死亡率和机动车事故死亡率指标上，神经质分别对其主效应均不显著，但神经质与集体主义的交互项则均有显著的正向影响（凶杀死亡率：$t = 2.723$，$p < 0.01$；枪支导致死亡率：$t = 2.328$，$p < 0.05$；机动车事故死亡率：$t = 1.973$，$p < 0.1$）。这说明，集体主义程度越高，神经质增大凶杀死亡率、枪支导致死亡率、机动车事故死亡率健康风险的作用越强。在阿尔茨海默症死亡率指标上，神经质对其主效应为显著负向作用（$t = -2.678$，$p < 0.05$），即神经质越高，阿尔茨海默症死亡率越低。但神经质与集体主义的交互项则有显著的正向作用（$t = 2.029$，$p < 0.05$），这说明集体主义越高，神经质对于阿尔茨海默症死亡率的保护作用被显著削弱。

综合而言，同与其他人格特质的组合相比，集体主义文化对神经质与各健康指标关系的调节作用达到显著的模型数量中等、显著程度中等，即集体主义与神经质在各健康指标上有中等程度的亲和性，并且集体主义文化程度在上述显著的调节效应中既存在积极亲和性，也存在消极亲和性。一方面，集体主义程度越高，神经质对于降低情绪健康幸福感、增强药物导致死亡率的负向作用越弱，并且神经质对于降低抑郁症率、任何心理疾病率的积极作用越强；另一方面，集体主义程度越高，神经质降低 Twitter 幸福感的负面作用，和增大凶杀死亡率、枪支导致死亡率、机动车事故死亡率健康风险的负面作用均越强，并且神经质对于阿尔茨海默症死亡率的保护作用越弱。

（二）神经质与松—紧文化

松—紧文化与神经质在阿尔茨海默症死亡率、恶性肿瘤死亡率、脑血管病死亡率、高血压死亡率、总死亡率、预期寿命、烟草使用率、吸烟率、非法药品使用率、非法药品依赖率、严重心理疾病率以及 Twitter 幸福感健康指标上均表现出了显著的消极亲和性。

松—紧文化与死亡率类的指标的消极亲和性最强。在阿尔茨海默症死亡率指标上，神经质对其主效应呈显著的负向作用（$t = -2.901$，$p < 0.01$），即神经质对阿尔茨海默症死亡率有保护作用。但神经质与松—紧文化的交互项则有显著的正向作用（$t = 2.728$，$p < 0.01$），这说明，文化越紧，神经质对于阿尔茨海默症死亡率的保护作用越弱。对于恶性肿瘤死亡率和总死亡率指标，神经质分别对其主效应均为显著正向影响。但神经质与松—紧文化的交互项则均为显著正向作用（恶性肿瘤死亡率：$t = 2.554$，$p < 0.05$；总死亡率：$t = 2.070$，$p < 0.05$），这说明文化越紧，神经质增大恶性肿瘤死亡率、总死亡率健康风险的负面作用越强。在脑血管病死亡率和高血压死亡率方面，神经质对其主效应均不显著，但神经质与松—紧文化的交互项均为显著正向作用（脑血管病死亡率：$t = 2.437$，$p < 0.05$；高血压死亡率：$t = 2.071$，$p < 0.05$）。这说明文化越紧，神经质增大脑血管病死亡率、高血压死亡率风险的负面作用越强。在预期寿命指标上，神经质对其主效应不显著，但神经质与松—紧文化的交互项显著为负向作用（$t = -1.735$，$p < 0.1$），这意味着文化越紧，神经质降低预期寿命的负面作用越强。其中，恶性肿瘤死亡率、脑血管病死亡率等属于占比较大的几大重要死因。神经质在紧文化环境下，需要重视神经质在恶性肿瘤死亡率、脑血管病死亡率等各种死因上暴露的健康风险。

在烟草使用率和吸烟率方面，神经质对其主效应均为显著或边缘显著的正向影响，即神经质越高，烟草使用率、吸烟率越高。但神经质与松—紧文化的交互项显著为正（烟草使用率：$t = 2.370$，$p < 0.05$；吸烟率：$t = 1.838$，$p < 0.1$），这说明文化越紧，神经质提高烟草使用率、吸烟率的负面作用越强。在非法药品使用率、非法药品依赖率和严重心理疾病率方面，神经质对其主效应均不显著，但神经质与松—紧文化的交互作用均为边缘显著的正向作用。这说明文化越紧，神经质增大非法药品使用率、非法药品依赖率、严重心理疾病率风险的负面作用越强。在幸福感类的 Twitter 幸福指标上，神经质对其主效应不显著，但神经质与松—紧文化的交互项则有边缘显著的负向作用。这说明，文化越紧，神经质降低 Twitter 幸福感的负面作用越强。

综合而言，同与其他人格特质的组合相比，松—紧文化对神经质与各健康指标关系的调节作用达到显著的模型数量较多，显著程度较强，即松—紧文化与神经质在各健康指标上有较强的亲和性。并且，松—紧文化在上述显著的调节效应中均为消极亲和性，即文化越紧，神经质对于阿尔茨海默症死亡率的保护作用越弱，同时对于增大恶性肿瘤死亡率、总死亡率、脑血管病死亡率、高血压死亡率、烟草使用率、吸烟率、非法药品使用率、非法药品依赖率、严重心理疾病率的健康风险，降低预期寿命、Twitter 幸福感的负面作用均越强。

五、开放性与文化环境的亲和性

集体主义、松—紧文化文化环境变量分别对开放性与各健康结果变量关系的调节作用检验结果汇总如图 5.5 所示。

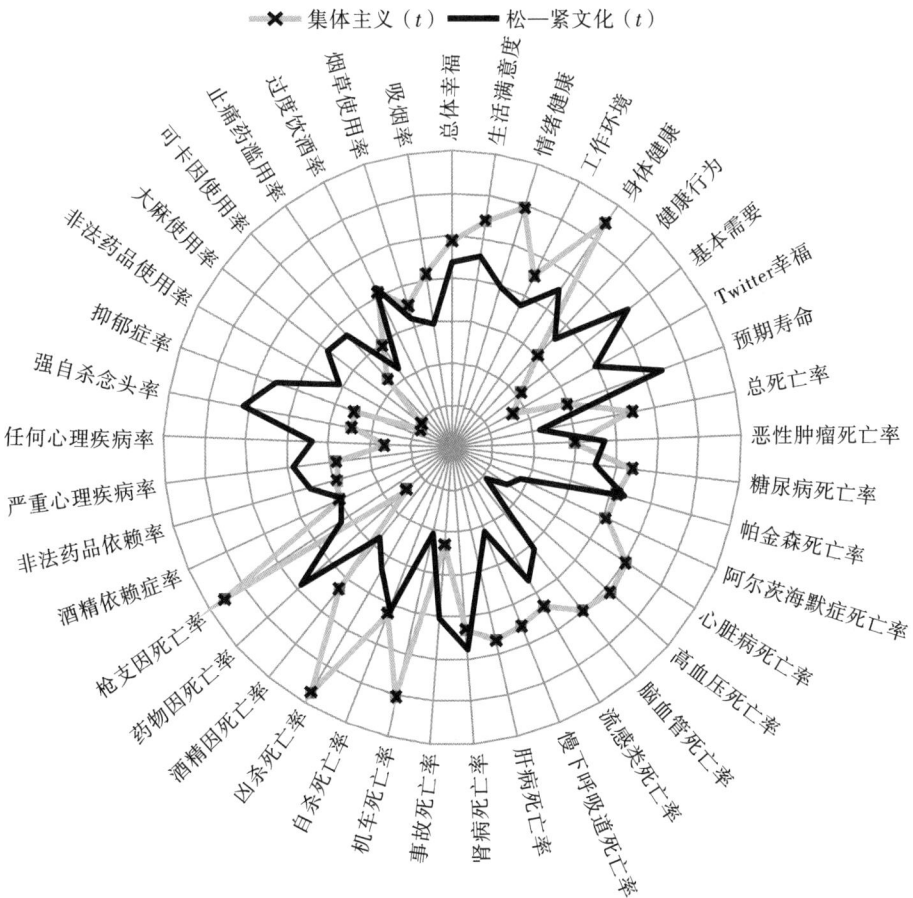

图 5.5　开放性与集体主义、松一紧文化的交互结果图

（一）开放性与集体主义文化

集体主义与开放性在非法药品使用率、大麻使用率、可卡因使用率、任何心理疾病率、身体健康幸福感、情绪健康幸福感、药物导致死亡率、事故导致死亡率指标表现出了积极的亲和性，在凶杀死亡率、枪支导致死亡率、Twitter幸福感、基本需要幸福感表现出了消极的亲和性。

在积极的亲和性结果中，开放性对非法药品使用率（$t = 2.127$，$p < 0.05$）、大麻使用率（$t = 2.201$，$p < 0.05$）、可卡因使用率（$t = 1.739$，$p < 0.05$）的主效应均有显著或边缘显著的正向影响，即开放性越高，非法药品使用率、大麻使用率、可卡因使用率均更高。但开放性与集体主义的交互项对于非法药品使用率（$t = -3.146$，$p < 0.01$）、大麻使用率（$t = -3.066$，$p < 0.01$）、可卡因使用率（$t = -1.756$，$p < 0.1$）有非常显著或边缘显著的负向作用。这说明，集体主义越高，开放性导致非法药品使用率、大麻使用率、可卡因使用率的健康风险越低。换言之，集体主义文化缓冲了开放性暴露于非法药品使用、大麻使用、可卡因使用的物质滥用风险。个体层面主要发现了尽责性与神经质对于物质滥用有较为稳健的影响作用，本书第三章发现开放性与非法药品使用率、大麻使用率等物质滥用行为指标存在较为显著的正相关。本章则进一步发现了集体主义文化在开放性与非法药品使用率等物质滥用行为指标的正相关起到了显著的调节作用，即证实了高集体主义文化有利于降低开放性的物质滥用风险。在任何心理疾病率方面，开放性对其主效应不显著，但开放性与集体主义的交互项对于任何心理疾病率有显著的负向影响作用（$t = -2.357$，$p < 0.05$），这说明集体主义越高，开放性降低任何心理疾病率风险的作用越强。在死亡率类指标上，开放性对药物导致死亡率、事故导致死亡率的主效应均不显著，但开放性与集体主义的交互项分别对其有显著（$t = -2.515$，$p < 0.05$）和边缘显著（$t = -1.700$，$p < 0.1$）的负向影响作用。这说明集体主义越高，开放性降低药物导致死亡率、事故导致死亡率风险的作用越强。在幸福感类指标中，开放性对于身体健康幸福感、情绪健康幸福感的主效应均不显著，但开放性与集体主义的交互项分别对二者有显著（$t = 2.481$，$p < 0.05$）和边缘显著（$t = 1.922$，$p < 0.1$）的正向影响作用。这说明，集体主义程度越高，开放性增强身体健康幸福感、情绪健康幸福感的作用越强。

在消极的亲和性结果中，开放性对凶杀死亡率、枪支导致死亡率、机动车事故死亡率的主效应均不显著，但开放性与集体主义的交互项对三者均有显著的正向影响（凶杀死亡率：$t = 2.714$，$p < 0.01$；枪支导致死亡率：$t = 2.565$，$p < 0.05$；机动车事故死亡率：$t = 2.032$，$p < 0.05$）。这说明，集体主义程度越高，开放性增大凶杀死亡率、枪支导致死亡率、机动车事故死亡率风险的作用越强。幸福感方面，在不考虑开放性与集体主义文化的交互作用时，开放性对Twitter幸福感存在显著正相关（$t = 2.817$，$p < 0.01$），即开放性越高，Twitter幸福感越高。但开放性与集体主义的交互项显著为负向作用（$t = -2.310$，$p < 0.05$），这意味着集体主义程度越高，开放性促进Twitter幸福感的作用越弱。此外，开放性对于基本需要幸福感的主效应为显著的负向影响作用（$t = -2.542$，$p < 0.05$），即开放性越高，基本需要幸福感越低。开放性与集体主义的交互项对于基本需要幸福感呈边缘显著的负相关（$t = -1.883$，$p < 0.1$），这意味着集体主义文化程度越高，开放性降低基本需要幸福感的负面作用越强。这可能与开放性不断追求新异刺激的特性有关，从而开放性与基本需要幸福感之间呈负相关，而集体主义文化则进一步限制了开放性追求新异刺激。

综合而言，同与其他人格特质的组合相比，集体主义对开放性人格特质与各健康指标关系的调节作用达到显著的模型数量最多，显著程度也较强，即集体主义与开放性的亲和性最强。并且，所有显著的调节效应模型中既存在积极亲和性，也存在消极亲和性。一方面，集体主义越高，开放性增大非法药品使用率、大麻使用率、可卡因使用率风险的作用越弱；而开放性降低任何心理疾病率、药物导致死亡率、事故导致死亡率风险的作用越强，增强身体健康幸福感、情绪健康幸福感的作用也越强。另一方面，集体主义程度越高，开放性增大凶杀死亡率、枪支导致死亡率、机动车事故死亡率风险，以及降低基本需要幸福感的负面作用越强；而开放性促进Twitter幸福感的作用则越弱。

（二）开放性与松—紧文化

松—紧文化与开放性在高血压死亡率、心脏病死亡率、阿尔茨海默症死亡率、机动车事故死亡率、慢下呼吸道死亡率、总死亡率、止痛药滥用率的健康指标上均表现出了积极的亲和性。

松—紧文化的调节显著的模型主要集中于死亡率类的健康指标。开放性对于高血压死亡率、心脏病死亡率、阿尔茨海默症死亡率的主效应均不显著，而开放性与松—紧文化的交互项均对三者有显著的负向作用（高血压死亡率：$t =$

−2.879，$p < 0.01$；心脏病死亡率：$t = -2.415$，$p < 0.05$；阿尔茨海默症死亡率：$t = -2.166$，$p < 0.05$）。这意味着文化越紧，开放性降低高血压死亡率、心脏病死亡率、阿尔茨海默症死亡率风险的积极作用越强。此外，开放性对机动车死亡率、慢下呼吸道死亡率、总死亡率以及止痛药滥用率的主效应均不显著，但开放性与松—紧文化的交互项则对四者有边缘显著的负向影响。这意味着，文化越紧，开放性降低机动车死亡率、慢下呼吸道死亡率、总死亡率以及止痛药滥用率健康风险的保护作用越强。尽责性、宜人性是与社会文化规范相一致的人格特质，而开放性则被认为是与社会文化规范相反的人格特质（Gebauer et al.，2014a）。Hofstede 和 McCare（2004）认为与社会规范不一致的群体的适应性问题值得研究关注。本章的研究结果显示开放性虽然为与社会规范不一致的人格特质，但若以死亡率的健康结果变量作为检验适应性的重要指标，开放性与紧文化（即更普遍、严苛的社会规范和严厉的惩罚）的组合却是有利于增强开放性降低高血压死亡率、心脏病死亡率等健康风险的作用，即有利于提高开放性的适应性。

综合而言，同与其他人格特质的组合相比，松—紧文化对开放性与各健康指标关系的调节作用达到显著的模型数量中等、显著程度较强，即松—紧文化与开放性在各健康指标上有中等程度的亲和性，并且松—紧文化在上述显著的调节效应均为积极亲和性。文化越紧，开放性降低高血压死亡率、心脏病死亡率、阿尔茨海默症死亡率、机动车事故死亡率、慢下呼吸道死亡率、总死亡率以及止痛药滥用率健康风险的保护作用越强。

六、小结

最近的一些研究证据发现，宏观的社会文化特征对人类的心理与行为机制具有一定的调节作用。例如，Gebauer 等（2014b）的研究发现，合群性在亲社会行为规范较为普遍的环境下，相对于亲社会行为规范不普遍的环境更能预测亲社会行为。也有研究直接关注了个体主义—集体主义文化特征的调节作用。例如，Lechner 等（2015）的研究发现，个体主义程度在探索性人格与新生活方式选择收益之间起到了显著的调节作用，即探索性人格越高，新生活方式选择收益越高，但该正向收益在个体主义程度越高的地区越强。但鲜有研究直接关注文化特征对于人格影响健康的作用机制。虽然 Sutin（2015）的研究发现尽责性对于降低肥胖率的积极作用在西方样本被普遍证实，而在日本、中国等亚洲国家并不存在显著相关，即文化可能在人格与健康中起着调节作用。但该研究并未直接对文化特征进行直接测量，文化在人格与健康中发挥的作用值得未来研究直接予以关注。在以上研究，尤其是本章基于人格心理学中的"人格—环境"交互视角提出的人格与环境亲和性假说的基础上，从集体主义、松—紧文化两个文化维度来刻画宏观的文化环境特征，系统地检验了文化环境在人格影响健康的关系中可能起到的调节作用，从而对人格与环境亲和性假说进行探索。

综合来看，本章的研究结果部分支持了人格与环境亲和性假说。不同的人格维度与集体主义、松—紧文化的亲和性存在差异。例如，相对于其他人格维度，开放性与集体主义的亲和性最强，而宜人性与集体主义的亲和性则最弱。神经质与松—紧文化的亲和性最强（与紧文化组合均表现为消极亲和性），宜人性与松—紧文化的亲和性最弱（与紧文化均为消极亲和性）。并且在与人格的健康亲和性上，集体主义和松—紧文化也存在较为显著的差异。整体而言，集体主义与人格维度在健康问题上的亲和性要强于松—紧文化。

第六章

经济环境的调节：
以基尼系数为例

第一节 引 言

宏观经济环境为人类的认知、情绪和行动提供了重要背景（Oishi，2014）。根据社会生态视角，经济环境作为重要的社会生态环境之一，对人们的心理与行为具有重要的影响作用（Oishi & Graham，2010；Oishi，2014）。已有研究表明，一个社会主导的经济活动对于居民的认知加工方式（例如，Uskul, Kitayama & Nisbett，2008）、合作行为（例如，Henrich et al.，2005）等有显著影响；经济状况对人类的消费心理与决策（例如，Hill et al.，2012）、健康（例如，Granados & Roux，2009）等有显著影响。

其中，收入不平等（通常以基尼系数来反映）是受到关注较多，并且被证明与健康关系较为密切的经济环境变量。已有研究显示，收入不平等不仅与幸福感、死亡率等健康结果之间存在显著关联（例如，Brockmann et al.，2009；Wilkinson & Pickett，2009；Zheng，2012），还对理解健康作用的机制具有重要意义。例如，Oishi 和 Kesebir（2015）的研究发现，收入不平等在经济增长影响幸福感之间起着显著的调节作用，收入不平等能显著削弱经济增长对于幸福感的促进作用。该结果为解释国家幸福感并不是随着国家财富收入增加而增加的伊斯特林悖论（Easterlin Paradox）提供了直接的实证证据，即低收入不平等的经济环境，对经济增长充分发挥促进幸福感的作用具有积极意义。近年来关于国家内区域水平的研究证据显示，人格对于区域水平的健康也有显著的影响作用（例如，Rentfrow et al.，2008；Rentfrow et al.，2015）。然而，目前研究者对区域人格与健康之间的关系是否会受到经济环境的显著影响尚未明了。根据本书第四章提出的人格与环境亲和性假说，特定的人格与经济环境之间是否在健康变量上存在亲和性？因此，本章将重点关注经济环境的调节作用，通过基尼系数对经济环境进行操作化，从而在美国50州水平上对人格与环境亲和性假说进行系统性检验。

第二节　研究设计

一、研究目的

在已有关于人格影响健康、基尼系数影响健康等相关研究的基础上，本章将以基尼系数作为调节变量，系统检验区域人格与经济环境（基尼系数）的交互作用对于健康的影响，即验证人格与环境（经济环境）的亲和性假说。如果某种人格对于健康指标的积极作用被经济环境变量显著增强，或消极作用被经济环境显著削弱，则称人格与经济环境在该健康指标上存在积极的亲和性；如果人格对于健康指标的消极作用被经济环境变量显著增强，或积极作用被经济环境显著削弱，则称人格与经济环境在该健康指标上存在消极的亲和性。例如，宜人性与预期寿命之间的关系，在基尼系数高和基尼系数低的经济环境下会有所不同吗？

二、数据来源

（一）基尼系数

基尼系数数据来自2009—2013年间美国人口普查局（U. S. Census Bureau，2009—2013）每年分别提供的各州基尼系数分值。将各年的基尼系数进行标准

化转化成 z 分数，然后通过加总平均的方法，构建了能够反映美国各州经济环境的基尼系数综合指数。该指数具有良好的内部一致性系数（$\alpha = 0.989$），即较高的信度水平。该指数分值越大，即基尼系数越大，则反映该州收入不平等程度越高。

（二）其他数据

其他数据包括美国 50 州的人格数据，所有的健康指标，收入水平、教育程度等控制变量指标均与第三章相同。

三、研究方法

本章分析方法同第五章，即首先通过相关分析系统检验基尼系数与各健康指标之间的关系，并且在此基础上进一步控制收入水平、教育程度、女性人口比例、白人人口比例、城市人口比例等控制变量进行偏相关分析。更为重要的是，采用分步回归的方法进行调节作用分析，系统检验人格与经济环境的交互作用对于健康的影响。在第一步方程中，以健康指标为因变量，以收入水平等 5 个控制变量、人格变量以及基尼系数作为自变量，构建回归方程；第二步方程中，在第一步的基础上进一步加入人格变量与基尼系数的交互项。

第三节　研究结果

一、基尼系数与健康的相关关系

将基尼系数分别与各健康指标进行相关分析，以及控制了收入水平、教育程度、女性人口比例、白人人口比例、城市人口比例的偏相关分析，结果见表 6.1。

表 6.1 基尼系数与健康指标的相关关系汇总

	基尼系数（简单相关）	基尼系数（偏相关）
Gallup 总体幸福感	− 0. 472 ***	0. 147
生活评价幸福感	− 0. 299 *	0. 169
情绪健康幸福感	− 0. 515 ***	0. 132
工作环境幸福感	− 0. 504 ***	− 0. 079
身体健康幸福感	− 0. 200	0. 305 *
健康行为幸福感	− 0. 242 †	0. 259 †
基本需要幸福感	− 0. 427 **	− 0. 262 †
Twitter 幸福感	− 0. 514 ***	0. 101
预期寿命	− 0. 249 †	0. 114
总死亡率	0. 216	− 0. 168
恶性肿瘤死亡率	0. 273 †	− 0. 265 †
糖尿病死亡率	0. 176	− 0. 030
帕金森症死亡率	− 0. 457 ***	− 0. 209
阿尔茨海默症死亡率	0. 010	0. 150
心脏病死亡率	0. 421 **	− 0. 131
高血压死亡率	0. 437 **	0. 295 *
脑血管病死亡率	0. 049	− 0. 186
流感类死亡率	0. 128	− 0. 076
慢下呼吸道死亡率	− 0. 033	− 0. 202
肝病死亡率	− 0. 031	0. 312 *
肾病死亡率	0. 370 **	− 0. 084
事故导致死亡率	− 0. 156	− 0. 042
机动车事故死亡率	0. 010	0. 242
自杀死亡率	− 0. 575 ***	− 0. 077
凶杀死亡率	0. 425 **	0. 066
酒精导致死亡率	− 0. 367 **	0. 271 †
药物导致死亡率	0. 052	− 0. 328 *
枪支导致死亡率	− 0. 107	− 0. 015

（续上表）

	基尼系数（简单相关）	基尼系数（偏相关）
酒精依赖症率	− 0.342 *	0.014
非法药品依赖率	0.169	− 0.017
严重心理疾病率	− 0.221	− 0.174
任何心理疾病率	− 0.110	− 0.157
强自杀念头率	− 0.381 **	− 0.272 †
抑郁症率	− 0.329 *	− 0.336 *
非法药品使用率	− 0.004	0.143
大麻使用率	− 0.102	0.137
可卡因使用率	0.354 *	0.357 *
止痛药滥用率	0.122	− 0.125
过度饮酒率	− 0.074	0.118
烟草使用率	− 0.027	− 0.070
吸烟率	0.039	− 0.053

（一）基尼系数与幸福感相关

美国州水平的基尼系数与情绪健康幸福感（$r = - 0.515$）、Twitter 幸福感（$r = - 0.514$）、工作环境幸福感（$r = - 0.504$）、Gallup 总体幸福感（$r = - 0.472$）、基本需要幸福感（$r = - 0.427$）、生活评价幸福感（$r = - 0.299$）呈显著负相关，与健康行为幸福感（$r = - 0.242$）呈边缘显著的负相关。在加入控制变量后的偏相关结果中，基尼系数仅与身体健康幸福感（$r = 0.305$）呈显著的正相关，与基本需要幸福感（$r = - 0.262$）呈边缘显著的负相关，与健康行为幸福感（$r = 0.259$）呈边缘显著的正相关。基尼系数与其余幸福感指标相关性均不显著。

（二）基尼系数与寿命/死亡率相关

美国州水平的基尼系数与自杀死亡率（$r = - 0.575$）、帕金森症死亡率（$r = - 0.457$）、酒精导致死亡率（$r = - 0.367$）呈显著负相关。基尼系数与高血压死亡率（$r = 0.437$）、凶杀死亡率（$r = 0.425$）、心脏病死亡率（$r = 0.421$）、肾病死亡率（$r = 0.370$）呈显著正相关。基尼系数与恶性肿瘤死亡率（$r = 0.273$）呈边缘显著的正相关，与预期寿命（$r = -0.249$）呈边缘显著的负相关。在加入控制变量后的偏相关结果中，基尼系数与肝病死亡率（$r = 0.312$）、高血压死亡率（$r = 0.295$）呈显著正相关，与药物导致死亡率（$r = -0.328$，$p < 0.05$）呈显著负相关。基尼系数与酒精导致死亡率（$r = 0.271$）呈边缘显著的正相关，与恶性肿瘤死亡率（$r = -0.265$）呈边缘显著的负相关。

（三）基尼系数与心理疾病相关

美国州水平的基尼系数与强自杀念头率（$r = -0.381$）、酒精依赖症率（$r = -0.342$）、抑郁症率（$r = -0.329$）呈显著负相关，与其他指标均相关不显著。在加入控制变量后的偏相关结果中，基尼系数与抑郁症率（$r = -0.336$）呈显著负相关，与强自杀念头率（$r = -0.272$）呈边缘显著负相关。

（四）基尼系数与物质滥用和健康行为相关

美国州水平的基尼系数仅与可卡因使用率（$r = 0.354$）呈显著正相关，与其他指标相关性均不显著。在加入控制变量后的偏相关结果中，基尼系数仅与可卡因使用率（$r = 0.357$）呈显著正相关，与其他指标相关性均不显著。

二、基尼系数对人格与健康的调节

（一）幸福感

在幸福感方面，大五人格与基尼系数交互效应检验结果详见表6.2。具体而言，①对于Gallup总体幸福感，基尼系数与宜人性的交互作用对于Gallup总体幸福感具有显著的负向影响（$t = -2.097$，$p = 0.042 < 0.05$），即宜人性与Gallup总体幸福感的关系显著受到基尼系数的调节。②对于工作环境幸福感，基尼系数与尽责性的交互作用对于工作环境幸福感具有显著的负向影响（$t = -2.704$，$p = 0.010 < 0.01$），即尽责性与工作环境幸福感的关系显著受到基尼系数的调节。基尼系数与神经质的交互作用对于工作环境幸福感具有显著的负向影响（$t = -2.280$，$p = 0.028 < 0.05$），即神经质与工作环境幸福感的关系显著受到基尼系数的调节。基尼系数与宜人性的交互作用对于工作环境幸福感具有显著负向影响（$t = -2.210$，$p = 0.033 < 0.05$），即宜人性与工作环境幸福感的正相关关系显著受到基尼系数的调节。基尼系数与外向性的交互作用对于工

作环境幸福感具有显著负向影响（$t = -2.179$，$p = 0.035 < 0.05$），即外向性与工作环境幸福感的关系显著受到基尼系数的调节。③对于基本需要幸福感而言，基尼系数与宜人性的交互作用对于基本需要幸福感具有极其显著负向影响（$t = -3.552$，$p < 0.001$），即宜人性与基本需要幸福感的关系显著受到基尼系数的调节。基尼系数与尽责性的交互作用对于基本需要幸福感具有极其显著负向影响（$t = -3.185$，$p = 0.003 < 0.01$），即尽责性与基本需要幸福感的关系显著受到基尼系数的调节。基尼系数与外向性的交互作用对于基本需要幸福感具有显著负向影响（$t = -3.022$，$p = 0.004 < 0.01$），即外向性与基本需要幸福感的关系显著受到基尼系数的调节。④对于 Twitter 幸福感而言，基尼系数与宜人性的交互作用对于 Twitter 幸福感具有显著负向影响（$t = -2.979$，$p = 0.005 < 0.01$），即宜人性与 Twitter 幸福感的负相关关系显著受到基尼系数的调节。基尼系数与开放性的交互作用对于 Twitter 幸福感具有显著正向影响（$t = 2.450$，$p = 0.019 < 0.05$），即开放性与 Twitter 幸福感正相关的关系显著受到基尼系数的调节。

表 6.2   大五人格和基尼系数预测幸福感

因变量	人格	模型 1（基准模型）		模型 2（加入交互项）			
		人格（t）	p	人格（t）	p	人格 × 环境（t）	p
Gallup 总体幸福感	外向性	$1.780^{\dagger}$	0.082	0.585	0.562	-1.314	0.196
	宜人性	2.239^{*}	0.030	0.735	0.466	-2.097^{*}	0.042
	尽责性	$1.964^{\dagger}$	0.056	$1.822^{\dagger}$	0.076	-1.458	0.153
	神经质	-2.283^{*}	0.028	$-2.000^{\dagger}$	0.052	-1.535	0.132
	开放性	0.466	0.644	0.225	0.823	-0.717	0.477
生活评价幸福感	外向性	1.079	0.287	0.689	0.495	-0.232	0.817
	宜人性	1.171	0.248	0.888	0.380	-0.118	0.907
	尽责性	2.546^{*}	0.015	2.456^{*}	0.018	-0.478	0.635
	神经质	-2.617^{*}	0.012	-2.601^{*}	0.013	0.306	0.761
	开放性	0.670	0.507	0.236	0.814	-1.354	0.183

（续上表）

因变量	人格	模型1（基准模型）		模型2（加入交互项）			
		人格（t）	p	人格（t）	p	人格 × 环境（t）	p
情绪健康幸福感	外向性	3.041 **	0.004	2.711 **	0.010	0.566	0.575
	宜人性	2.095 *	0.042	1.954 †	0.058	0.430	0.670
	尽责性	3.432 **	0.001	3.435 **	0.001	0.494	0.624
	神经质	−2.846 **	0.007	−2.571 *	0.014	−1.435	0.159
	开放性	−1.895 †	0.065	−1.708 †	0.095	0.262	0.795
工作环境幸福感	外向性	1.778 †	0.083	0.093	0.927	−2.179 *	0.035
	宜人性	3.550 ***	0.001	1.811 †	0.077	−2.210 *	0.033
	尽责性	1.717 †	0.093	1.541	0.131	−2.704 **	0.010
	神经质	−2.027 *	0.049	−1.673	0.102	−2.280 *	0.028
	开放性	−0.416	0.680	−0.861	0.394	−1.520	0.136
身体健康幸福感	外向性	2.407 *	0.021	1.908 †	0.063	0.077	0.939
	宜人性	1.482	0.146	0.644	0.523	−1.024	0.312
	尽责性	1.848 †	0.072	1.761 †	0.086	−0.573	0.570
	神经质	−0.779	0.440	−0.491	0.626	−1.580	0.122
	开放性	−0.583	0.563	−0.691	0.493	−0.465	0.644
健康行为幸福感	外向性	−2.468 *	0.018	−1.912 †	0.063	−0.008	0.993
	宜人性	−1.789 †	0.081	−2.231 *	0.031	−1.314	0.196
	尽责性	−1.984 †	0.054	−1.862 †	0.070	1.073	0.289
	神经质	0.234	0.816	0.425	0.673	−1.062	0.294
	开放性	3.839 ***	0.000	3.861 ***	0.000	0.733	0.468
基本需要幸福感	外向性	2.660 *	0.011	0.389	0.700	−3.022 **	0.004
	宜人性	2.251 *	0.030	0.090	0.928	−3.552 ***	0.001
	尽责性	0.908	0.369	0.654	0.517	−3.185 **	0.003
	神经质	−0.265	0.792	−0.441	0.661	0.987	0.329
	开放性	−1.402	0.168	−1.046	0.302	0.961	0.342
Twitter 幸福感	外向性	−2.247 *	0.030	−2.659 *	0.011	−1.414	0.165
	宜人性	−0.809	0.423	−2.411 *	0.020	−2.979 **	0.005
	尽责性	−2.096 *	0.042	−2.098 *	0.042	−0.336	0.739
	神经质	0.945	0.350	0.985	0.330	−0.357	0.723
	开放性	2.646 *	0.011	3.408 **	0.001	2.450 *	0.019

（二）寿命/死亡率

在寿命与死亡率方面，大五人格与基尼系数交互效应检验结果详见表6.3。具体而言，①对于预期寿命，基尼系数与宜人性的交互作用对于预期寿命具有显著的负向影响（$t = -2.935$，$p = 0.005 < 0.01$），即宜人性与预期寿命的关系显著受到基尼系数的调节。②对于总死亡率，基尼系数与宜人性的交互作用对于总死亡率具有显著的正向影响（$t = 2.050$，$p = 0.047 < 0.05$），即宜人性与总死亡率的关系显著受到基尼系数的调节。基尼系数与开放性的交互作用对于总死亡率具有边缘显著的负向影响（$t = -1.890$，$p = 0.066 < 0.1$），即开放性与总死亡率的关系显著受到基尼系数的调节。③对于恶性肿瘤死亡率，基尼系数与宜人性的交互作用对于恶性肿瘤死亡率具有显著的正向影响（$t = 3.242$，$p = 0.02 < 0.05$），即宜人性与恶性肿瘤死亡率的关系显著受到基尼系数的调节。④对于糖尿病死亡率，基尼系数与神经质的交互作用对于糖尿病死亡率具有边缘显著的正向影响（$t = 1.738$，$p = 0.090 < 0.1$），即神经质与糖尿病死亡率的关系显著受到基尼系数的调节。基尼系数与开放性的交互作用对于糖尿病死亡率具有边缘显著的负向影响（$t = -1.737$，$p = 0.090 < 0.1$），即开放性与糖尿病死亡率的关系显著受到基尼系数的调节。⑤对于帕金森症死亡率而言，基尼系数与宜人性的交互作用对于帕金森症死亡率具有显著的正向影响（$t = 2.611$，$p = 0.013 < 0.05$），即宜人性与帕金森症死亡率的关系显著受到基尼系数的调节。⑥对于阿尔茨海默症死亡率而言，基尼系数与开放性的交互作用对于阿尔茨海默症死亡率具有显著的负向影响（$t = -2.600$，$p = 0.013 < 0.05$），即开放性与阿尔茨海默症死亡率的关系显著受到基尼系数的调节。基尼系数与宜人性的交互作用对于阿尔茨海默症死亡率具有边缘显著的正向影响（$t = 1.834$，$p = 0.074 < 0.1$），即宜人性与阿尔茨海默症死亡率的正相关关系显著受到基尼系数的调节。⑦对于心脏病死亡率而言，基尼系数与尽责性的交互作用对于心脏病死亡率具有显著的负向影响（$t = -2.042$，$p = 0.048 < 0.05$），即尽责性与心脏病死亡率的关系显著受到基尼系数的调节。⑧对于脑血管病死亡率而言，基尼系数与宜人性的交互作用对于脑血管病死亡率具有显著的正向影响（$t = 2.076$，$p = 0.044 < 0.05$），即宜人性与脑血管病死亡率的关系显著受到基尼系数的调节。⑨对于流感和肺炎死亡率而言，基尼系数与神经质的交互作用对于流感类死亡率具有显著的正向影响（$t = 2.669$，$p = 0.011 < 0.05$），即神经质与流感类

死亡率的关系显著受到基尼系数的调节。基尼系数与外向性的交互作用对于流感类死亡率具有显著的负向影响（$t = -2.425$，$p = 0.020 < 0.05$），即外向性与流感类死亡率的关系显著受到基尼系数的调节。基尼系数与尽责性的交互作用对于流感类死亡率具有显著的负向影响（$t = -2.412$，$p = 0.020 < 0.05$），即尽责性与流感类死亡率的关系显著受到基尼系数的调节。基尼系数与宜人性的交互作用对于流感类死亡率具有显著的负向影响（$t = -2.227$，$p = 0.032 < 0.05$），即宜人性与流感类死亡率的关系显著受到基尼系数的调节。⑩对于慢下呼吸道死亡率而言，基尼系数与宜人性的交互作用对于慢下呼吸道死亡率具有边缘显著的正向影响（$t = 1.728$，$p = 0.092 < 0.1$），即宜人性与慢下呼吸道死亡率的关系显著受到基尼系数的调节。⑪对于肝病死亡率而言，基尼系数与神经质的交互作用对于肝病死亡率具有显著的负向影响（$t = -2.392$，$p = 0.021 < 0.05$），即神经质与肝病死亡率的关系显著受到基尼系数的调节。基尼系数与尽责性的交互作用对于肝病死亡率具有显著的正向影响（$t = 2.374$，$p = 0.022 < 0.05$），即尽责性与肝病死亡率的关系显著受到基尼系数的调节。⑫对于凶杀死亡率而言，基尼系数与宜人性的交互作用对于凶杀死亡率具有显著的正向影响（$t = 3.649$，$p < 0.001$），即宜人性与凶杀死亡率的关系显著受到基尼系数的调节。基尼系数与开放性的交互作用对于凶杀死亡率具有显著的负向影响（$t = -2.042$，$p = 0.048 < 0.05$），即开放性与凶杀死亡率的关系显著受到基尼系数的调节。⑬对于酒精导致死亡率而言，基尼系数与尽责性的交互作用对于酒精导致死亡率具有显著的正向影响（$t = 2.947$，$p = 0.005 < 0.01$），即尽责性与酒精导致死亡率正相关的关系显著受到基尼系数的调节。⑭对于枪支导致死亡率而言，基尼系数与宜人性的交互作用对于枪支导致死亡率具有极其显著的正向影响（$t = 3.933$，$p = 0.000 < 0.001$），即宜人性与枪支导致死亡率的关系显著受到基尼系数的调节。基尼系数与尽责性的交互作用对于枪支导致死亡率具有边缘显著的正向影响（$t = 1.928$，$p = 0.061 < 0.1$），即尽责性与枪支导致死亡率的关系显著受到基尼系数的调节。

表6.3 大五人格和基尼系数预测寿命/死亡率

因变量	人格	模型1(基准模型)		模型2(加入交互项)			
		人格(t)	p	人格(t)	p	人格×环境(t)	p
预期寿命	外向性	0.670	0.507	-0.139	0.890	-1.065	0.293
	宜人性	0.710	0.482	-1.022	0.313	-2.935**	0.005
	尽责性	-0.887	0.380	-0.976	0.335	-0.893	0.377
	神经质	0.843	0.404	0.941	0.352	-0.647	0.521
	开放性	0.890	0.379	1.245	0.220	1.293	0.203
总死亡率	外向性	-0.215	0.831	-0.071	0.944	0.152	0.880
	宜人性	0.216	0.830	1.343	0.187	2.050*	0.047
	尽责性	0.516	0.608	0.447	0.657	-0.579	0.566
	神经质	-0.205	0.839	-0.445	0.658	1.324	0.193
	开放性	-0.945	0.350	-1.498	0.142	-1.890†	0.066
恶性肿瘤死亡率	外向性	-0.497	0.622	0.053	0.958	0.704	0.485
	宜人性	-0.964	0.341	0.952	0.347	3.242**	0.002
	尽责性	-1.153	0.256	-1.026	0.311	1.168	0.250
	神经质	1.268	0.212	1.243	0.221	-0.062	0.951
	开放性	-0.671	0.506	-0.892	0.377	-0.845	0.403
糖尿病死亡率	外向性	0.818	0.418	0.647	0.521	0.025	0.980
	宜人性	2.165*	0.036	2.518*	0.016	1.272	0.211
	尽责性	1.878†	0.067	1.760†	0.086	-0.989	0.328
	神经质	0.069	0.945	-0.248	0.805	1.738†	0.090
	开放性	-0.549	0.586	-1.059	0.296	-1.737†	0.090
帕金森症死亡率	外向性	0.540	0.592	1.026	0.311	0.969	0.338
	宜人性	-0.410	0.684	1.115	0.271	2.611*	0.013
	尽责性	0.617	0.541	0.795	0.431	1.592	0.119
	神经质	-1.582	0.121	-1.421	0.163	-0.680	0.500
	开放性	0.175	0.862	-0.306	0.761	-1.578	0.122

• • • • • •

（续上表）

因变量	人格	模型1（基准模型）		模型2（加入交互项）			
		人格（t）	p	人格（t）	p	人格×环境（t）	p
阿尔茨海默症死亡率	外向性	0.116	0.909	− 0.701	0.487	− 1.270	0.211
	宜人性	3.439 **	0.001	3.953 ***	0.000	1.834 †	0.074
	尽责性	1.507	0.139	1.390	0.172	− 1.008	0.319
	神经质	− 2.834 **	0.007	− 2.602 *	0.013	− 1.009	0.319
	开放性	− 0.129	0.898	− 0.915	0.366	− 2.600 *	0.013
心脏病死亡率	外向性	0.510	0.613	0.292	0.772	− 0.164	0.871
	宜人性	0.585	0.562	0.368	0.715	− 0.194	0.847
	尽责性	0.194	0.847	− 0.019	0.985	− 2.042 *	0.048
	神经质	0.004	0.997	− 0.301	0.765	1.668	0.103
	开放性	− 1.163	0.251	− 1.459	0.152	− 1.147	0.258
高血压死亡率	外向性	0.621	0.538	0.666	0.509	0.299	0.767
	宜人性	2.357 *	0.023	2.667 *	0.011	1.255	0.217
	尽责性	0.994	0.326	0.895	0.376	− 0.834	0.409
	神经质	− 1.065	0.293	− 1.106	0.275	0.380	0.706
	开放性	0.184	0.855	0.019	0.985	− 0.514	0.610
脑血管病死亡率	外向性	0.489	0.627	0.060	0.952	− 0.512	0.611
	宜人性	1.072	0.290	2.092 *	0.043	2.076 *	0.044
	尽责性	1.493	0.143	1.383	0.174	− 0.932	0.357
	神经质	− 2.756 **	0.009	− 2.947 **	0.005	1.212	0.232
	开放性	− 0.362	0.719	− 0.760	0.452	− 1.364	0.180
流感类死亡率	外向性	0.414	0.681	− 1.169	0.249	− 2.425 *	0.020
	宜人性	0.456	0.651	− 0.865	0.392	− 2.227 *	0.032
	尽责性	0.286	0.777	0.041	0.968	− 2.412 *	0.020
	神经质	1.214	0.232	0.790	0.434	2.669 *	0.011
	开放性	− 0.831	0.411	− 0.366	0.716	1.447	0.156
慢下呼吸道死亡率	外向性	− 1.329	0.191	− 0.627	0.534	0.649	0.520
	宜人性	− 0.706	0.484	0.381	0.705	1.728 †	0.092
	尽责性	0.864	0.393	0.992	0.327	1.202	0.236
	神经质	− 0.567	0.574	− 0.306	0.761	− 1.410	0.166
	开放性	− 0.354	0.725	− 0.254	0.800	0.265	0.793

（续上表）

因变量	人格	模型1（基准模型）		模型2（加入交互项）			
		人格(t)	p	人格(t)	p	人格×环境(t)	p
肝病死亡率	外向性	−2.133*	0.039	−1.515	0.137	0.215	0.831
	宜人性	−0.849	0.400	−0.234	0.816	0.821	0.416
	尽责性	0.968	0.339	1.268	0.212	2.374*	0.022
	神经质	−1.098	0.278	−0.702	0.487	−2.392*	0.021
	开放性	0.726	0.472	0.581	0.564	−0.344	0.733
肾病死亡率	外向性	2.008†	0.051	1.646	0.107	0.151	0.881
	宜人性	0.773	0.444	1.000	0.323	0.649	0.520
	尽责性	1.247	0.219	1.156	0.254	−0.712	0.480
	神经质	0.686	0.497	0.483	0.632	1.051	0.300
	开放性	−2.136*	0.039	−2.430*	0.020	−1.258	0.216
事故导致死亡率	外向性	−1.509	0.139	−0.993	0.327	0.280	0.781
	宜人性	−0.959	0.343	0.044	0.965	1.497	0.142
	尽责性	−0.138	0.891	−0.011	0.991	1.188	0.242
	神经质	1.021	0.313	0.847	0.402	0.840	0.406
	开放性	−0.168	0.867	−0.240	0.811	−0.271	0.788
机动车事故死亡率	外向性	0.627	0.534	0.548	0.587	0.101	0.920
	宜人性	1.026	0.311	0.891	0.378	0.095	0.924
	尽责性	1.932†	0.060	1.801†	0.079	−1.223	0.228
	神经质	−1.400	0.169	−1.317	0.195	−0.239	0.812
	开放性	−2.220*	0.032	−2.368*	0.023	−0.854	0.398
自杀死亡率	外向性	−2.739**	0.009	−2.037*	0.048	0.128	0.899
	宜人性	−4.134***	0.000	−3.120**	0.003	0.457	0.650
	尽责性	−1.611	0.115	−1.463	0.151	1.534	0.133
	神经质	−0.614	0.543	−0.830	0.412	1.219	0.230
	开放性	1.457	0.153	1.546	0.130	0.558	0.580

（续上表）

因变量	人格	模型1（基准模型）		模型2（加入交互项）			
		人格(t)	p	人格(t)	p	人格× 环境(t)	p
凶杀死亡率	外向性	0.147	0.884	1.024	0.312	1.630	0.111
	宜人性	−0.230	0.819	1.527	0.135	3.649***	0.001
	尽责性	1.692†	0.099	1.782†	0.083	1.366	0.180
	神经质	−1.455	0.154	−1.351	0.185	−0.350	0.728
	开放性	−0.607	0.547	−1.229	0.227	−2.042*	0.048
酒精导致死亡率	外向性	−2.676*	0.011	−1.818†	0.076	0.407	0.686
	宜人性	−1.918†	0.062	−1.019	0.314	0.996	0.325
	尽责性	−0.064	0.949	0.247	0.806	2.947**	0.005
	神经质	−0.464	0.645	−0.225	0.823	−1.286	0.206
	开放性	1.361	0.1810	1.500	0.141	0.699	0.489
药物导致死亡率	外向性	−2.820**	0.007	−2.405*	0.021	−0.357	0.723
	宜人性	−2.144*	0.038	−1.711†	0.095	0.064	0.949
	尽责性	−1.816†	0.076	−1.711†	0.095	0.819	0.418
	神经质	2.461*	0.018	2.209*	0.033	1.231	0.225
	开放性	1.603	0.116	1.470	0.149	−0.134	0.894
枪支导致死亡率	外向性	−1.155	0.255	0.021	0.983	1.504	0.140
	宜人性	−1.696†	0.097	0.601	0.551	3.933***	0.000
	尽责性	0.505	0.616	0.725	0.472	1.928†	0.061
	神经质	−1.643	0.108	−1.729†	0.091	0.679	0.501
	开放性	−0.164	0.871	−0.297	0.768	−0.470	0.641

（三）心理疾病

在心理疾病方面，大五人格与基尼系数交互效应检验结果详见表6.4。具体而言，①对于酒精依赖症率，基尼系数与神经质的交互作用对于酒精依赖症率具有显著的负向影响（$t = −2.382$，$p = 0.022 < 0.05$），即神经质与酒精依赖症率的关系显著受到基尼系数的调节。②对于严重心理疾病率，基尼系数与神经质的交互作用对于严重心理疾病率具有显著的正向影响（$t = 2.213$，$p = 0.032 < 0.05$），即神经质与严重心理疾病率的关系显著受到基尼系数的调节。基尼系数与外向性的交互作用对于严重心理疾病率具有边缘显著的负向影响

（$t = -2.011$，$p = 0.051 < 0.1$），即外向性与严重心理疾病率的负相关关系显著受到基尼系数的调节。③对于任何心理疾病率，基尼系数与神经质的交互作用对于任何心理疾病率具有显著的正向影响（$t = 2.619$，$p = 0.012 < 0.05$），即神经质与任何心理疾病率的关系显著受到基尼系数的调节。基尼系数与外向性的交互作用对于任何心理疾病率具有显著的负向影响（$t = -2.094$，$p = 0.042 < 0.05$），即外向性与任何心理疾病率的负相关关系显著受到基尼系数的调节。④对于强自杀念头率，基尼系数与神经质的交互作用对于强自杀念头率具有显著的正向影响（$t = 2.698$，$p = 0.010 < 0.05$），即神经质与强自杀念头率的关系显著受到基尼系数的调节。基尼系数与外向性的交互作用对于强自杀念头率具有显著的负向影响（$t = -2.597$，$p = 0.013 < 0.05$），即外向性与强自杀念头率的负相关关系显著受到基尼系数的调节。⑤对于抑郁症率，基尼系数与神经质的交互作用对于抑郁症率具有显著的正向影响（$t = 2.397$，$p = 0.021 < 0.05$），即神经质与抑郁症率的关系显著受到基尼系数的调节。

表 6.4 大五人格和基尼系数预测心理疾病

因变量	人格	模型1（基准模型）		模型2（加入交互项）			
		人格（t）	p	人格（t）	p	人格×环境（t）	p
酒精依赖症率	外向性	−0.240	0.812	−0.930	0.358	−1.189	0.241
	宜人性	−0.490	0.627	−1.278	0.208	−1.535	0.132
	尽责性	−0.385	0.702	−0.470	0.641	−0.829	0.412
	神经质	0.576	0.568	1.032	0.308	−2.382*	0.022
	开放性	−0.870	0.389	−0.992	0.327	−0.564	0.576
非法药品使用率	外向性	−1.732†	0.091	−1.609	0.115	−0.429	0.670
	宜人性	−1.124	0.268	−0.460	0.648	0.819	0.418
	尽责性	−0.979	0.333	−0.860	0.395	1.067	0.292
	神经质	0.223	0.824	0.187	0.853	0.164	0.871
	开放性	0.917	0.365	0.660	0.513	−0.689	0.494
严重心理疾病率	外向性	−1.964†	0.056	−2.844**	0.007	−2.011†	0.051
	宜人性	−0.067	0.947	0.210	0.835	0.468	0.642
	尽责性	−1.411	0.166	−1.418	0.164	−0.289	0.774
	神经质	1.091	0.281	0.717	0.478	2.213*	0.032
	开放性	1.652	0.106	1.661	0.104	0.342	0.734

（续上表）

因变量	人格	模型1（基准模型）		模型2（加入交互项）			
		人格(t)	p	人格(t)	p	人格×环境(t)	p
任何心理疾病率	外向性	−2.875**	0.006	−3.643***	0.001	−2.094*	0.042
	宜人性	−1.286	0.205	−1.348	0.185	−0.524	0.603
	尽责性	−3.058**	0.004	−3.088**	0.004	−0.640	0.526
	神经质	0.617	0.541	0.168	0.867	2.619*	0.012
	开放性	2.451*	0.018	2.713**	0.010	1.205	0.235
强自杀念头率	外向性	−1.271	0.211	−2.678*	0.011	−2.597*	0.013
	宜人性	−0.135	0.893	−0.407	0.686	−0.525	0.603
	尽责性	−2.285*	0.027	−2.470*	0.018	−1.519	0.136
	神经质	1.610	0.115	1.204	0.236	2.698*	0.010
	开放性	1.540	0.131	1.699†	0.097	0.789	0.435
抑郁症率	外向性	−2.095*	0.042	−2.635*	0.012	−1.555	0.128
	宜人性	−0.837	0.408	−0.610	0.545	0.127	0.900
	尽责性	−2.103*	0.041	−2.075*	0.044	−0.076	0.939
	神经质	0.908	0.369	0.503	0.617	2.397*	0.021
	开放性	1.650	0.106	1.727†	0.092	0.553	0.583

（四）物质滥用和健康行为

在物质滥用和健康行为方面，大五人格与基尼系数交互效应检验结果详见表6.5。具体而言，①对于非法药品使用率，基尼系数与尽责性的交互作用对于非法药品使用率具有显著的正向影响（$t=2.597$，$p=0.013<0.05$），即尽责性与非法药品使用率的负相关关系显著受到基尼系数的调节。②对于大麻使用率，基尼系数与尽责性的交互作用对于大麻使用率具有显著的正向影响（$t=2.986$，$p=0.005<0.01$），即尽责性与大麻使用率的负相关关系显著受到基尼系数的调节。③对于可卡因使用率，基尼系数与尽责性的交互作用对于可卡因使用率具有边缘显著的正向影响（$t=1.991$，$p=0.053<0.1$），即尽责性与可卡因使用率的关系显著受到基尼系数的调节。④对于止痛药滥用率，基尼系数

与开放性的交互作用对于止痛药滥用率具有边缘显著的负向影响（$t = -1.984$，$p = 0.054 < 0.1$），即开放性与止痛药滥用率的关系显著受到基尼系数的调节。

表6.5 大五人格和基尼系数预测物质滥用和健康行为

因变量	人格	模型1（基准模型）		模型2（加入交互项）			
		人格（t）	p	人格（t）	p	人格 × 环境（t）	p
非法药品使用率	外向性	-3.868^{***}	0.000	-2.664^{*}	0.011	0.537	0.594
	宜人性	-3.440^{**}	0.001	-2.340^{*}	0.024	0.866	0.391
	尽责性	-3.798^{***}	0.000	-3.748^{***}	0.001	2.597^{*}	0.013
	神经质	0.944	0.351	1.197	0.238	-1.413	0.165
	开放性	3.365^{**}	0.002	3.071^{**}	0.004	-0.340	0.736
大麻使用率	外向性	-3.881^{***}	0.000	-2.694^{*}	0.010	0.503	0.617
	宜人性	-3.941^{***}	0.000	-2.733^{**}	0.009	0.905	0.371
	尽责性	-3.902^{***}	0.000	-3.909^{***}	0.000	2.986^{**}	0.005
	神经质	1.132	0.264	1.338	0.188	-1.203	0.236
	开放性	3.443^{**}	0.001	3.317^{**}	0.002	0.237	0.814
可卡因使用率	外向性	-2.330^{*}	0.025	-1.603	0.117	0.319	0.751
	宜人性	-1.573	0.123	-1.169	0.249	0.201	0.842
	尽责性	-1.202	0.236	-1.023	0.312	$1.991^{†}$	0.053
	神经质	1.051	0.299	1.132	0.264	-0.589	0.559
	开放性	2.280^{*}	0.028	2.216^{*}	0.032	0.224	0.824
止痛药滥用率	外向性	-2.660^{*}	0.011	-2.922^{**}	0.006	-1.322	0.193
	宜人性	-1.157	0.254	-0.713	0.480	0.411	0.683
	尽责性	-0.883	0.382	-0.830	0.411	0.363	0.718
	神经质	-1.406	0.167	-1.127	0.266	-1.516	0.137
	开放性	0.988	0.329	0.376	0.709	$-1.984^{†}$	0.054
过度饮酒率	外向性	2.694^{*}	0.010	1.674	0.102	-0.673	0.505
	宜人性	0.836	0.408	0.042	0.967	-1.150	0.257
	尽责性	0.363	0.718	0.292	0.772	-0.620	0.538
	神经质	1.183	0.243	1.442	0.157	-1.443	0.157
	开放性	-3.381^{**}	0.002	-3.223^{**}	0.002	-0.125	0.901

（续上表）

因变量	人格	模型1（基准模型）		模型2（加入交互项）			
		人格（t）	p	人格（t）	p	人格×环境（t）	p
烟草使用率	外向性	0.410	0.684	0.420	0.676	0.167	0.869
	宜人性	−0.091	0.928	0.787	0.436	1.528	0.134
	尽责性	0.607	0.547	0.627	0.534	0.283	0.779
	神经质	0.551	0.585	0.453	0.653	0.458	0.650
	开放性	−1.951[†]	0.058	−1.868[†]	0.069	−0.100	0.921
吸烟率	外向性	0.954	0.346	0.653	0.518	−0.136	0.893
	宜人性	0.260	0.796	0.826	0.414	1.081	0.286
	尽责性	1.093	0.281	1.056	0.297	−0.169	0.867
	神经质	0.383	0.703	0.273	0.786	0.549	0.586
	开放性	−2.383[*]	0.022	−2.376[*]	0.022	−0.419	0.677

第四节　讨　论

一、外向性与基尼系数的亲和性

基尼系数对外向性与各健康结果变量关系的调节作用检验结果汇总如图6.1所示。基尼系数与外向性的组合在强自杀念头率、任何心理疾病率、严重心理疾病率、流感类死亡率健康指标上表现出了积极的亲和性，而在基本需要幸福感、工作环境幸福感上表现出了消极的亲和性。

积极的亲和性结果主要集中在心理疾病率指标。外向性分别对于强自杀念头率（$t = −2.678$，$p < 0.05$）、任何心理疾病率（$t = −3.643$，$p < 0.001$）、严重心理疾病率（$t = −2.844$，$p < 0.01$）的主效应均有显著的负向作用，即外向性对于降低强自杀念头率、任何心理疾病率、严重心理疾病率具有保护作用。而外向性与基尼系数的交互项则分别对强自杀念头率（$t = −2.597$，$p < 0.05$）、任何心理疾病率（$t = −2.094$，$p < 0.05$）、严重心理疾病率（$t = −2.011$，

$p < 0.1$）有显著或者边缘显著的负向作用。这意味着基尼系数越高，外向性对于强自杀念头率、任何心理疾病率、严重心理疾病率的保护作用越强。此外，在流感类死亡率指标上，外向性对其主效应不显著，但外向性与基尼系数的交互项则有显著的负向作用（$t = -2.425$，$p < 0.05$）。这意味着，基尼系数越高，外向性降低流感类死亡率的积极作用越强。与已有研究发现基尼系数的负面作用的研究不同（例如，Wilkinson & Pickett，2009；Wilkinson & Pickett，2006），本研究则发现，基尼系数与外向性的组合能在特定的死亡率指标，尤其是强自杀念头率、任何心理疾病率等心理疾病率指标上存在一定的积极作用。

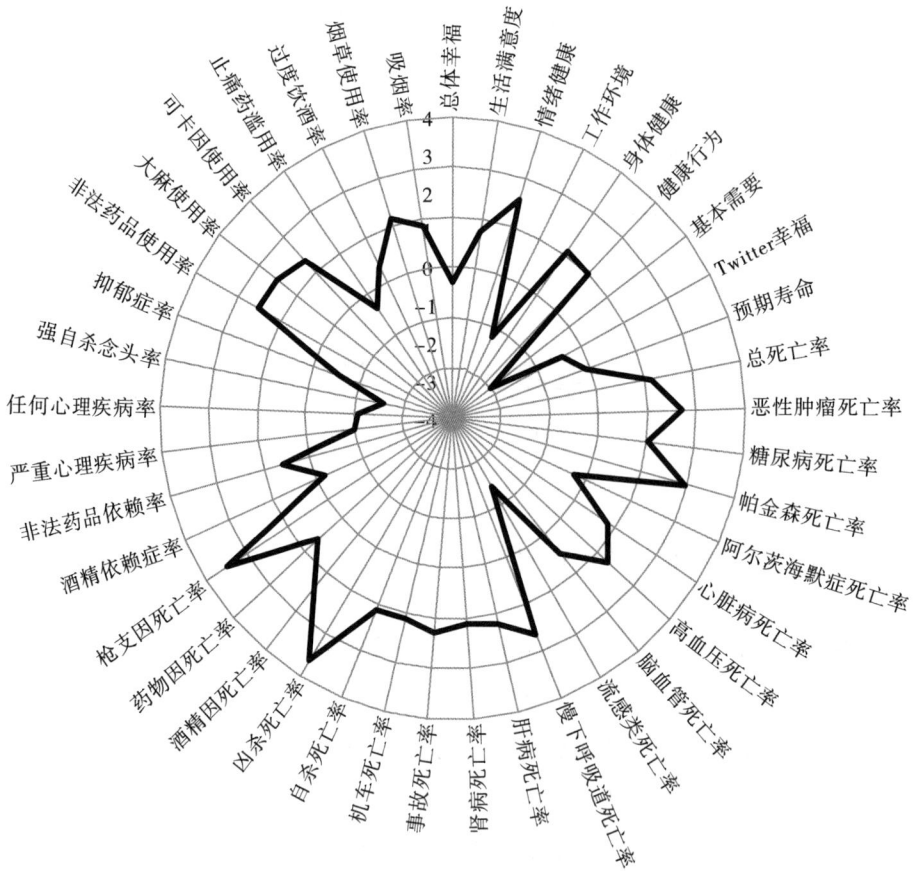

图6.1　外向性与基尼系数的交互结果图

消极的亲和性结果均为幸福感类指标。虽然外向性在相关分析中与基本需要幸福感、工作环境幸福感存在正相关，即外向性越高，基本需要幸福感、工作环境幸福感就越高。但在调节效应检验中，外向性的主效应均不再显著，但外向性与基尼系数的交互项对于基本需要幸福感（$t = -3.022$，$p < 0.01$）、工作环境幸福感（$t = -2.179$，$p < 0.05$）则均有显著的负向作用。这意味着，基尼系数越高，外向性促进基本需要幸福感、工作环境幸福感的积极作用越弱，或者说外向性降低基本需要幸福感、工作环境幸福感的负面作用越强。

综合而言，同与其他人格特质的组合相比，基尼系数对外向性与各健康指标关系的调节作用达到显著的模型数量相对较少、显著程度相对较弱，即基尼系数与外向性在各健康指标上的亲和性相对较弱。并且，基尼系数在上述显著的调节效应中既存在积极亲和性，也存在消极亲和性。一方面，基尼系数越高，外向性降低强自杀念头率、任何心理疾病率、严重心理疾病率、流感类死亡率的保护作用越强；但另一方面，基尼系数越高，外向性促进基本需要幸福感、工作环境幸福感的积极作用越弱。积极亲和性主要体现在心理疾病类健康指标上，而消极亲和性均体现在幸福感类健康指标上。

二、宜人性与基尼系数的亲和性

基尼系数对宜人性与各健康结果变量关系的调节作用检验结果汇总如图6.2所示。基尼系数与宜人性仅在流感类死亡率上表现为积极的亲和性，而在大部分的幸福感类健康指标（包括基本需要幸福感、工作环境幸福感、Gallup总体幸福感）和寿命/死亡类健康指标（包括枪支导致死亡率、凶杀死亡率、预期寿命、恶性肿瘤死亡率、总死亡率、帕金森症死亡率、脑血管病死亡率、慢下呼吸道死亡率、阿尔茨海默症死亡率）均表现为消极的亲和性。

在积极亲和性结果中，宜人性对流感类死亡率的主效应不显著，但宜人性与基尼系数的交互项对流感类死亡率具有显著的负向作用（$t = -2.227$，$p < 0.05$）。这意味着基尼系数越高，宜人性降低流感类死亡率的积极作用越强。

消极亲和性结果均集中于幸福感类和寿命/死亡率类健康指标上。在幸福感类的基本需要幸福感指标上，宜人性对其主效应不显著，但宜人性与基尼系数的交互项则有显著的负向作用（$t = -3.552$，$p < 0.05$）。这意味着基尼系数越高，宜人性降低基本需要幸福感的负面作用越强。在 Gallup 总体幸福感上，宜人性对其主效应也不显著，但宜人性与基尼系数的交互项则有显著的负向作用（$t = -2.097$，$p < 0.05$）。这说明基尼系数越高，宜人性降低 Gallup 总体幸福感的负面作用越强。在工作环境幸福感上，宜人性对其主效应呈边缘显著的正相

关（$t=1.811$，$p<0.1$），即宜人性越高，工作环境幸福感越高。而宜人性与基尼系数的交互项则对工作环境幸福感有显著的负向作用（$t=-2.210$，$p<0.05$），这说明基尼系数越高，宜人性促进工作环境幸福感作用越弱。在 Twitter 幸福感上，宜人性对其主效应显著为负向作用（$t=-2.411$，$p<0.05$），即基尼系数越高，Twitter 幸福感越低。而宜人性与基尼系数的交互项对于 Twitter 幸福感有显著的负向作用，这说明基尼系数越高，宜人性降低 Twitter 幸福感的负面作用越强。

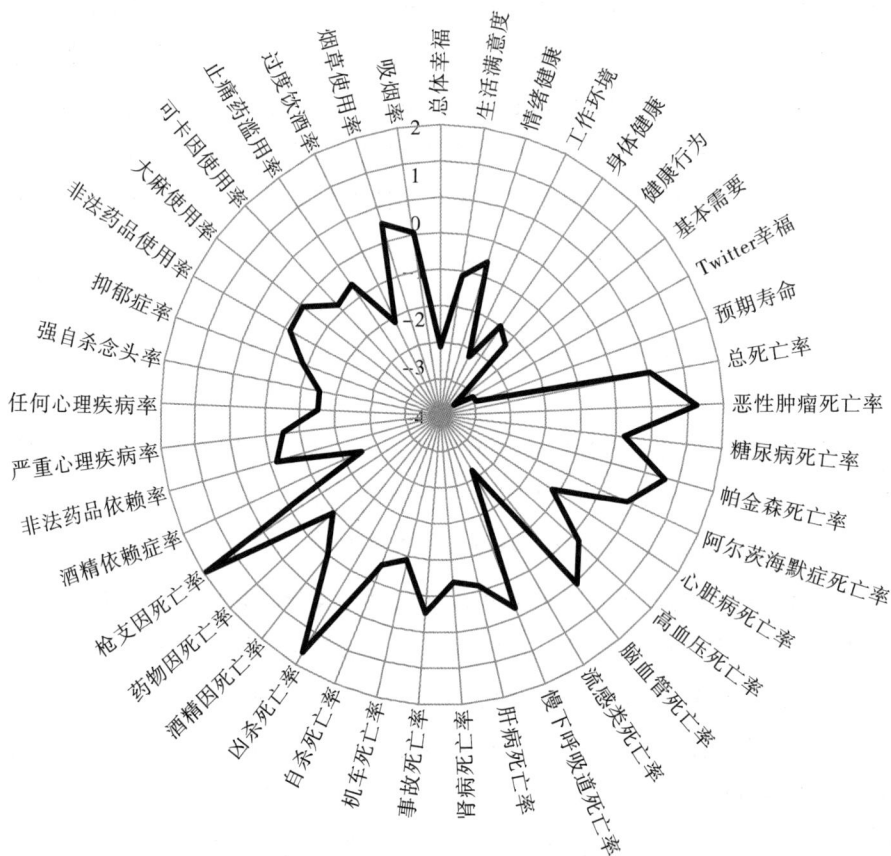

图6.2 宜人性与基尼系数的交互结果图

在死亡率类健康指标上，宜人性对于枪支导致死亡率、凶杀死亡率的主效应均无显著影响，但宜人性与基尼系数的交互项对于枪支导致死亡率（$t=3.933$，$p<0.001$）、凶杀死亡率（$t=3.649$，$p<0.001$）均有极其显著的正向作用。这意味着基尼系数越高，宜人性增大枪支导致死亡率、凶杀死亡率风险的作用越强。在预期寿命指标上，宜人性对其主效应不显著，但与基尼系数的

交互项有显著的负向作用（$t = -2.935$，$p < 0.01$）。这说明基尼系数越高，宜人性降低预期寿命的负面作用越强。宜人性对于恶性肿瘤死亡率、帕金森症死亡率、总死亡率的主效应均不显著，但与基尼系数的交互项则分别对恶性肿瘤死亡率（$t = 3.242$，$p < 0.01$）、帕金森症死亡率（$t = 2.611$，$p < 0.01$）、总死亡率（$t = 2.050$，$p < 0.05$）均有显著的正向作用。这意味着，基尼系数越高，宜人性增大恶性肿瘤死亡率、帕金森症死亡率、总死亡率风险的作用越强。宜人性对于脑血管病死亡率（$t = 2.092$，$p < 0.05$）、阿尔茨海默症死亡率（$t = 3.953$，$p < 0.001$）的主效应均呈显著的正相关，即宜人性越高，脑血管病死亡率、阿尔茨海默症死亡率越高。但宜人性与基尼系数的交互项分别对脑血管病死亡率（$t = 2.076$，$p < 0.05$）、阿尔茨海默症死亡率（$t = 1.834$，$p < 0.1$）有显著和边缘显著的正向影响作用。这说明基尼系数越高，宜人性增大脑血管病死亡率、阿尔茨海默症死亡率的负面作用被进一步加强。此外，在慢下呼吸道死亡率方面，宜人性对其主效应不显著，但与基尼系数的交互项则有边缘显著的正向作用（$t = 1.728$，$p < 0.1$）。这意味着，基尼系数越高，宜人性增大慢下呼吸道死亡率风险的负面作用越强。

已有研究发现，收入不平等（即基尼系数越高）会强化人们的社会比较和阶层竞争动机（Bowles & Park，2005）。收入不平等不仅对社会的诚信水平、一般信任水平有消极影响（Neville，2012），使得人们更加关注奢侈品（Walasek & Brown，2015），它还对人们的幸福感、死亡率等健康有负面作用（Wilkinson & Pickett，2009）。而本研究则进一步发现，该负面作用在宜人性人格特质越高的地区越强劲。尽管宜人性与基尼系数在流感类死亡率指标上存在一定的积极亲和性，但在大多数幸福感指标、寿命/死亡率健康指标上均有显著的消极亲和性，尤其是在枪支导致死亡率、凶杀死亡率指标上存在极其显著的消极亲和性。因此，宜人性与基尼系数整体上仍然体现出了极强的消极亲和性。事实上，de Vries、Gosling 和 Potter（2011）的研究发现，美国州水平的宜人性与基尼系数之间存在负相关，即基尼系数越高的地区，宜人性越低。但是地区水平的人格特质与基尼系数之间的关系是否存在因果关系尚不清晰，即到底是基尼系数高导致宜人性较低，还是宜人性低导致基尼系数较高，仍存在一定的争议。该争议与 Hofstede 和 McCrae（2004）关于到底是国家人格特质能够预测文化，还是文化能够预测人格的争议有类似之处。因此，在存在上述争议的基础上，

McCrae认为研究文化与人格的交互作用具有重要价值。基于类似的思路，本章则在 de Vries 等（2011）研究的基础上，进一步发现了宜人性和基尼系数对于幸福感、死亡率还存在显著的交互作用，尤其是在枪支导致死亡率、凶杀死亡率方面，宜人性和基尼系数的消极调节作用极其强劲。而枪支导致死亡率、凶杀死亡率类指标均是与社会竞争密切关联的健康结果变量，与基尼系数高导致社会信任水平受损、阶层竞争加剧的特征相符。

综合而言，同与其他人格特质的组合相比，基尼系数对宜人性与各健康指标关系的调节作用达到显著的模型数量最多、显著程度最强，即基尼系数与宜人性在各健康指标上的亲和性很强。并且，所有显著的调节作用除了在流感类死亡率上表现为积极亲和性外，其他健康指标均表现为显著的消极亲和性。一方面，基尼系数越高，宜人性降低流感类死亡率的积极作用越强。更为值得注意的是，在另一方面，基尼系数越高，宜人性降低基本需要幸福感、Gallup 总体幸福感、Twitter 幸福感的负面作用越强，促进工作环境幸福感作用越弱；同时，宜人性降低预期寿命的负面作用越强，而增大枪支导致死亡率、凶杀死亡率、恶性肿瘤死亡率、帕金森症死亡率、总死亡率、脑血管病死亡率、阿尔茨海默症死亡率、慢下呼吸道死亡率风险的作用越强。尽管在个别的死亡率指标上存在积极亲和性，但总体上而言，宜人性与基尼系数在幸福感、死亡率上存在非常强的消极亲和性。

三、尽责性与基尼系数的亲和性

基尼系数对尽责性与各健康结果变量关系的调节作用检验结果汇总如图 6.3 所示。基尼系数与尽责性在流感类死亡率、心脏病死亡率上存在积极的亲和性；而在基本需要幸福感、工作环境幸福感，大麻使用率、非法药品使用率、可卡因使用率，酒精导致死亡率、肝病死亡率、枪支导致死亡率上均存在消极的亲和性。

在积极亲和性结果中，尽责性对于流感类死亡率和心脏病死亡率的主效应均不显著，但与基尼系数的交互项对流感类死亡率（$t = -2.412$，$p < 0.05$）和心脏病死亡率（$t = -2.042$，$p < 0.05$）均有显著的负向影响。这说明基尼系数越高，尽责性降低流感类死亡率、心脏病死亡率风险的保护作用越强。

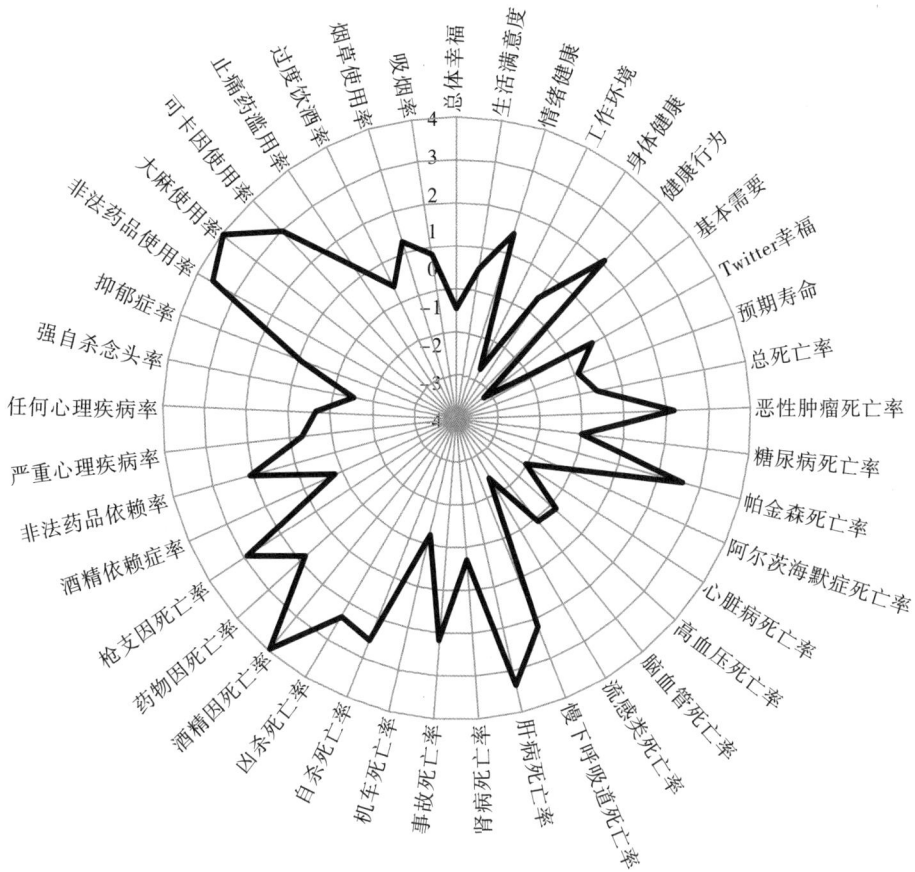

图 6.3　尽责性与基尼系数的交互结果图

在消极亲和性结果的幸福感指标中，尽责性对基本需要幸福感、工作环境幸福感的主效应均不显著，但与基尼系数的交互项则对基本需要幸福感（$t = -3.185$，$p < 0.01$）、工作环境幸福感（$t = -2.704$，$p < 0.01$）均有非常显著的负向作用。这意味着基尼系数越高，尽责性降低基本需要幸福感、工作环境幸福感的负面作用越强。在物质滥用行为方面，尽责性对大麻使用率（$t = -3.909$，$p < 0.001$）和非法药品使用率（$t = -3.748$，$p < 0.001$）的主效应均存在极其显著的负向影响，即尽责性越高，大麻使用率和非法药品使用率越低。但与基尼系数的交互项则分别对大麻使用率（$t = 2.986$，$p < 0.01$）和非法药品使用率（$t = 2.597$，$p < 0.05$）有显著的正向作用，这说明基尼系数越高，尽责性对于降低大麻使用率、非法药品使用率的保护作用越弱。即尽责性在已有研究中被广泛证实的对于

物质滥用行为具有保护作用的机制（Ashton，2013；Bogg & Roberts，2004），在基尼系数较高的环境下却被显著削弱。在可卡因使用率上，尽责性对其主效应不显著，但有负向影响的趋势（$t = -1.023$，$p > 0.1$），但尽责性与基尼系数的交互项则呈边缘显著的正相关（$t = 1.991$，$p < 0.1$）。这意味着，基尼系数越高，尽责性降低可卡因使用率风险的作用被显著削弱。在寿命/死亡率指标上，尽责性对于酒精导致死亡率、肝病死亡率、枪支导致死亡率的主效应均不显著，但尽责性与基尼系数的交互项分别对酒精导致死亡率（$t = 2.947$，$p < 0.01$）、肝病死亡率（$t = 2.374$，$p < 0.05$）、枪支导致死亡率（$t = 1.928$，$p < 0.1$）则有显著或边缘显著的正向影响。这意味着，基尼系数越高，尽责性增大酒精导致死亡率、肝病死亡率、枪支导致死亡率风险的作用越强。

综合而言，同与其他人格特质的组合相比，基尼系数对尽责性与各健康指标关系的调节作用达到显著的模型数量较多、显著程度较强，即基尼系数与尽责性在各健康指标上的亲和性相对较强。并且，基尼系数在上述显著的调节效应中既存在积极亲和性，也存在消极亲和性。一方面，基尼系数越高，尽责性降低流感类死亡率、心脏病死亡率风险的保护作用越强；另一方面，基尼系数越高，尽责性降低基本需要幸福感、工作环境幸福感的负面作用，增大酒精导致死亡率、肝病死亡率、枪支导致死亡率风险越强，同时降低大麻使用率、非法药品使用率、可卡因使用率风险的保护作用越弱。因此，尽责性与基尼系数在少量的死亡率指标上具有积极的亲和性，但在更多的幸福感指标、物质滥用行为指标、死亡率指标上具有较强的消极亲和性。

四、神经质与基尼系数的亲和性

基尼系数对神经质与各健康结果变量关系的调节作用检验结果汇总如图6.4所示。基尼系数与神经质在肝病死亡率、酒精依赖症率上表现出了显著、积极的亲和性；而在强自杀念头率、任何心理疾病率、抑郁症率、严重心理疾病率，工作环境幸福感，流感类死亡率和糖尿病死亡率上则均表现出了显著、消极的亲和性。

在积极的亲和性结果中，神经质对肝病死亡率的主效应不显著，但神经质与基尼系数的交互项对肝病死亡率有显著的负向作用（$t = -2.392$，$p < 0.05$）。这说明基尼系数越高，神经质降低肝病死亡率的保护作用越强。在酒精依赖症率方面，神经质对其主效应不显著，但神经质与基尼系数的交互项对其有显著的负向作用（$t = -2.382$，$p < 0.01$）。这说明基尼系数越高，神经质降低酒精依赖症率的保护作用越强。

在消极的亲和性结果中的心理疾病类指标上，神经质对于强自杀念头率、任何心理疾病率、抑郁症率、严重心理疾病率的主效应均不显著，但神经质与基尼系数的交互项对强自杀念头率（$t = 2.698$，$p < 0.05$）、任何心理疾病率（$t = 2.619$，$p < 0.05$）、抑郁症率（$t = 2.397$，$p < 0.05$）、严重心理疾病率（$t = 2.213$，$p < 0.05$）均有显著的正向作用。这意味着基尼系数越高，神经质增大强自杀念头率、任何心理疾病率、抑郁症率、严重心理疾病率风险的负面作用越强。个体水平的研究普遍发现个体的神经质与情绪障碍、心理疾病等相联系（例如，Kotov et al.，2010），但本研究在第三章关于州水平的人格特质与健康的相关关系检验结果中，并没有在州水平上验证神经质与心理疾病之间的密切关联。但本章的结果则进一步发现神经质增大心理疾病风险的关系在基尼系数越高的经济环境下更加显著，并且与在大多数心理疾病率类指标上呈现出的消极亲和性不同，神经质与基尼系数在酒精依赖症率健康指标上却表现出了积极亲和性。本研究为研究州水平的神经质与心理疾病的关系机制提供了更加直接、深入的证据。在幸福感方面，神经质对于工作环境幸福感的主效应不显著，但神经质与基尼系数的交互项对于工作环境幸福感有显著的负向作用（$t = -2.280$，$p < 0.05$）。这说明基尼系数越高，神经质降低工作环境幸福感的负面作用越强。在死亡率指标上，神经质对于流感类死亡率、糖尿病死亡率的主效应均不显著，但神经质与基尼系数的交互项对于流感类死亡率（$t = 2.669$，$p < 0.05$）、糖尿病死亡率（$t = 1.738$，$p < 0.1$）有显著或边缘显著的正向作用。这意味着基尼系数越高，神经质对于增大流感类死亡率、糖尿病死亡率风险的负面作用越强。

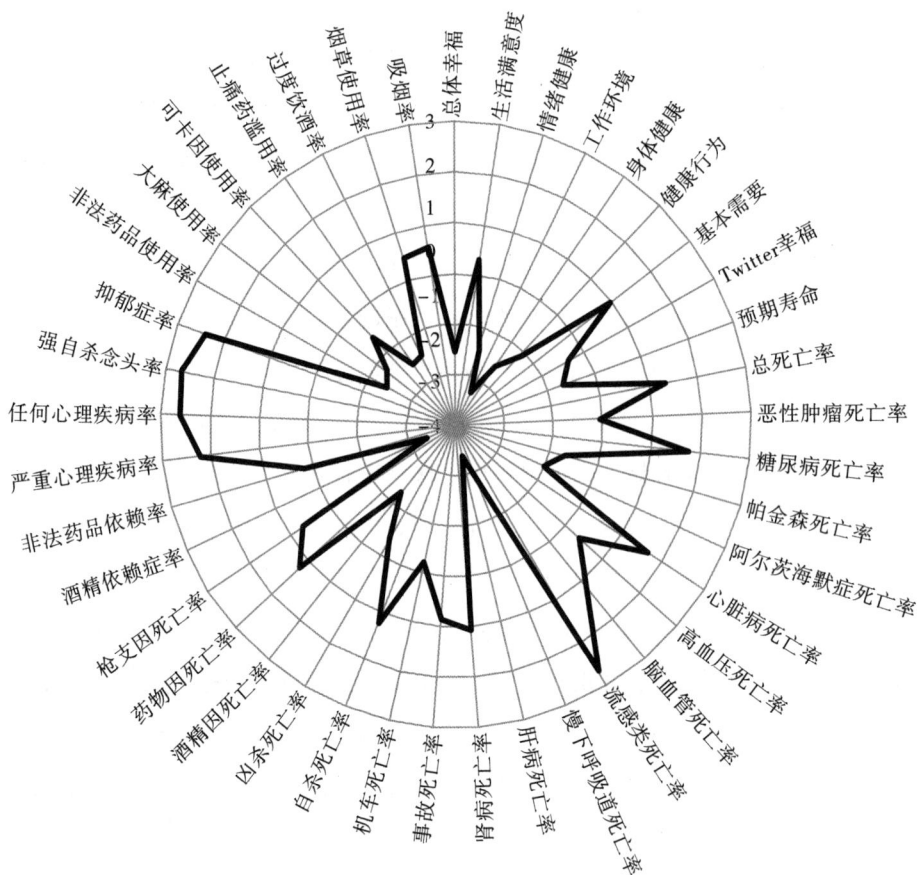

图 6.4 神经质与基尼系数的交互结果图

综合而言，同与其他人格特质的组合相比，基尼系数对神经质与各健康指标关系的调节作用达到显著的模型数量中等、显著程度中等，即基尼系数与神经质在各健康指标上有中等程度的亲和性。并且，基尼系数在上述显著的调节效应中既存在积极亲和性，也存在消极亲和性。一方面，基尼系数程度越高，神经质降低肝病死亡率风险、酒精依赖症率的保护作用越强；另一方面，基尼系数程度越高，神经质增大强自杀念头率、任何心理疾病率、抑郁症率、严重心理疾病率、流感类死亡率、糖尿病死亡率风险的负面作用越强，降低工作环境幸福感的负面作用也越强。总体来说，神经质与基尼系数的消极亲和性强于积极亲和性，消极亲和性较为集中地表现在强自杀念头率等心理疾病类健康指标上。

五、开放性与基尼系数的亲和性

基尼系数对开放性与各健康结果变量关系的调节作用检验结果汇总如图6.5所示。基尼系数与开放性在 Twitter 幸福感、阿尔茨海默症死亡率、凶杀死亡率、止痛药滥用率、总死亡率、糖尿病死亡率指标上均一致地表现为显著、积极的亲和性。

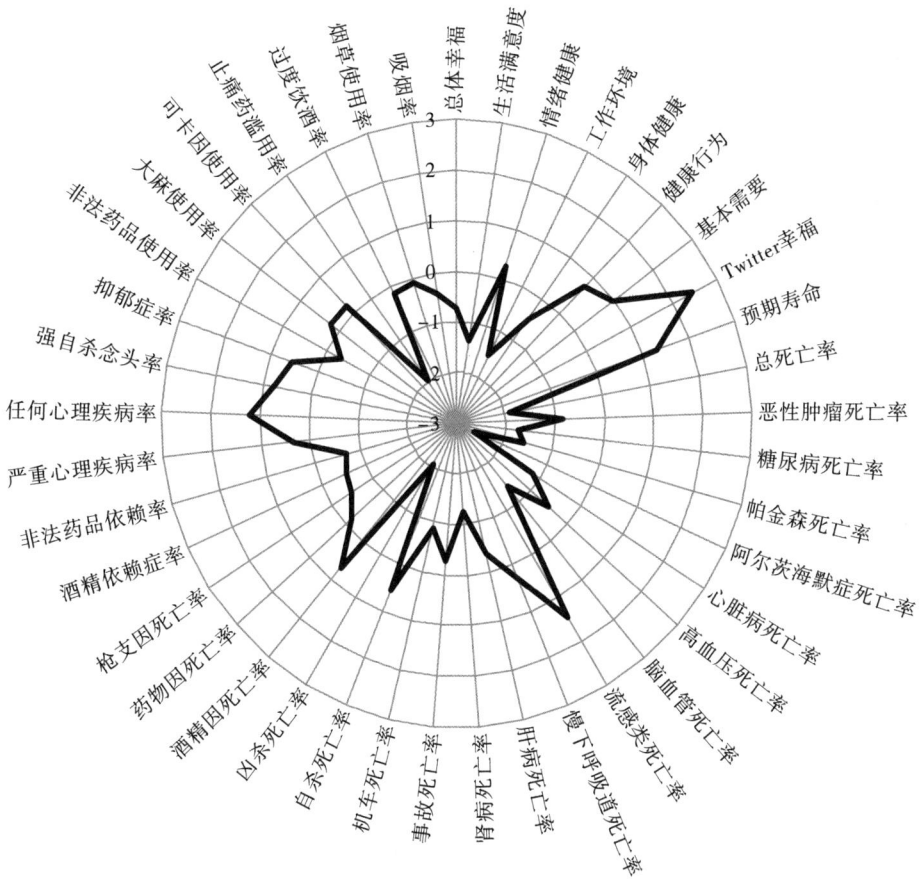

图6.5　开放性与基尼系数的交互结果图

在 Twitter 幸福感方面，开放性对其主效应为显著正向作用（$t = 3.408$，$p < 0.01$），即开放性越高，Twitter 幸福感越高。而开放性与基尼系数的交互项则仍有显著的正向作用（$t = 2.450$，$p < 0.05$），这意味着基尼系数越高，开放性促进 Twitter 幸福感的积极作用更强。在死亡率指标上，开放性对于阿尔茨海默症

187

死亡率、凶杀死亡率、总死亡率、糖尿病死亡率的主效应均不显著，但开放性与基尼系数的交互项分别对阿尔茨海默症死亡率（$t = -2.600$，$p < 0.05$）、凶杀死亡率（$t = -2.042$，$p < 0.05$）、总死亡率（$t = -1.890$，$p < 0.1$）、糖尿病死亡率（$t = -1.737$，$p < 0.1$）则有显著或边缘显著的负向作用。这说明基尼系数越高，开放性降低阿尔茨海默症死亡率、凶杀死亡率、总死亡率、糖尿病死亡率风险的积极作用越强。此外，在止痛药滥用方面，开放性对其主效应也不显著，但开放性与基尼系数的交互项则有显著的负向作用（$t = -1.984$，$p < 0.1$）。这意味着基尼系数越高，开放性降低止痛药滥用率的积极作用越强。上述结果显示的基尼系数高的经济环境，对于开放性人格特质而言反而有利于其在凶杀死亡率、Twitter 幸福感等健康指标上发挥积极作用。这与已有研究普遍发现基尼系数对于健康有负面影响的研究结果不同（例如，Wilkinson & Pickett，2009），以及宜人性与基尼系数表现为非常强的消极亲和性结果形成了鲜明的对比。

综合而言，同与其他人格特质的组合相比，基尼系数对开放性人格特质与各健康指标关系的调节作用达到显著的模型最少、显著程度最弱，即基尼系数与开放性的亲和性最弱。并且，所有显著的调节效应模型均一致地表现为积极亲和性。基尼系数越高，开放性促进 Twitter 幸福感的积极作用更强，降低阿尔茨海默症死亡率、凶杀死亡率、总死亡率、糖尿病死亡率、止痛药滥用率风险的积极作用越强。该积极的亲和性在健康结果变量上的分布较为分散，散布在幸福感、寿命/死亡率以及物质滥用率类指标上，即仅在心理疾病类健康指标上未表现出显著的亲和性。

六、小结

社会流行病学的研究较早地揭示了基尼系数对于健康的作用（例如，Wilkinson & Pickett，2006）。但最近的一些研究证据表明，一个地区的基尼系数作为地区收入不平等程度的反映，可以为宏观经济环境调节人类的心理与行为规律。例如，Oishi 和 Kesebir（2015）的研究发现，基尼系数能显著调节 GDP 与幸福感之间的关系，即 GDP 对于幸福感之间的促进作用在基尼系数越低的情况下越显著。但尚无研究直接考虑基尼系数刻画的经济环境特征对于人格影响健康的调节作用。虽然 de Vries 等（2011）关注了宜人性与基尼系数之间的关系，但该研究存在宜人性与基尼系数之间的因果关系机制不清晰的问题，并且未进一步将研究议题扩展至对健康结果变量的影响。本章基于社会生态视角，尤其是基于"人—环境"交互视角提出的人格与环境亲和性假说，系统地检验了基尼系数所反映的经济环境特征，在人格影响健康中可能发挥的调节作用，即人格与经济环境的亲和性规律。

　　一方面，本章的研究结果部分支持了人格与环境亲和性假说。结果显示不同的人格维度与基尼系数的亲和性存在较大差异。例如，宜人性与基尼系数存在很强的亲和性，并且以消极亲和性为主；而开放性、外向性与基尼系数的亲和性则相对较弱。另一方面，基尼系数虽然被普遍证实对于健康具有消极作用，但本章研究结果却发现，高基尼系数的经济环境，有利于开放性在降低凶杀死亡率、提高 Twitter 幸福感等方面发挥积极的作用，即开放性和基尼系数存在积极亲和性。

第七章

政治环境的调节：
以保守主义和自由主义为例

第一节　引　言

　　根据社会生态视角，政治环境作为重要的社会生态环境之一，与经济环境
一样也对人类的日常生活、心理与行为有着深远的影响（Oishi & Graham，
2010）。例如，相关的实验研究和调查数据证据表明，国家政治体制民主程度能
显著影响其国民的信任水平、合作行为、群体认同等心理变量（Lewin &
Lippitts，1938；Almond & Verba，1963；Oishi & Graham，2010）。不仅如此，研
究者还发现一个社会的政治环境，包括政府治理质量、社会福利支出、税收制
度、同性婚姻的法律合法性等，都可能对其居民的幸福感、心理疾病率、自杀
率等健康结果产生重要影响（Oishi，2014）。

　　虽然宏观政治环境对于人类的心理与行为之间存在重要关联，但主流心理
学研究直接关注宏观政治环境作用的研究却相对较少。现有政治心理学研究仍
主要关注于个体层面的政治意识形态与个体的心理特征（例如，人格、动机）、
行为结果之间（例如，投票行为、政治参与行为）的关系。例如，Jost 等
（2009）关于政治意识形态与个体心理特征之间的亲和性研究。但政治意识形
态的研究对于理解政治环境与人类心理与行为规律具有重要意义。政治心理学
的研究证据表明，政治意识形态对个体的认知、心理，日常行为活动类型、偏

好，选举投票行为，都具有重要的预测作用（Jost，Nosek & Gosling，2008）。尤其是社会流行病学、政治社会学的一些研究证据表明，地区的投票行为与该地区的死亡率等健康状况具有显著的关联性。例如，Smith 和 Dorling（1996）通过分析英国 561 个选区 1983 年、1987 年和 1992 年三次选举的投票行为和地区死亡率之间的关系，发现保守党支持率和工党支持率都与死亡率高度相关，但前者为显著负相关，后者为显著正相关。后续研究在个体层面证实，个体的政治意识形态与其健康状况之间也存在显著关联（Subramanian et al.，2010）。例如，相对于自由主义，保守主义普遍报告了更高的主观幸福感（Wojcik et al.，2015），自评健康状况也较高（例如，Subramanian et al.，2009）。此外，政治心理学中有研究证据表明，个体的政治意识形态对预测其实际投票行为的方差解释力能达到令人惊讶的 85%（Jost，2006）。由此笔者认为，地区对于保守主义、自由主义的投票行为模式或投票支持率，是该地区保守主义、自由主义政治氛围的反映，是值得以社会生态视角关注的重要政治环境变量。因此，研究保守主义、自由主义政治氛围对于健康的作用，是沟通政治心理学、社会生态心理学、社会流行病学的重要议题。

另外，个体、区域和国家水平的研究均显示人格特征对于健康具有重要的影响意义。因此，本章将探索区域水平的人格特征分别与保守主义、自由主义政治环境的交互作用对于健康的影响作用，即系统性地检验本书提出的人格与环境的亲和性假说。

第二节　研究设计

一、研究目的

社会流行病学的研究已经证实选举中的党派投票支持率与健康之间存在显著关联。选举中党派投票支持率一方面是该地区总体政治意识形态的表现，另一方面又是该地区总体政治意识形态水平的表现，体现的是一种保守主义—自由主义的政治氛围，即一种重要的政治环境。根据社会生态的视角，政治环境对于生活与其中的个体或群体的心理与行为具有重要作用（Oishi，2014）。因此，本章将以地区的保守主义—自由主义政治氛围作为政治环境，并在州水平进行人格与政治环境亲和性假说检验。如果某种人格对于健康指标的积极作用被政治环境变量显著增强，或消极作用被政治环境显著削弱，则称人格与政治环境在该健康指标上存在积极的亲和性；如果人格对于健康指标的消极作用被政治环境变量显著增强，或积极作用被政治环境显著削弱，则称人格与政治环境在该健康指标上存在消极的亲和性。例如，保守主义程度越高，尽责性促进 Gallup 总体幸福感的积极作用会越强吗？

二、数据来源

（一）保守主义与自由主义数据

美国 50 州在总统选举中对保守主义党派（共和党）、自由主义党派（民主党）的投票支持率被用作反映各州总体的保守主义—自由主义政治偏好、保守主义程度等的操作指标（Rentfrow et al.，2009；McCann，2013）。不仅该指标能够反映该州总体的政治意识形态水平，而且实际投票支持率作为行为指标相对于采用问卷调查意识形态指标更能反映实际意识形态氛围。因此，本章将采用类似的构建方法，通过 2000 年、2004 年、2008 年、2012 年美国四次总统大选中对保守主义党派（共和党）、自由主义党派（民主党）的投票支持率来分别测量各州的保守主义、自由主义的政治氛围。50 州所有的总统选举投票数据来自一个美国总统选举统计数据库（Dave Leip's Atlas of U. S. Presidential Elections，Rentfrow et al.，2009）。该数据库通过收集和整理各州官方的选择机构公布的选举数据，形成了在线的美国总统选举数据库。具体构建方法为，将各年的对保守党（自由党）总统候选人支持率进行标准化转化成 z 分数，然后通过加总平均的方法，从而得到各州的保守（自由）主义政治氛围指数。各指数均具有非常高的内部一致性系数（保守主义指数 $\alpha = 0.982$；自由主义指数 $\alpha = 0.977$），即非常高的信度水平。保守（自由）主义指数分值越大，表示该州总体的保守（自由）主义政治氛围越强。

值得说明的是，虽然本章将保守主义指数和自由主义指数分别作为调节变量进行分析，但这并不意味着本书认为保守主义和自由主义是完全独立的两个指标。Rentfrow 等（2009）出于总统选举中除了共和党、民主党之外还存在其他党派候选人支持率的考虑，因此在研究中也分别对保守党和自由党候选人支持率进行计算。但结合实际情况看，保守党和自由党候选人的支持率占据绝对优势，因此二者仍然呈现出高度负相关。政治心理学关于政治意识形态的研究也常常将保守主义—自由主义视为一个维度上的两极（Jost et al.，2008）。综合以上考虑，本章将分别对保守主义和自由主义指标进行检验和报告，尽管二者存在着较高的相关性。这一方面希望排除第三方党派支持率对结果可能存在的干扰，另一方面也希望对保守主义和自由主义政治氛围调节作用进行交互验证。

（二）其他数据

其他数据包括美国 50 州的人格数据，所有的健康指标，收入水平、教育程度等控制变量指标均与第三章相同。

三、研究方法

本章分析方法同第五章，即首先通过相关分析系统检验保守主义、自由主义与各健康指标之间的关系，其次在此基础上进一步控制收入水平、教育程度、女性人口比例、白人人口比例、城市人口比例等变量进行偏相关分析。更为重要的是，采用分步回归的方法进行调节作用分析，系统检验人格与政治环境的交互作用对于健康的影响。在第一步方程中，以健康指标为因变量，以收入水平等 5 个控制变量，人格变量以及保守（自由）主义作为自变量，构建回归方程；第二步方程中，在第一步的基础上加入人格变量与保守（自由）主义的交互项。

第三节　研究结果

一、政治环境与健康的相关关系

将政治环境分别与各健康指标进行相关分析，以及控制了收入水平、教育程度、女性人口比例、白人人口比例、城市人口比例的偏相关分析，结果见表 7.1。

表 7.1　保守主义—自由主义与健康指标的相关关系汇总

	保守主义（简）	保守主义（偏）	自由主义（简）	自由主义（偏）
Gallup 总体幸福感	− 0.243[†]	− 0.227	0.182	0.242
生活评价幸福感	− 0.180	0.051	0.127	− 0.066
情绪健康幸福感	0.029	0.077	− 0.077	− 0.051
工作环境幸福感	0.180	− 0.003	− 0.208	0.043
身体健康幸福感	− 0.345[*]	− 0.184	0.302[*]	0.202
健康行为幸福感	− 0.487[***]	− 0.605[***]	0.415[**]	0.576[***]
基本需要幸福感	− 0.318[*]	− 0.067	0.282[*]	0.098
Twitter 幸福感	− 0.037	− 0.470[**]	− 0.033	0.465[**]
预期寿命	− 0.533[***]	− 0.591[***]	0.477[***]	0.594[***]
总死亡率	0.524[***]	0.571[***]	− 0.471[***]	− 0.579[***]
恶性肿瘤死亡率	0.181	0.079	− 0.129	− 0.084
糖尿病死亡率	0.483[***]	0.314[*]	− 0.442[**]	− 0.317[*]
帕金森症死亡率	0.156	− 0.005	− 0.196	− 0.015
阿尔茨海默症死亡率	0.300[*]	0.056	− 0.285[*]	− 0.038
心脏病死亡率	0.271[†]	0.378[*]	− 0.195	− 0.359[*]
高血压死亡率	0.170	0.111	− 0.129	− 0.115
脑血管病死亡率	0.581[***]	0.628[***]	− 0.537[***]	− 0.629[***]
流感类死亡率	0.262[†]	0.239	− 0.226	− 0.235
慢下呼吸道死亡率	0.592[***]	0.376[*]	− 0.559[***]	− 0.354[*]
肝病死亡率	0.368[**]	− 0.114	− 0.379[**]	0.125
肾病死亡率	0.292[*]	0.449[**]	− 0.230	− 0.452[**]
事故导致死亡率	0.533[***]	0.113	− 0.535[***]	− 0.123
机动车事故死亡率	0.670[***]	0.532[***]	− 0.643[***]	− 0.523[***]
自杀死亡率	0.558[***]	0.050	− 0.618[***]	− 0.090
凶杀死亡率	0.268[†]	0.381[*]	− 0.208	− 0.383[*]
酒精导致死亡率	0.147	− 0.331[*]	− 0.214	0.316[*]
药物导致死亡率	0.000	− 0.172	0.005	0.150
枪支导致死亡率	0.724[***]	0.518[***]	− 0.720[***]	− 0.543[***]

（续上表）

	保守主义（简）	保守主义（偏）	自由主义（简）	自由主义（偏）
酒精依赖症率	-0.171	-0.275[†]	0.122	0.291[†]
非法药品依赖率	-0.271[†]	-0.287[†]	0.258[†]	0.244
严重心理疾病率	0.313[*]	-0.099	-0.336[*]	0.057
任何心理疾病率	0.204	-0.100	-0.226	0.050
强自杀念头率	0.140	-0.168	-0.184	0.129
抑郁症率	0.147	-0.025	-0.182	-0.017
非法药品使用率	-0.602[***]	-0.645[***]	0.545[***]	0.607[***]
大麻使用率	-0.590[***]	-0.676[***]	0.521[***]	0.634[***]
可卡因使用率	-0.540[***]	-0.432[**]	0.514[***]	0.399[**]
止痛药滥用率	0.050	-0.105	-0.032	0.099
过度饮酒率	-0.236[†]	-0.226	0.225	0.256[†]
烟草使用率	0.522[***]	0.282[†]	-0.493[***]	-0.266[†]
吸烟率	0.525[***]	0.301[*]	-0.482[***]	-0.271[†]

（一）政治环境与幸福感相关

美国州水平的保守主义程度与健康行为幸福感（$r = -0.487$）、身体健康幸福感（$r = -0.345$）、基本需要幸福感（$r = -0.318$）呈显著负相关，与 Gallup 总体幸福感（$r = -0.243$）呈边缘显著负相关。在加入控制变量后的偏相关结果中，保守主义程度与健康行为幸福感（$r = -0.605$）、Twitter 幸福感（$r = -0.470$）呈显著负相关。

美国州水平的自由主义程度与健康行为幸福感（$r = 0.415$）、身体健康幸福感（$r = 0.302$）、基本需要幸福感（$r = 0.282$）呈显著正相关。在加入控制变量后的偏相关结果中，自由主义程度与健康行为幸福感（$r = 0.576$）、Twitter 幸福感（$r = 0.465$）呈显著正相关。

（二）政治环境与寿命/死亡率相关

美国州水平的保守主义程度与枪支导致死亡率（$r = 0.724$）、机动车事故死亡率（$r = 0.670$）、慢下呼吸道死亡率（$r = 0.592$）、脑血管病死亡率（$r = 0.581$）、自杀死亡率（$r = 0.558$）、事故导致死亡率（$r = 0.533$）、总死亡率（$r = 0.524$）、糖尿病死亡率（$r = 0.483$）、肝病死亡率（$r = 0.368$）、阿尔茨海默症死亡率（$r=0.300$）、肾病死亡率（$r=0.292$）呈显著正相关。保守主义程度仅与预期寿命死亡率（$r=-0.533$）呈显著负相关，与心脏病死亡率（$r=0.271$）、凶杀死亡率（$r=0.268$）呈边缘显著正相关。在加入控制变量后的偏相关结果中，保守主义程度与脑血管病死亡率（$r=0.628$）、总死亡率（$r=0.571$）、机动车事故死亡率（$r=0.532$）、枪支导致死亡率（$r=0.518$）、肾病死亡率（$r=0.449$）、凶杀死亡率（$r=0.381$）、心脏病死亡率（$r=0.378$）、慢下呼吸道死亡率（$r=0.376$）、糖尿病死亡率（$r=0.314$）呈显著正相关。保守主义程度仅与预期寿命（$r=-0.591$）、酒精导致死亡率（$r=-0.331$）呈显著负相关。

美国州水平的自由主义与枪支导致死亡率（$r=-0.720$）、机动车事故死亡率（$r=-0.643$）、自杀死亡率（$r=-0.618$）、慢下呼吸道死亡率（$r=-0.559$）、脑血管病死亡率（$r=-0.537$）、事故导致死亡率（$r=-0.535$）、总死亡率（$r=-0.471$）、糖尿病死亡率（$r=-0.442$）、肝病死亡率（$r=-0.379$）、阿尔茨海默症死亡率（$r=-0.285$）呈显著负相关。自由主义程度仅与预期寿命（$r=0.477$）呈显著正相关。在加入控制变量后的偏相关结果中，自由主义程度与脑血管病死亡率（$r=-0.629$）、总死亡率（$r=-0.579$）、枪支导致死亡率（$r=-0.543$）、机动车事故死亡率（$r=-0.523$）、肾病死亡率（$r=-0.452$）、凶杀死亡率（$r=-0.383$）、心脏病死亡率（$r=-0.359$）、慢下呼吸道死亡率（$r=-0.354$）、糖尿病死亡率（$r=-0.317$）呈显著负相关。自由主义程度与预期寿命（$r=0.594$）、酒精导致死亡率（$r=0.316$）呈显著正相关。

（三）政治环境与心理疾病相关

美国州水平的保守主义与严重心理疾病率（$r=0.313$）呈显著正相关，与非法药品依赖率（$r=-0.271$）呈边缘显著负相关，与其他指标均相关不显著。在加入控制变量后的偏相关结果中，保守主义与酒精依赖症率（$r=-0.275$）、非法药品依赖率（$r=-0.287$）呈边缘显著负相关，与其他指标均相关不显著。

美国州水平的自由主义与严重心理疾病率（$r=-0.336$）呈显著负相关，与非法药品依赖率（$r=0.258$）呈边缘显著正相关。在加入控制变量后的偏相关结果中，自由主义仅与酒精依赖症率（$r=0.291$）呈边缘显著正相关，与其他指标均相关不显著。

（四）政治环境与物质滥用和健康行为相关

美国州水平的保守主义程度与非法药品使用率（$r = -0.602$）、大麻使用率（$r = -0.590$）、可卡因使用率（$r = -0.540$）呈显著负相关，与吸烟率（$r = 0.525$）、烟草使用率（$r = 0.522$）呈显著正相关。保守主义程度与过度饮酒率（$r = -0.236$）呈边缘显著负相关。在加入控制变量后的偏相关结果中，保守主义程度与非法药品使用率（$r = -0.645$）、大麻使用率（$r = -0.676$）、可卡因使用率（$r = -0.432$）呈显著负相关，与吸烟率（$r = 0.301$）呈显著正相关，与烟草使用率（$r = 0.282$）呈边缘显著正相关。

美国州水平自由主义程度与非法药品使用率（$r = 0.545$）、大麻使用率（$r = 0.521$）、可卡因使用率（$r = 0.514$）呈显著正相关，与吸烟率（$r = -0.482$）、烟草使用率（$r = -0.493$）呈显著负相关。在偏相关结果中，美国州水平的保守主义程度与非法药品使用率（$r = 0.607$）、大麻使用率（$r = 0.634$）、可卡因使用率（$r = 0.399$）呈显著正相关，与吸烟率（$r = -0.271$）、烟草使用率（$r = -0.266$）呈边缘显著负相关，与过度饮酒率（$r = 0.256$）呈边缘显著正相关。

三、保守主义对人格与健康的调节

（一）幸福感

在幸福感方面，大五人格与保守主义交互效应检验结果详见表7.2。具体而言，①对于 Gallup 总体幸福感，保守主义与外向性的交互作用对于 Gallup 总体幸福感具有显著的正向影响（$t = 2.192$，$p = 0.034 < 0.05$），即外向性与 Gallup 总体幸福感水平的正相关关系显著受到保守主义的调节。保守主义与尽责性的交互作用对于 Gallup 总体幸福感具有显著的正向影响（$t = 2.152$，$p = 0.037 < 0.05$），即尽责性与 Gallup 总体幸福感的正相关关系显著受到保守主义的调节。②对于生活满意度，保守主义与外向性的交互作用对于生活满意度具有显著正向影响（$t = 2.378$，$p = 0.022 < 0.05$），即外向性与生活满意度的关系显著受到保守主义的调节。保守主义与神经质的交互作用对于生活满意度具有边缘显著负向影响（$t = -1.705$，$p = 0.096 < 0.1$），即神经质与生活满意度的负相关关系显著受到保守主义的调节。③对于工作环境幸福感，保守主义与尽责性的交互作用对于工作环境幸福感具有非常显著的正向影响（$t = 2.847$，

$p = 0.007 < 0.01$），即尽责性与工作环境幸福感的关系显著受到保守主义的调节。保守主义与外向性的交互作用对于工作环境幸福感具有显著负向影响（$t = 2.598$，$p = 0.013 < 0.05$），即外向性与工作环境幸福感的关系显著受到保守主义的调节。④对于健康行为幸福感而言，保守主义与神经质的交互作用对于健康行为幸福感具有边缘显著负向影响（$t = -1.971$，$p = 0.056 < 0.1$），即神经质与健康行为幸福感的负相关关系显著受到保守主义的调节。⑤对于基本需要幸福感，保守主义与开放性的交互作用对于基本需要幸福感具有显著的正向影响（$t = 2.947$，$p = 0.005 < 0.01$），即开放性与基本需要幸福感的负相关关系显著受到保守主义的调节。保守主义与尽责性的交互作用对于基本需要幸福感具有显著的正向影响（$t = 2.272$，$p = 0.028 < 0.05$），即尽责性与基本需要幸福感之间的关系显著受到保守主义的调节。⑥对于 Twitter 幸福感，保守主义与尽责性的交互作用对于 Twitter 幸福感具有显著的正向影响（$t = 2.314$，$p = 0.026 < 0.05$），即尽责性与 Twitter 幸福感之间的正相关关系显著受到保守主义的调节。

表 7.2 大五人格和保守主义预测幸福感

因变量	人格	模型 1（基准模型）		模型 2（加入交互项）			
		人格(t)	p	人格(t)	p	人格 × 环境(t)	p
Gallup 总体幸福感	外向性	2.312*	0.026	1.977†	0.055	2.192*	0.034
	宜人性	2.817**	0.007	1.972†	0.055	1.310	0.198
	尽责性	3.107**	0.003	3.173**	0.003	2.152*	0.037
	神经质	-3.299**	0.002	-3.335**	0.002	-0.811	0.422
	开放性	0.231	0.819	0.265	0.793	0.750	0.457
生活评价幸福感	外向性	1.211	0.233	0.824	0.415	2.378*	0.022
	宜人性	1.250	0.218	0.637	0.528	1.105	0.275
	尽责性	2.850**	0.007	2.813**	0.008	0.817	0.419
	神经质	-2.829**	0.007	-3.008**	0.004	-1.705†	0.096
	开放性	1.097	0.279	1.132	0.264	0.845	0.403
情绪健康幸福感	外向性	3.106**	0.003	3.081**	0.004	-0.325	0.747
	宜人性	2.121*	0.040	2.357*	0.023	-1.024	0.312
	尽责性	3.603***	0.001	3.681***	0.001	-1.377	0.176
	神经质	-2.952**	0.005	-2.885**	0.006	0.423	0.675
	开放性	-1.479	0.147	-1.461	0.152	-0.029	0.977

（续上表）

因变量	人格	模型1（基准模型）		模型2（加入交互项）			
		人格(t)	p	人格(t)	p	人格×环境(t)	p
工作环境幸福感	外向性	1.671	0.102	1.280	0.208	2.598*	0.013
	宜人性	3.489**	0.001	2.476*	0.017	1.619	0.113
	尽责性	1.550	0.129	1.590	0.120	2.847**	0.007
	神经质	-1.96†	0.057	-1.876†	0.068	1.359	0.182
	开放性	-0.571	0.571	-0.535	0.596	0.676	0.503
身体健康幸福感	外向性	3.044**	0.004	2.858**	0.007	0.629	0.533
	宜人性	1.991†	0.053	1.380	0.175	0.912	0.367
	尽责性	3.174**	0.003	3.137**	0.003	0.855	0.397
	神经质	-1.644	0.108	-1.712†	0.094	-1.008	0.319
	开放性	-0.446	0.658	-0.452	0.653	-0.258	0.798
健康行为幸福感	外向性	-1.616	0.114	-1.761†	0.086	0.953	0.346
	宜人性	-0.915	0.365	-1.108	0.274	0.662	0.512
	尽责性	0.163	0.871	0.145	0.886	0.570	0.572
	神经质	-1.800†	0.079	-1.999†	0.052	-1.971†	0.056
	开放性	3.358**	0.002	3.316**	0.002	-1.214	0.232
基本需要幸福感	外向性	2.273*	0.028	2.281*	0.028	-0.377	0.708
	宜人性	2.035*	0.048	1.709†	0.095	0.218	0.829
	尽责性	0.469	0.641	0.424	0.674	2.272*	0.028
	神经质	-0.033	0.973	-0.063	0.950	-0.410	0.684
	开放性	-2.062*	0.045	-2.101*	0.042	2.947**	0.005
Twitter幸福感	外向性	-1.720†	0.093	-1.748†	0.088	0.405	0.688
	宜人性	-0.163	0.871	-0.665	0.510	1.174	0.247
	尽责性	-0.777	0.441	-0.885	0.381	2.314*	0.026
	神经质	-0.178	0.860	-0.248	0.805	-0.984	0.331
	开放性	1.923†	0.061	1.877†	0.068	-0.631	0.531

（二）寿命/死亡率

在寿命与死亡率方面，大五人格与保守主义交互效应检验结果详见表7.3。具体而言，①对于预期寿命，保守主义与尽责性的交互作用对于预期寿命具有显著的正向影响（$t = 3.110$，$p = 0.003 < 0.01$），即尽责性与预期寿命的关系显著受到保守主义的调节。保守主义与神经质的交互作用对于预期寿命具有边缘显著的负向影响（$t = -1.764$，$p = 0.085 < 0.1$），即神经质与预期寿命的关系显著受到保守主义的调节。②对于恶性肿瘤死亡率，保守主义与神经质的交互作用对于恶性肿瘤死亡率具有边缘显著的正向影响（$t = 1.686$，$p = 0.099 < 0.1$），即神经质与恶性肿瘤死亡率的关系显著受到保守主义的调节。③对于阿尔茨海默症死亡率，保守主义与外向性的交互作用对于阿尔茨海默症死亡率具有显著的正向影响（$t = 2.289$，$p = 0.027 < 0.05$），即外向性与阿尔茨海默症的关系显著受到保守主义的调节。保守主义与神经质的交互作用对于阿尔茨海默症死亡率具有边缘显著的正向影响（$t = 1.925$，$p = 0.061 < 0.1$），即神经质与阿尔茨海默症死亡率的负相关关系显著受到保守主义的调节。④对于高血压死亡率，保守主义与开放性的交互作用对于高血压死亡率具有显著的负向影响（$t = -2.078$，$p = 0.044 < 0.05$），即开放性与高血压死亡率的关系显著受到保守主义的调节。⑤对于脑血管病死亡率，保守主义与宜人性的交互作用对于脑血管病死亡率具有边缘显著的负向影响（$t = -1.957$，$p = 0.057 < 0.1$），即宜人性与脑血管病死亡率的正相关关系显著受到保守主义的调节。⑥对于流感类死亡率，保守主义与宜人性的交互作用对于流感类死亡率具有显著的正向影响（$t = 2.130$，$p = 0.039 < 0.05$），即宜人性与流感类死亡率之间的关系显著受到保守主义的调节。⑦对于慢下呼吸道死亡率，保守主义与尽责性的交互作用对于慢下呼吸道死亡率具有显著的负向影响（$t = -2.510$，$p = 0.016 < 0.05$），即尽责性与慢下呼吸道死亡率的关系显著受到保守主义的调节。保守主义与宜人性的交互作用对于慢下呼吸道死亡率具有边缘显著的负向影响（$t = -1.999$，$p = 0.052 < 0.1$），即宜人性与慢下呼吸道死亡率的关系显著受到保守主义的调节。⑧对于肝病死亡率，保守主义与尽责性的交互作用对于肝病死亡率具有显著的负向影响（$t = -2.325$，$p = 0.025 < 0.05$），即尽责性与肝病死亡率的正相关关系显著受到保守主义的调节。保守主义与开放性的交互作用对于肝病死亡率具有显著的负向影响（$t = -2.201$，$p = 0.033 < 0.05$），即开放性与肝病死亡

率的关系显著受到保守主义的调节。⑨对于肾病死亡率，保守主义与开放性的交互作用对于肾病死亡率具有边缘显著的正向影响（$t = 1.802$，$p = 0.079 < 0.1$），即开放性与肾病死亡率的关系显著受到保守主义的调节。⑩对于自杀死亡率，保守主义与神经质的交互作用对于自杀死亡率具有显著的负向影响（$t = -2.204$，$p = 0.033 < 0.05$），即神经质与自杀死亡率的关系显著受到保守主义的调节。⑪对于凶杀死亡率，保守主义与宜人性的交互作用对于凶杀死亡率具有显著的负向影响（$t = -2.520$，$p = 0.016 < 0.05$），即宜人性与凶杀死亡率的关系显著受到保守主义的调节。⑫对于酒精导致死亡率，保守主义与开放性的交互作用对于酒精导致死亡率具有显著的负向影响（$t = -2.927$，$p = 0.006 < 0.01$），即开放性与酒精导致死亡率的关系显著受到保守主义的调节。保守主义与尽责性的交互作用对于酒精导致死亡率具有显著的负向影响（$t = -2.058$，$p = 0.046 < 0.05$），即尽责性与酒精导致死亡率的关系显著受到保守主义的调节。⑬对于枪支导致死亡率，保守主义与宜人性的交互作用对于枪支导致死亡率具有边缘显著的负向影响（$t = -1.982$，$p = 0.054 < 0.1$），即宜人性与枪支导致死亡率的关系显著受到保守主义的调节。

表7.3　大五人格和保守主义预测寿命/死亡率

因变量	人格	模型1(基准模型)		模型2(加入交互项)		
		人格(t)	p	人格(t)	p	人格 × 环境(t)	p
预期寿命	外向性	$1.875^{\dagger}$	0.068	$1.720^{\dagger}$	0.093	0.609	0.546
	宜人性	$1.985^{\dagger}$	0.054	1.342	0.187	0.994	0.326
	尽责性	0.941	0.352	0.940	0.353	3.110^{**}	0.003
	神经质	-0.658	0.514	-0.800	0.428	$-1.764^{\dagger}$	0.085
	开放性	-0.266	0.791	-0.219	0.828	0.996	0.325
总死亡率	外向性	-1.296	0.202	-1.238	0.223	-0.118	0.907
	宜人性	-0.770	0.445	-0.602	0.550	-0.184	0.855
	尽责性	-1.489	0.144	-1.458	0.153	-0.935	0.355
	神经质	1.510	0.139	1.603	0.117	1.217	0.231
	开放性	0.034	0.973	0.008	0.993	-0.538	0.594

（续上表）

因变量	人格	模型1（基准模型）		模型2（加入交互项）			
		人格(t)	p	人格(t)	p	人格×环境(t)	p
恶性肿瘤死亡率	外向性	−0.886	0.381	−0.619	0.539	−1.448	0.155
	宜人性	−1.274	0.210	−0.605	0.548	−1.236	0.224
	尽责性	−1.953[†]	0.057	−1.923[†]	0.061	−1.025	0.311
	神经质	1.844[†]	0.072	2.001[†]	0.052	1.686[†]	0.099
	开放性	−0.963	0.341	−0.949	0.348	0.039	0.969
糖尿病死亡率	外向性	0.450	0.655	0.180	0.858	1.482	0.146
	宜人性	1.818[†]	0.076	1.214	0.232	0.940	0.352
	尽责性	1.089	0.282	1.060	0.295	0.835	0.408
	神经质	0.806	0.425	0.799	0.429	0.065	0.949
	开放性	0.089	0.930	0.108	0.914	0.432	0.668
帕金森症死亡率	外向性	0.286	0.776	0.332	0.742	−0.298	0.767
	宜人性	−0.575	0.568	−0.060	0.952	−1.034	0.307
	尽责性	0.164	0.871	0.161	0.873	0.012	0.990
	神经质	−1.283	0.207	−1.300	0.201	−0.451	0.655
	开放性	−0.204	0.839	−0.155	0.878	1.038	0.305
阿尔茨海默症死亡率	外向性	0.227	0.821	−0.181	0.857	2.289[*]	0.027
	宜人性	3.521[**]	0.001	3.493[**]	0.001	−0.788	0.435
	尽责性	1.718[†]	0.093	1.686[†]	0.099	0.531	0.599
	神经质	−3.018[**]	0.004	−2.966[**]	0.005	1.925[†]	0.061
	开放性	0.258	0.798	0.202	0.841	−1.194	0.239
心脏病死亡率	外向性	−0.077	0.939	−0.094	0.925	0.106	0.916
	宜人性	0.009	0.993	−0.490	0.626	1.130	0.265
	尽责性	−1.070	0.291	−1.063	0.294	0.214	0.831
	神经质	1.060	0.295	1.003	0.322	−0.660	0.513
	开放性	−0.600	0.551	−0.656	0.515	−1.147	0.258

（续上表）

因变量	人格	模型1（基准模型）		模型2（加入交互项）			
		人格（t）	p	人格（t）	p	人格 × 环境（t）	p
高血压死亡率	外向性	0.822	0.416	0.541	0.591	1.548	0.129
	宜人性	2.412*	0.020	2.346*	0.024	−0.459	0.649
	尽责性	1.363	0.180	1.346	0.186	0.025	0.980
	神经质	−1.247	0.219	−1.169	0.249	1.047	0.301
	开放性	0.962	0.342	0.900	0.373	−2.078*	0.044
脑血管病死亡率	外向性	−0.565	0.575	−0.489	0.627	−0.334	0.740
	宜人性	0.156	0.877	1.008	0.319	−1.957†	0.057
	尽责性	−0.557	0.580	−0.524	0.603	−1.165	0.251
	神经质	−1.314	0.196	−1.218	0.230	1.635	0.110
	开放性	0.911	0.367	0.958	0.344	1.003	0.322
流感类死亡率	外向性	0.059	0.954	0.005	0.996	0.286	0.777
	宜人性	0.104	0.918	−0.843	0.404	2.130*	0.039
	尽责性	−0.452	0.654	−0.490	0.627	1.194	0.239
	神经质	1.959†	0.057	1.877†	0.068	−1.196	0.239
	开放性	−0.459	0.648	−0.457	0.650	−0.070	0.945
慢下呼吸道死亡率	外向性	−2.199*	0.033	−1.939†	0.059	−1.348	0.185
	宜人性	−1.467	0.150	−0.480	0.633	−1.999†	0.052
	尽责性	−0.514	0.610	−0.470	0.641	−2.510*	0.016
	神经质	0.535	0.596	0.860	0.395	3.556***	0.001
	开放性	0.133	0.895	0.060	0.952	−1.586	0.120
肝病死亡率	外向性	−1.476	0.147	−1.481	0.146	0.248	0.805
	宜人性	−0.411	0.683	−0.069	0.945	−0.674	0.504
	尽责性	1.957†	0.057	2.126*	0.040	−2.325*	0.025
	神经质	−1.808†	0.078	−1.731†	0.091	1.009	0.319
	开放性	1.016	0.315	0.957	0.344	−2.201*	0.033
肾病死亡率	外向性	1.504	0.140	1.702†	0.096	−1.189	0.241
	宜人性	0.167	0.868	−0.036	0.971	0.419	0.677
	尽责性	−0.005	0.996	0.012	0.991	−0.549	0.586
	神经质	2.046*	0.047	2.105*	0.041	0.937	0.354
	开放性	−1.395	0.170	−1.345	0.186	1.802†	0.079

（续上表）

因变量	人格	模型1（基准模型）		模型2（加入交互项）			
		人格（t）	p	人格（t）	p	人格×环境（t）	p
事故导致死亡率	外向性	−1.707†	0.095	−1.466	0.150	−1.231	0.225
	宜人性	−1.155	0.255	−0.817	0.419	−0.477	0.636
	尽责性	−0.498	0.621	−0.475	0.638	−0.669	0.507
	神经质	1.363	0.180	1.369	0.178	0.334	0.740
	开放性	0.004	0.996	0.026	0.979	0.460	0.648
机动车事故死亡率	外向性	0.350	0.728	0.218	0.829	0.685	0.497
	宜人性	0.642	0.524	0.293	0.771	0.633	0.530
	尽责性	1.316	0.195	1.335	0.189	−0.821	0.416
	神经质	−0.722	0.474	−0.645	0.523	1.053	0.299
	开放性	−0.566	0.574	−0.642	0.525	−1.457	0.153
自杀死亡率	外向性	−2.918**	0.006	−2.761**	0.009	−0.449	0.656
	宜人性	−4.399***	0.000	−4.483***	0.000	1.174	0.247
	尽责性	−1.942†	0.059	−1.922†	0.062	−1.415	0.165
	神经质	−0.415	0.680	−0.592	0.557	−2.204*	0.033
	开放性	1.460	0.152	1.420	0.163	−0.548	0.587
凶杀死亡率	外向性	−0.081	0.936	−0.153	0.879	−1.123	0.268
	宜人性	−0.865	0.392	−0.249	0.805	−2.520*	0.016
	尽责性	0.911	0.368	0.555	0.582	−4.880***	0.000
	神经质	−0.733	0.468	−0.585	0.562	1.135	0.264
	开放性	−0.133	0.895	−0.526	0.602	−1.398	0.170
酒精导致死亡率	外向性	−1.865†	0.069	−1.881†	0.067	0.364	0.718
	宜人性	−1.246	0.220	−1.027	0.310	−0.177	0.861
	尽责性	1.411	0.166	1.526	0.135	−2.058*	0.046
	神经质	−1.665	0.103	−1.674	0.102	−0.404	0.688
	开放性	1.133	0.264	1.091	0.282	−2.927**	0.006
药物导致死亡率	外向性	−2.931**	0.005	−2.771**	0.008	−0.463	0.645
	宜人性	−2.142*	0.038	−2.014†	0.051	0.258	0.798
	尽责性	−2.109*	0.041	−2.091*	0.043	0.237	0.814
	神经质	2.551*	0.014	2.476*	0.018	−0.789	0.434
	开放性	0.554	0.582	0.597	0.554	0.934	0.356
枪支导致死亡率	外向性	−2.128*	0.039	−1.859†	0.070	−1.438	0.158
	宜人性	−2.965**	0.005	−1.877†	0.068	−1.982†	0.054
	尽责性	−0.872	0.388	−0.959	0.343	−5.291***	0.000
	神经质	−0.640	0.526	−0.597	0.554	0.484	0.631
	开放性	1.130	0.265	1.074	0.289	−1.529	0.134

（三）心理疾病

在心理疾病方面，大五人格与保守主义交互效应检验结果详见表7.4。具体而言，①对于非法药品依赖率，保守主义与外向性的交互作用对于非法药品依赖率具有显著的正向影响（$t=2.311$，$p=0.026<0.05$），即外向性与非法药物依赖症率更高的负相关关系显著受到保守主义的调节。②对于严重心理疾病率，保守主义与尽责性的交互作用对于任何心理疾病率具有显著的正向影响（$t=2.358$，$p=0.023<0.05$），即尽责性与任何心理疾病率的负相关关系显著受到保守主义的调节。保守主义与外向性的交互作用对于任何心理疾病率具有边缘显著的负向影响（$t=1.772$，$p=0.084<0.1$），即外向性与严重心理疾病率更低的负相关关系显著受到保守主义的调节。③对于任何心理疾病率，保守主义与尽责性的交互作用对于任何心理疾病率具有边缘显著的正向影响（$t=1.707$，$p=0.095<0.1$），即尽责性与任何心理疾病率的负相关关系显著受到保守主义的调节。④对于强自杀念头率，保守主义与尽责性的交互作用对于强自杀念头率具有显著的负向影响（$t=2.324$，$p=0.025<0.05$），即尽责性与强自杀念头率的负相关关系显著受到保守主义的调节。⑤对于抑郁症率，保守主义与尽责性的交互作用对于抑郁症率具有显著的正向影响（$t=2.661$，$p=0.011<0.05$），即尽责性与抑郁症率的负相关关系显著受到保守主义的调节。保守主义与神经质的交互作用对于抑郁症率具有显著的负向影响（$t=-2.285$，$p=0.028<0.05$），即神经质与抑郁症率的关系显著受到保守主义的调节。

表7.4 大五人格和保守主义预测心理疾病率

因变量	人格	模型1（基准模型）		模型2（加入交互项）			
		人格（t）	p	人格（t）	p	人格×环境（t）	p
酒精依赖症率	外向性	0.086	0.932	−0.054	0.958	0.761	0.451
	宜人性	−0.149	0.882	−0.585	0.562	1.023	0.312
	尽责性	0.299	0.767	0.276	0.784	0.668	0.508
	神经质	0.002	0.998	0.037	0.971	0.479	0.634
	开放性	−1.567	0.125	−1.628	0.111	−1.180	0.245

（续上表）

因变量	人格	模型1（基准模型）		模型2（加入交互项）			
		人格(t)	p	人格(t)	p	人格×环境(t)	p
非法药品依赖率	外向性	-1.467	0.150	-1.934†	0.060	2.311*	0.026
	宜人性	-0.819	0.417	-1.079	0.287	0.786	0.436
	尽责性	-0.355	0.724	-0.349	0.729	-0.069	0.945
	神经质	-0.355	0.724	-0.429	0.670	-1.030	0.309
	开放性	0.272	0.787	0.214	0.832	-1.260	0.215
严重心理疾病率	外向性	-2.046*	0.047	-2.384*	0.022	1.772†	0.084
	宜人性	-0.090	0.928	-0.523	0.604	1.001	0.323
	尽责性	-1.567	0.125	-1.720†	0.093	2.358*	0.023
	神经质	1.152	0.256	1.058	0.296	-1.461	0.152
	开放性	1.104	0.276	1.074	0.289	-0.366	0.716
任何心理疾病率	外向性	-2.94**	0.005	-3.062**	0.004	0.958	0.343
	宜人性	-1.298	0.201	-1.709†	0.095	1.218	0.230
	尽责性	-3.212**	0.003	-3.334**	0.002	1.707†	0.095
	神经质	0.643	0.524	0.542	0.591	-1.506	0.140
	开放性	1.899†	0.064	1.870†	0.069	-0.088	0.930
强自杀念头率	外向性	-1.379	0.175	-1.559	0.127	1.098	0.279
	宜人性	-0.154	0.879	-0.470	0.641	0.754	0.455
	尽责性	-2.488*	0.017	-2.683*	0.010	2.324*	0.025
	神经质	1.654	0.106	1.567	0.125	-1.433	0.159
	开放性	0.633	0.530	0.670	0.507	0.833	0.410
抑郁症率	外向性	-2.388*	0.022	-2.529*	0.015	0.998	0.324
	宜人性	-1.053	0.299	-1.521	0.136	1.290	0.204
	尽责性	-2.803**	0.008	-3.077**	0.004	2.661*	0.011
	神经质	1.318	0.195	1.214	0.232	-2.285*	0.028
	开放性	0.902	0.372	0.949	0.348	1.009	0.319

（四）物质滥用和健康行为

在物质滥用和健康行为方面，大五人格与保守主义交互效应检验结果详见表7.5。具体而言，保守主义除了对尽责性影响烟草使用率上（$t = -1.946$，$p = 0.058 < 0.1$）具有边缘显著的调节作用，以及对神经质分别影响烟草使用率

（$t = 1.941$，$p = 0.059 < 0.1$）和吸烟率（$t = -1.852$，$p = 0.071 < 0.1$）有边缘显著的调节作用外，对其余人格影响健康的调节作用均不显著。

表 7.5　大五人格和保守主义预测物质滥用和健康行为

因变量	人格	模型 1（基准模型）		模型 2（加入交互项）			
		人格（t）	p	人格（t）	p	人格 × 环境（t）	p
非法药品使用率	外向性	-3.586^{***}	0.001	-3.630^{***}	0.001	0.691	0.494
	宜人性	-3.078^{**}	0.004	-2.908^{**}	0.006	0.393	0.697
	尽责性	$-1.988^{\dagger}$	0.053	$-1.954^{\dagger}$	0.058	-0.559	0.579
	神经质	-0.769	0.446	-0.797	0.430	-0.513	0.610
	开放性	2.595^{*}	0.013	2.557^{*}	0.014	-1.427	0.161
大麻使用率	外向性	-3.726^{***}	0.001	-3.644^{***}	0.001	0.123	0.902
	宜人性	-3.814^{***}	0.000	-3.451^{**}	0.001	0.156	0.877
	尽责性	-2.083^{*}	0.043	-2.052^{*}	0.047	-0.977	0.334
	神经质	-0.617	0.540	-0.666	0.509	-0.747	0.460
	开放性	2.671^{*}	0.011	2.625^{*}	0.012	-1.198	0.238
可卡因使用率	外向性	-1.296	0.202	-1.445	0.156	0.948	0.349
	宜人性	-0.683	0.498	-1.026	0.311	0.939	0.353
	尽责性	0.751	0.457	0.742	0.462	-0.007	0.995
	神经质	-0.444	0.659	-0.493	0.625	-0.721	0.475
	开放性	$1.999^{\dagger}$	0.052	$1.950^{\dagger}$	0.058	-1.156	0.254
止痛药滥用率	外向性	-2.685^{*}	0.010	-2.737^{**}	0.009	0.636	0.528
	宜人性	-1.139	0.261	-1.012	0.317	0.005	0.996
	尽责性	-0.916	0.365	-0.892	0.377	-0.473	0.639
	神经质	-1.487	0.145	-1.428	0.161	0.607	0.547
	开放性	0.540	0.592	0.509	0.613	-0.555	0.582
过度饮酒率	外向性	3.287^{**}	0.002	3.402^{**}	0.002	-0.954	0.346
	宜人性	1.263	0.214	1.103	0.277	0.038	0.970
	尽责性	1.200	0.237	1.215	0.231	-0.743	0.461
	神经质	0.572	0.571	0.618	0.540	0.710	0.482
	开放性	-4.027^{***}	0.000	-3.997^{***}	0.000	-0.358	0.722

（续上表）

因变量	人格	模型1（基准模型）		模型2（加入交互项）			
		人格（t）	p	人格（t）	p	人格×环境（t）	p
烟草使用率	外向性	0.012	0.991	0.239	0.812	−1.252	0.218
	宜人性	−0.520	0.606	−0.070	0.944	−0.896	0.375
	尽责性	−0.213	0.832	−0.161	0.873	−1.946[†]	0.059
	神经质	1.322	0.193	1.501	0.141	1.941[†]	0.059
	开放性	−1.499	0.141	−1.518	0.137	−0.651	0.518
吸烟率	外向性	0.572	0.570	0.778	0.441	−1.174	0.247
	宜人性	−0.16	0.874	−0.012	0.990	−0.293	0.771
	尽责性	0.279	0.782	0.331	0.743	−1.574	0.123
	神经质	1.159	0.253	1.322	0.193	1.852[†]	0.071
	开放性	−1.863[†]	0.069	−1.887[†]	0.066	−0.753	0.456

三、自由主义对人格与健康的调节

（一）幸福感

在幸福感方面，大五人格与自由主义交互效应检验结果详见表7.6。具体而言，①对于Gallup总体幸福感，自由主义与尽责性的交互作用对于Gallup总体幸福感具有显著的负向影响（$t = −2.474$，$p = 0.018 < 0.05$），即尽责性与Gallup总体幸福感水平正相关的关系显著受到自由主义的调节。自由主义与外向性的交互作用对于Gallup总体幸福感具有显著的负向影响（$t = −2.260$，$p = 0.029 < 0.05$），即外向性与Gallup总体幸福感的正相关关系显著受到自由主义的调节。②对于生活评价幸福感，自由主义与外向性的交互作用对于生活评价幸福感具有显著的负向影响（$t = −2.185$，$p = 0.035 < 0.05$），即外向性与生活评价幸福感的关系显著受到自由主义的调节。自由主义与神经质的交互作用对于生活评价幸福感具有边缘显著的正向影响（$t = 1.721$，$p = 0.093 < 0.1$），即神经质与生活评价幸福感的负相关关系显著受到自由主义的调节。③对于工作环境幸福感，自由主义文化与尽责性的交互作用对于工作环境幸福感具有显著

的负向影响（$t = -3.286$，$p = 0.002 < 0.01$），即尽责性与工作环境幸福感的关系显著受到自由主义的调节。自由主义文化与外向性的交互作用对于工作环境幸福感具有显著的负向影响（$t = -2.924$，$p = 0.006 < 0.01$），即外向性与工作环境幸福感的关系显著受到自由主义的调节。自由主义文化与宜人性的交互作用对于工作环境幸福感具有显著负向影响（$t = -2.166$，$p = 0.036 < 0.05$），即宜人性与工作环境幸福感的正相关关系显著受到自由主义的调节。④对于健康行为幸福感，自由主义文化与神经质的交互作用对于健康行为幸福感具有边缘显著的正向影响（$t = 2.019$，$p < 0.1$），即神经质与健康行为幸福感的关系显著受到自由主义的调节。⑤对于基本需要幸福感而言，自由主义文化与开放性的交互作用对于基本需要幸福感具有极其显著负向影响（$t = -3.258$，$p = 0.002 < 0.01$），即开放性与基本需要幸福感的关系显著受到自由主义的调节。自由主义文化与尽责性的交互作用对于基本需要幸福感具有显著负向影响（$t = -2.637$，$p = 0.012 < 0.05$），即尽责性与基本需要幸福感的关系显著受到自由主义的调节。⑥对于 Twitter 幸福感而言，自由主义文化与尽责性的交互作用对于 Twitter 幸福感具有显著负向影响（$t = -2.413$，$p = 0.020 < 0.05$），即尽责性与 Twitter 幸福感的关系显著受到自由主义的调节。

表 7.6　大五人格和自由主义预测幸福感

因变量	人格	模型 1（基准模型）		模型 2（加入交互项）			
		人格（t）	p	人格（t）	p	人格 × 环境（t）	p
Gallup 总体幸福感	外向性	2.266*	0.029	1.803†	0.079	-2.260*	0.029
	宜人性	2.720**	0.009	1.470	0.149	-1.635	0.110
	尽责性	2.997**	0.005	3.009**	0.004	-2.474*	0.018
	神经质	-3.287**	0.002	-3.325**	0.002	0.728	0.471
	开放性	0.239	0.812	0.250	0.804	0.570	0.570
生活评价幸福感	外向性	1.202	0.236	0.730	0.469	-2.185*	0.035
	宜人性	1.243	0.221	0.548	0.587	-0.937	0.354
	尽责性	2.779**	0.008	2.709**	0.010	-0.848	0.401
	神经质	-2.782**	0.008	-3.002**	0.005	1.721†	0.093
	开放性	1.111	0.273	1.121	0.269	-0.934	0.356

（续上表）

因变量	人格	模型1（基准模型）		模型2（加入交互项）			
		人格(t)	p	人格(t)	p	人格 × 环境(t)	p
情绪健康幸福感	外向性	3.136**	0.003	3.105**	0.003	0.364	0.718
	宜人性	2.155*	0.037	2.322*	0.025	0.940	0.353
	尽责性	3.634***	0.001	3.720***	0.001	1.185	0.243
	神经质	-3.005**	0.004	-2.912**	0.006	-0.542	0.591
	开放性	-1.536	0.132	-1.517	0.137	0.002	0.999
工作环境幸福感	外向性	1.702†	0.096	1.141	0.260	-2.924**	0.006
	宜人性	3.506**	0.001	1.931†	0.060	-2.166*	0.036
	尽责性	1.608	0.115	1.571	0.124	-3.286**	0.002
	神经质	-2.035*	0.048	-1.906†	0.064	-1.523	0.136
	开放性	-0.647	0.521	-0.634	0.529	-0.888	0.380
身体健康幸福感	外向性	3.007**	0.004	2.759**	0.009	-0.667	0.508
	宜人性	1.928†	0.061	1.079	0.287	-1.030	0.309
	尽责性	3.089**	0.004	3.018**	0.004	-0.971	0.337
	神经质	-1.650	0.106	-1.722†	0.093	0.863	0.393
	开放性	-0.447	0.657	-0.446	0.658	0.322	0.749
健康行为幸福感	外向性	-1.770†	0.084	-1.918†	0.062	-0.882	0.383
	宜人性	-1.169	0.249	-1.468	0.150	-0.901	0.373
	尽责性	-0.155	0.878	-0.189	0.851	-0.558	0.580
	神经质	-1.555	0.127	-1.803†	0.079	2.019†	0.050
	开放性	3.499**	0.001	3.500**	0.001	1.180	0.245
基本需要幸福感	外向性	2.283*	0.028	2.261*	0.029	0.271	0.788
	宜人性	2.028*	0.049	1.440	0.157	-0.482	0.633
	尽责性	0.502	0.618	0.366	0.716	-2.637*	0.012
	神经质	-0.084	0.934	-0.120	0.905	0.384	0.703
	开放性	-2.106*	0.041	-2.295*	0.027	-3.258**	0.002
Twitter 幸福感	外向性	-1.835†	0.074	-1.913†	0.063	-0.614	0.542
	宜人性	-0.341	0.735	-1.171	0.248	-1.640	0.109
	尽责性	-0.948	0.348	-1.154	0.255	-2.413*	0.020
	神经质	-0.097	0.923	-0.194	0.847	0.986	0.330
	开放性	2.016†	0.050	1.992†	0.053	0.570	0.572

（二）寿命/死亡率

在寿命/死亡率方面，大五人格与自由主义交互效应检验结果详见表7.7。具体而言，①对于预期寿命，自由主义与尽责性的交互作用对于预期寿命具有显著的负向影响（$t = -3.265$，$p = 0.002 < 0.01$），即尽责性与预期寿命的关系显著受到自由主义的调节。自由主义与神经质的交互作用对于预期寿命具有边缘显著的正向影响（$t = 1.833$，$p = 0.074 < 0.1$），即神经质与预期寿命的关系显著受到自由主义的调节。②对于恶性肿瘤死亡率，自由主义与宜人性的交互作用对于恶性肿瘤死亡率具有边缘显著的正向影响（$t = 1.867$，$p = 0.069 < 0.1$），即宜人性与恶性肿瘤死亡率的关系显著受到自由主义的调节。③对于帕金森症死亡率，自由主义与宜人性的交互作用对于帕金森症死亡率具有边缘显著的正向影响（$t = 1.686$，$p = 0.099 < 0.1$），即宜人性与帕金森症死亡率的关系显著受到自由主义的调节。④对于阿尔茨海默症死亡率，自由主义与外向性的交互作用对于阿尔茨海默症死亡率具有显著的负向影响（$t = -2.260$，$p = 0.029 < 0.05$），即外向性与阿尔茨海默症死亡率的关系显著受到自由主义的调节。自由主义与神经质的交互作用对于阿尔茨海默症死亡率具有边缘显著的负向影响（$t = -1.878$，$p = 0.067 < 0.1$），即神经质与阿尔茨海默症死亡率的负相关关系显著受到自由主义的调节。⑤对于高血压死亡率，自由主义与开放性的交互作用对于高血压死亡率具有边缘显著的正向影响（$t = 1.993$，$p = 0.053 < 0.1$），即开放性与高血压死亡率的关系显著受到自由主义的调节。⑥对于脑血管病死亡率，自由主义与宜人性的交互作用对于脑血管病死亡率具有显著的正向影响（$t = 2.216$，$p = 0.032 < 0.05$），即宜人性与脑血管病死亡率的关系显著受到自由主义的调节。⑦对于流感类死亡率，自由主义与宜人性的交互作用对于流感类死亡率具有显著的负向影响（$t = -2.339$，$p = 0.024 < 0.05$），即宜人性与流感类死亡率的关系显著受到自由主义的调节。⑧对于慢下呼吸道死亡率，自由主义与尽责性的交互作用对于慢下呼吸道死亡率具有显著的正向影响（$t = 2.470$，$p = 0.018 < 0.05$），即尽责性与慢下呼吸道死亡率的关系显著受到自由主义的调节。自由主义与宜人性的交互作用对于慢下呼吸道死亡率具有边缘显著的正向影响（$t = 1.773$，$p = 0.084 < 0.1$），即宜人性与慢下呼吸道死亡率的关系显著受到自由主义的调节。⑨对于肝病死亡率，自由主义与尽责性的交互作用对于肝病死亡率具有显著的正向影响（$t = 2.291$，$p = 0.027 < 0.05$），

即尽责性与肝病死亡率的关系显著受到自由主义的调节。自由主义与开放性的交互作用对于肝病死亡率具有显著的正向影响（$t = 2.221$，$p = 0.032 < 0.05$），即开放性与肝病死亡率的关系显著受到自由主义的调节。⑩对于肾病死亡率，自由主义与开放性的交互作用对于肾病死亡率具有边缘显著的负向影响（$t = -1.825$，$p = 0.075 < 0.1$），即开放性与肾病死亡率的关系显著受到自由主义的调节。⑪对于自杀死亡率，自由主义与神经质的交互作用对于自杀死亡率具有显著的正向影响（$t = 2.258$，$p = 0.029 < 0.05$），即神经质与自杀死亡率的关系显著受到自由主义的调节。⑫对于凶杀死亡率，自由主义与宜人性的交互作用对于凶杀死亡率具有显著的正向影响（$t = 2.889$，$p = 0.006 < 0.01$），即宜人性与凶杀死亡率的关系显著受到自由主义的调节。⑬对于酒精导致死亡率，自由主义与开放性的交互作用对于酒精导致死亡率具有显著的正向影响（$t = 3.003$，$p = 0.005 < 0.01$），即开放性与酒精导致死亡率的关系显著受到自由主义的调节。自由主义与尽责性的交互作用对于酒精导致死亡率具有显著的正向影响（$t = 2.235$，$p = 0.031 < 0.05$），即尽责性与酒精导致死亡率的关系显著受到自由主义的调节。⑭对于枪支导致死亡率，自由主义与宜人性的交互作用对于枪支导致死亡率具有显著的正向影响（$t = 2.399$，$p = 0.021 < 0.05$），即宜人性与枪支导致死亡率的关系显著受到自由主义的调节。

表7.7　大五人格和自由主义预测寿命/死亡率

因变量	人格	模型1(基准模型)		模型2(加入交互项)			
		人格(t)	p	人格(t)	p	人格×环境(t)	p
预期寿命	外向性	$1.702^\dagger$	0.096	1.485	0.145	-0.727	0.471
	宜人性	$1.705^\dagger$	0.096	0.769	0.446	-1.275	0.209
	尽责性	0.693	0.492	0.557	0.581	-3.265^{**}	0.002
	神经质	-0.566	0.574	-0.760	0.451	$1.833^\dagger$	0.074
	开放性	-0.145	0.886	-0.133	0.895	-0.941	0.352
总死亡率	外向性	-1.152	0.256	-1.061	0.295	0.218	0.829
	宜人性	-0.544	0.590	-0.167	0.868	0.540	0.592
	尽责性	-1.253	0.217	-1.185	0.243	1.029	0.310
	神经质	1.433	0.159	1.559	0.127	-1.250	0.219
	开放性	-0.068	0.946	-0.072	0.943	0.373	0.711

（续上表）

因变量	人格	模型1(基准模型)		模型2(加入交互项)			
		人格(t)	p	人格(t)	p	人格×环境(t)	p
恶性肿瘤死亡率	外向性	-0.869	0.390	-0.496	0.622	1.626	0.112
	宜人性	-1.241	0.222	-0.081	0.936	$1.867^{\dagger}$	0.069
	尽责性	$-1.901^{\dagger}$	0.064	$-1.829^{\dagger}$	0.075	1.479	0.147
	神经质	$1.832^{\dagger}$	0.074	$2.019^{\dagger}$	0.050	-1.626	0.112
	开放性	-0.959	0.343	-0.948	0.349	0.036	0.971
糖尿病死亡率	外向性	0.514	0.610	0.187	0.853	-1.422	0.163
	宜人性	$1.923^{\dagger}$	0.061	1.372	0.177	-0.442	0.661
	尽责性	1.175	0.247	1.117	0.270	-0.771	0.445
	神经质	0.766	0.448	0.742	0.463	0.119	0.906
	开放性	0.039	0.969	0.044	0.965	-0.451	0.655
帕金森症死亡率	外向性	0.266	0.792	0.389	0.699	0.587	0.560
	宜人性	-0.590	0.559	0.393	0.696	$1.686^{\dagger}$	0.099
	尽责性	0.121	0.905	0.149	0.882	0.459	0.649
	神经质	-1.234	0.224	-1.269	0.211	0.524	0.603
	开放性	-0.162	0.872	-0.149	0.882	-1.017	0.315
阿尔茨海默症死亡率	外向性	0.254	0.801	-0.250	0.804	-2.260^{*}	0.029
	宜人性	3.530^{**}	0.001	3.493^{**}	0.001	0.959	0.343
	尽责性	$1.746^{\dagger}$	0.088	$1.692^{\dagger}$	0.098	-0.550	0.586
	神经质	-3.049^{**}	0.004	-2.938^{**}	0.005	$-1.878^{\dagger}$	0.067
	开放性	0.209	0.836	0.196	0.846	1.043	0.303
心脏病死亡率	外向性	0.027	0.979	0.002	0.999	-0.108	0.915
	宜人性	0.160	0.873	-0.410	0.684	-1.021	0.313
	尽责性	-0.867	0.391	-0.877	0.385	-0.328	0.744
	神经质	0.951	0.347	0.875	0.387	0.653	0.517
	开放性	-0.702	0.486	-0.714	0.479	0.970	0.338
高血压死亡率	外向性	0.839	0.406	0.513	0.611	-1.391	0.172
	宜人性	2.431^{*}	0.019	2.411^{*}	0.020	0.691	0.493
	尽责性	1.371	0.178	1.348	0.185	-0.054	0.957
	神经质	-1.247	0.219	-1.149	0.257	-0.907	0.370
	开放性	0.942	0.352	0.950	0.348	$1.993^{\dagger}$	0.053

（续上表）

因变量	人格	模型1（基准模型）		模型2（加入交互项）			
		人格(t)	p	人格(t)	p	人格×环境(t)	p
脑血管病死亡率	外向性	−0.392	0.697	−0.263	0.793	0.512	0.612
	宜人性	0.421	0.676	1.557	0.127	2.216*	0.032
	尽责性	−0.289	0.774	−0.211	0.834	1.229	0.226
	神经质	−1.416	0.164	−1.275	0.209	−1.624	0.112
	开放性	0.763	0.450	0.783	0.438	−1.233	0.225
流感类死亡率	外向性	0.113	0.910	0.002	0.998	−0.475	0.637
	宜人性	0.187	0.853	−1.085	0.284	−2.339*	0.024
	尽责性	−0.357	0.723	−0.459	0.649	−1.504	0.140
	神经质	1.900†	0.064	1.786†	0.082	1.110	0.273
	开放性	−0.505	0.616	−0.498	0.621	−0.080	0.936
慢下呼吸道死亡率	外向性	−2.041*	0.048	−1.716†	0.094	1.271	0.211
	宜人性	−1.277	0.209	−0.158	0.876	1.773†	0.084
	尽责性	−0.324	0.748	−0.183	0.856	2.470*	0.018
	神经质	0.428	0.671	0.856	0.397	−3.724***	0.001
	开放性	0.014	0.989	−0.004	0.997	1.441	0.157
肝病死亡率	外向性	−1.486	0.145	−1.503	0.141	−0.315	0.754
	宜人性	−0.436	0.665	−0.092	0.927	0.510	0.613
	尽责性	1.908†	0.063	2.146*	0.038	2.291*	0.027
	神经质	−1.807†	0.078	−1.693†	0.098	−1.101	0.278
	开放性	1.006	0.320	1.024	0.312	2.221*	0.032
肾病死亡率	外向性	1.611	0.115	1.820†	0.076	1.096	0.279
	宜人性	0.330	0.743	0.111	0.912	−0.307	0.760
	尽责性	0.152	0.880	0.179	0.859	0.448	0.657
	神经质	1.967†	0.056	2.052*	0.047	−0.970	0.338
	开放性	−1.471	0.149	−1.489	0.144	−1.825†	0.075
事故导致死亡率	外向性	−1.684†	0.100	−1.363	0.180	1.291	0.204
	宜人性	−1.117	0.270	−0.545	0.589	0.736	0.466
	尽责性	−0.474	0.638	−0.417	0.679	0.843	0.404
	神经质	1.361	0.181	1.369	0.178	−0.294	0.770
	开放性	0.005	0.996	0.012	0.990	−0.551	0.584

（续上表）

因变量	人格	模型1（基准模型）		模型2（加入交互项）			
		人格(t)	p	人格(t)	p	人格 × 环境(t)	p
机动车事故死亡率	外向性	0.487	0.629	0.307	0.760	-0.728	0.471
	宜人性	0.851	0.400	0.220	0.827	-0.932	0.357
	尽责性	1.521	0.136	1.534	0.133	0.471	0.640
	神经质	-0.814	0.420	-0.682	0.499	-1.390	0.172
	开放性	-0.687	0.496	-0.705	0.485	1.217	0.231
自杀死亡率	外向性	-2.944**	0.005	-2.728**	0.009	0.507	0.615
	宜人性	-4.397***	0.000	-4.33***	0.000	-1.127	0.266
	尽责性	-1.985†	0.054	-1.914†	0.063	1.582	0.121
	神经质	-0.343	0.733	-0.581	0.565	2.258*	0.029
	开放性	1.529	0.134	1.510	0.139	0.574	0.569
凶杀死亡率	外向性	-0.003	0.997	-0.044	0.965	1.290	0.205
	宜人性	-0.710	0.482	0.342	0.734	2.889**	0.006
	尽责性	1.025	0.312	0.949	0.348	5.005***	0.000
	神经质	-0.781	0.439	-0.595	0.555	-1.121	0.269
	开放性	-0.179	0.859	-0.590	0.559	1.537	0.132
酒精导致死亡率	外向性	-1.943†	0.059	-1.939†	0.059	-0.294	0.770
	宜人性	-1.365	0.179	-0.984	0.331	0.293	0.771
	尽责性	1.226	0.227	1.424	0.162	2.235*	0.031
	神经质	-1.562	0.126	-1.581	0.121	0.430	0.670
	开放性	1.214	0.232	1.288	0.205	3.003**	0.005
药物导致死亡率	外向性	-2.976**	0.005	-2.775**	0.008	0.426	0.673
	宜人性	-2.204*	0.033	-1.923†	0.061	-0.154	0.878
	尽责性	-2.179*	0.035	-2.156*	0.037	-0.111	0.912
	神经质	2.604*	0.013	2.493*	0.017	0.968	0.339
	开放性	0.624	0.536	0.635	0.529	-0.969	0.338
枪支导致死亡率	外向性	-2.042*	0.047	-1.657	0.105	1.654	0.106
	宜人性	-2.772**	0.008	-1.188	0.242	2.399*	0.021
	尽责性	-0.733	0.468	-0.602	0.550	5.886***	0.000
	神经质	-0.670	0.507	-0.608	0.546	-0.532	0.598
	开放性	1.094	0.280	1.096	0.279	1.647	0.107

（三）心理疾病

在心理疾病方面，大五人格与自由主义交互效应检验结果详见表7.8。具体而言，①对于非法药品依赖率，自由主义与外向性的交互作用对于非法药品依赖率具有显著的负向影响（$t = -2.205$，$p = 0.033 < 0.05$），即外向性与非法药品依赖率的负相关关系显著受到自由主义的调节。②对于严重心理疾病率，自由主义与尽责性的交互作用对于严重心理疾病率具有边缘显著的负向影响（$t = -1.939$，$p = 0.059 < 0.1$），即尽责性与严重心理疾病率的负相关关系显著受到自由主义的调节。自由主义与外向性的交互作用对于严重心理疾病率具有边缘显著的负向影响（$t = -1.687$，$p = 0.099 < 0.1$），即外向性与严重心理疾病率的负相关关系显著受到自由主义的调节。③对于强自杀念头率，自由主义与尽责性的交互作用对于自杀念头率具有显著的负向影响（$t = -2.173$，$p = 0.036 < 0.05$），即尽责性与强自杀念头率的负相关关系显著受到自由主义的调节。④对于抑郁症率，自由主义与神经质的交互作用对于抑郁症率具有显著的正向影响（$t = 2.426$，$p = 0.020 < 0.05$），即神经质与抑郁症率的关系显著受到自由主义的调节。自由主义与尽责性的交互作用对于抑郁症率具有显著的负向影响（$t = -2.260$，$p = 0.029 < 0.05$），即尽责性与抑郁症率的负相关关系显著受到自由主义的调节。

表7.8　大五人格和自由主义预测心理疾病率

因变量	人格	模型1（基准模型）		模型2（加入交互项）			
		人格（t）	p	人格（t）	p	人格 ×环境（t）	p
酒精依赖症率	外向性	0.041	0.967	-0.149	0.882	-0.839	0.406
	宜人性	-0.228	0.821	-0.898	0.374	-1.316	0.195
	尽责性	0.236	0.815	0.184	0.855	-0.787	0.436
	神经质	0.007	0.994	0.077	0.939	-0.711	0.481
	开放性	-1.544	0.130	-1.559	0.127	1.068	0.292
非法药品依赖率	外向性	-1.551	0.128	-2.076*	0.044	-2.205*	0.033
	宜人性	-0.943	0.351	-1.044	0.302	-0.477	0.636
	尽责性	-0.531	0.598	-0.504	0.617	0.308	0.760
	神经质	-0.224	0.824	-0.343	0.733	1.202	0.236
	开放性	0.409	0.685	0.396	0.694	1.327	0.192

（续上表）

因变量	人格	模型1（基准模型）		模型2（加入交互项）			
		人格(t)	p	人格(t)	p	人格×环境(t)	p
严重心理疾病率	外向性	−2.096*	0.042	−2.467*	0.018	−1.687†	0.099
	宜人性	−0.160	0.874	−0.444	0.659	−0.579	0.566
	尽责性	−1.661	0.104	−1.836†	0.074	−1.939†	0.059
	神经质	1.240	0.222	1.099	0.278	1.577	0.123
	开放性	1.198	0.237	1.182	0.244	0.298	0.768
任何心理疾病率	外向性	−2.997**	0.005	−3.120**	0.003	−0.914	0.366
	宜人性	−1.365	0.180	−1.706†	0.096	−1.032	0.308
	尽责性	−3.316**	0.002	−3.461**	0.001	−1.532	0.133
	神经质	0.749	0.458	0.600	0.552	1.606	0.116
	开放性	2.009†	0.051	1.986†	0.054	−0.084	0.934
强自杀念头率	外向性	−1.439	0.158	−1.654	0.106	−1.102	0.277
	宜人性	−0.242	0.810	−0.520	0.606	−0.592	0.557
	尽责性	−2.587*	0.013	−2.834**	0.007	−2.173*	0.036
	神经质	1.741†	0.089	1.606	0.116	1.578	0.122
	开放性	0.734	0.467	0.743	0.461	−0.895	0.376
抑郁症率	外向性	−2.426*	0.020	−2.573*	0.014	−0.945	0.350
	宜人性	−1.091	0.282	−1.408	0.167	−0.912	0.367
	尽责性	−2.865**	0.006	−3.141**	0.003	−2.260*	0.029
	神经质	1.398	0.169	1.230	0.226	2.426*	0.020
	开放性	0.986	0.330	1.001	0.323	−1.095	0.280

（四）物质滥用和健康行为

在物质滥用方面，大五人格与自由主义交互效应检验结果详见表7.9。具体而言，①对于烟草使用率，自由主义与尽责性的交互作用对于烟草使用率具有边缘显著的正向影响（$t = 1.998$，$p = 0.052 < 0.1$），即尽责性与烟草使用率的关系显著受到自由主义的调节。自由主义与神经质的交互作用对于烟草使用率具有边缘显著的负向影响（$t = −1.907$，$p = 0.064 < 0.1$），即神经质与烟草使用率的关系显著受到自由主义的调节。②对于吸烟率，自由主义与神经质的

交互作用对于吸烟率具有边缘显著的负向影响（$t = -1.802$，$p = 0.079 < 0.1$），即神经质与吸烟率的关系显著受到自由主义的调节。

表7.9　大五人格和自由主义预测物质滥用和健康行为

因变量	人格	模型1(基准模型)		模型2(加入交互项)			
		人格(t)	p	人格(t)	p	人格×环境(t)	p
非法药品使用率	外向性	-3.702 ***	0.001	-3.669 ***	0.001	-0.432	0.668
	宜人性	-3.327 **	0.002	-2.761 **	0.009	0.032	0.975
	尽责性	-2.284 *	0.027	-2.215 *	0.032	1.008	0.319
	神经质	-0.532	0.597	-0.600	0.552	0.743	0.462
	开放性	2.753 **	0.009	2.771 **	0.008	1.460	0.152
大麻使用率	外向性	-3.829 ***	0.000	-3.657 ***	0.001	0.128	0.899
	宜人性	-4.064 ***	0.000	-3.232 **	0.002	0.307	0.760
	尽责性	-2.397 *	0.021	-2.330 *	0.025	1.485	0.145
	神经质	-0.366	0.716	-0.462	0.646	0.986	0.330
	开放性	2.830 **	0.007	2.837 **	0.007	1.299	0.201
可卡因使用率	外向性	-1.407	0.167	-1.562	0.126	-0.867	0.391
	宜人性	-0.857	0.396	-1.124	0.267	-0.755	0.454
	尽责性	0.500	0.620	0.503	0.617	0.158	0.875
	神经质	-0.304	0.763	-0.392	0.697	0.911	0.368
	开放性	2.122 *	0.040	2.117 *	0.040	1.165	0.251
止痛药滥用率	外向性	-2.703 **	0.010	-2.778 **	0.008	-0.710	0.482
	宜人性	-1.172	0.248	-0.924	0.361	0.101	0.920
	尽责性	-0.948	0.349	-0.899	0.374	0.618	0.540
	神经质	-1.448	0.155	-1.376	0.176	-0.529	0.599
	开放性	0.567	0.574	0.556	0.581	0.466	0.644
过度饮酒率	外向性	3.270 **	0.002	3.361 **	0.002	0.831	0.411
	宜人性	1.210	0.233	0.934	0.356	-0.144	0.886
	尽责性	1.176	0.246	1.200	0.237	0.565	0.575
	神经质	0.542	0.591	0.619	0.539	-0.827	0.413
	开放性	-4.060 ***	0.000	-4.025 ***	0.000	0.423	0.674

（续上表）

因变量	人格	模型1（基准模型）		模型2（加入交互项）			
		人格(t)	p	人格(t)	p	人格×环境(t)	p
烟草使用率	外向性	0.089	0.930	0.374	0.710	1.274	0.210
	宜人性	− 0.400	0.691	0.227	0.821	1.058	0.296
	尽责性	− 0.080	0.937	0.046	0.963	1.998[†]	0.052
	神经质	1.231	0.225	1.452	0.154	− 1.907[†]	0.064
	开放性	− 1.570	0.124	− 1.567	0.125	0.640	0.526
吸烟率	外向性	0.659	0.514	0.896	0.376	1.117	0.270
	宜人性	− 0.027	0.979	0.194	0.847	0.406	0.687
	尽责性	0.434	0.666	0.542	0.591	1.569	0.124
	神经质	1.037	0.306	1.237	0.223	− 1.802[†]	0.079
	开放性	− 1.959[†]	0.057	− 1.957[†]	0.057	0.742	0.462

第四节　讨　论

一、外向性与政治环境的亲和性

保守主义、自由主义对外向性与各健康结果变量关系的调节作用检验结果
汇总如图7.1所示。

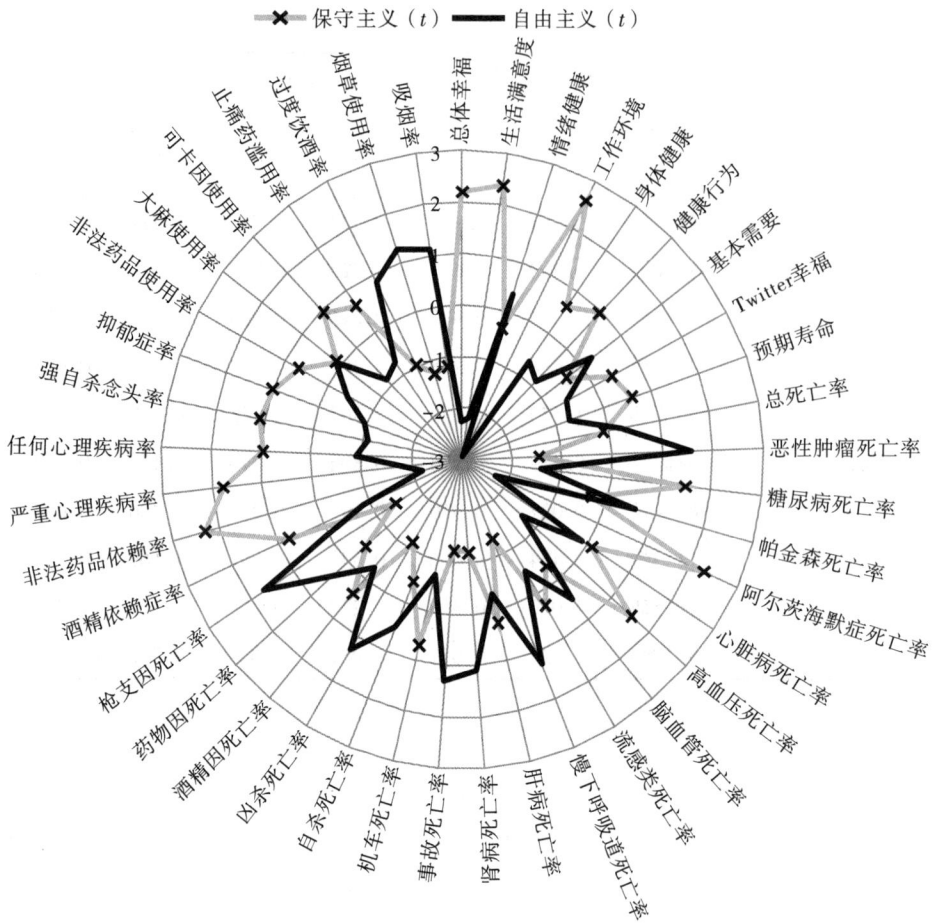

图 7.1　外向性与保守主义、自由主义的交互结果图

（一）外向性与保守主义

保守主义与外向性在工作环境幸福感、生活评价幸福感、Gallup 总体幸福感指标上表现出了显著、积极的亲和性，而在阿尔茨海默症死亡率、非法药品依赖率、严重心理疾病率上表现出了显著、消极的亲和性。在积极亲和性结果中，外向性对工作环境幸福感和生活评价幸福感的主效应均不显著，但外向性与保守主义的交互项对工作环境幸福感（$t = 2.598$，$p < 0.05$）和生活评价幸福感（$t = 2.378$，$p < 0.05$）均有显著的正向影响。这说明保守主义程度越高，外向性促进工作环境幸福感、生活评价幸福感的积极作用越强。在 Gallup 总体幸福感上，外向性对其主效应有边缘显著的正向影响（$t = 1.977$，$p < 0.1$），即外向性越高，Gallup 总体幸福感越高。而外向性与保守主义的交互项对 Gallup 总

体幸福感有显著的正向影响作用（$t = 2.192$，$p < 0.05$），这说明保守主义程度越高，外向性促进 Gallup 总体幸福感的积极作用越强。

在消极的亲和性结果中，外向性对于阿尔茨海默症死亡率的主效应不显著，但外向性与保守主义的交互项则有显著的正向影响作用（$t = 2.289$，$p < 0.05$）。这意味着保守主义程度越高，外向性增大阿尔茨海默症死亡率风险的负面作用越强。在心理疾病类健康指标中，外向性对于非法药品依赖率和严重心理疾病率有显著或边缘显著的负相关，即外向性越高，非法药品依赖率、严重心理疾病率越低。但外向性与保守主义的交互项对非法药品依赖率（$t = 2.311$，$p < 0.05$）、严重心理疾病率（$t = 1.772$，$p < 0.1$）有显著或边缘显著的正向影响，这说明保守主义程度越高，外向性降低非法药品依赖率、严重心理疾病率的保守作用越弱。

综合而言，同与其他人格特质的组合相比，保守主义对外向性与各健康指标关系的调节作用达到显著的模型数量相对较少、显著程度相对较弱，即保守主义与外向性在各健康指标上的亲和性相对较弱。并且保守主义在上述显著的调节效应中既存在积极亲和性，也存在消极亲和性。一方面，保守主义越高，外向性促进工作环境幸福感、生活评价幸福感、Gallup 总体幸福感的积极作用越强；另一方面，保守主义越高，外向性增大阿尔茨海默症死亡率风险的负面作用越强，而降低非法药品依赖率、严重心理疾病率的保守作用越弱。因此，保守主义与外向性的积极亲和性集中体现在主观幸福感类的健康指标上，而消极亲和性则散落在心理疾病类和阿尔茨海默症死亡率指标上。

（二）外向性与自由主义

自由主义对外向性与各健康指标关系的调节作用检验结果整体上与保守主义的基本相反。为了节约篇幅，本章对显著性程度完全相反的结果不再赘述，而仅指出显著性有差异的结果。自由主义与外向性的亲和性仅在工作环境幸福感指标上的显著性比保守主义更强。在工作环境幸福感方面，外向性对于工作环境幸福感的主效应不显著，但外向性与自由主义的交互项则有非常显著的负向预测作用（$t = -2.924$，$p < 0.01$）。这意味着，自由主义程度越高，外向性降低工作环境幸福感的负面作用越强。自由主义对外向性影响其他健康指标关系的调节作用的显著性程度均与保守主义对应指标的结果完全相反。

二、宜人性与政治环境的亲和性

保守主义、自由主义对宜人性与各健康结果变量关系的调节作用检验结果汇总如图 7.2 所示。

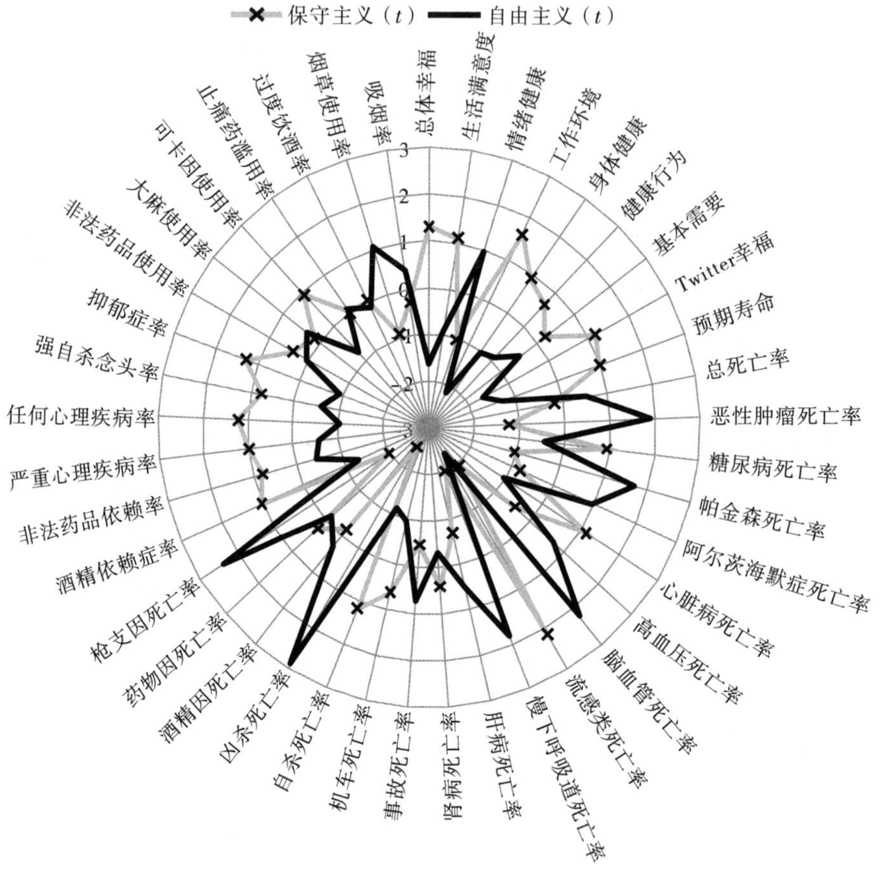

图 7.2　宜人性与保守主义、自由主义的交互结果图

（一）宜人性与保守主义

保守主义与宜人性在凶杀死亡率、慢下呼吸道死亡率、枪支导致死亡率、脑血管病死亡率方面均为显著、积极的亲和性，而在流感类死亡率上则为显著、消极的亲和性。

在积极亲和性结果中，宜人性对凶杀死亡率、慢下呼吸道死亡率、脑血管病死亡率的主效应均不显著，但宜人性与保守主义的交互项对凶杀死亡率（ $t =$

-2.520，$p<0.05$）、慢下呼吸道死亡率（$t=-1.999$，$p<0.1$）、脑血管病死亡率（$t=-1.957$，$p<0.1$）有显著或边缘显著的负向影响作用。这意味着保守主义程度越高，宜人性降低凶杀死亡率、慢下呼吸道死亡率、脑血管病死亡率的积极作用越强。在枪支导致死亡率指标上，宜人性对其主效应有边缘显著的负向影响作用，即宜人性越高，枪支导致死亡率越低。而宜人性与保守主义的交互项对枪支导致死亡率有边缘显著的负向影响作用（$t=-1.982$，$p<0.1$），这意味着保守主义程度越高，宜人性降低枪支导致死亡率的积极作用越强。在消极亲和性结果中，宜人性对流感类死亡率的主效应不显著，但宜人性与保守主义的交互项对流感类死亡率有显著的正向影响作用（$t=2.130$，$p<0.05$）。这意味着保守主义程度越高，宜人性增大流感类死亡率风险的负面作用越强。

由此可见，宜人性与保守主义的亲和性集中体现在死亡率类健康指标中，尽管对流感类死亡率有消极的亲和性，但整体上而言对凶杀死亡率、枪支导致死亡率等更多的死亡率指标具有积极的亲和性。从死亡率特征看，流感类死亡率更多地受气候等物理环境等外因影响，而凶杀死亡率、枪支导致死亡率一类的死亡率更多地受社会环境、个体心理特征等因素的影响。因此总体说来，高保守主义的政治氛围或政治环境，对宜人性发挥降低凶杀死亡率、枪支导致死亡率等积极作用更有利，更加适于其生存。该结果与已有研究认为宜人性是与宗教、社会文化规范相一致的人格特质相一致（Gebauer et al.，2014a）。保守主义的政治环境相对而言，更加强调传统文化，拒绝变化（Jost et al.，2008）。这可能是宜人性与保守主义在诸多死亡率健康指标上表现出积极亲和性的重要原因。

综合而言，同与其他人格特质的组合相比，保守主义对宜人性与各健康指标关系的调节作用达到显著的模型数量最少、显著程度相对较弱，即保守主义与宜人性在各健康指标上的亲和性最弱。并且，所有显著的调节作用除了在流感类死亡率上表现为消极亲和性外，其他健康指标均表现为显著的积极亲和性。一方面，保守主义越高，宜人性降低凶杀死亡率、慢下呼吸道死亡率、枪支导致死亡率、脑血管病死亡率的积极作用越强；另一方面，保守主义越高，宜人性增大流感类死亡率风险的负面作用越强。宜人性与保守主义的亲和性达到显著的数量虽不多，但全部集中在死亡率指标上，并且以对凶杀死亡率、枪支导致死亡率的积极亲和性占主导。

（二）宜人性与自由主义

自由主义对宜人性与各健康指标关系的调节作用检验结果与保守主义的有完全相反的部分，但也有不少差异。具体而言，自由主义与宜人性仅在流感类死亡率上存在积极亲和性，而在凶杀死亡率、枪支导致死亡率、脑血管病死亡率、工作环境幸福感、恶性肿瘤死亡率、帕金森症死亡率、慢下呼吸道死亡率健康指标上均存在消极亲和性。

在积极亲和性结果的流感类死亡率指标上，宜人性对其主效应不显著，但宜人性与自由主义的交互项则有显著的负向影响作用（$t = -2.339$，$p < 0.05$）。这意味着自由主义程度越高，宜人性降低流感类死亡率的保护作用越强。在消极亲和性结果中，宜人性对凶杀死亡率、枪支导致死亡率、脑血管病死亡率、慢下呼吸道死亡率的主效应均不显著，但宜人性与自由主义的交互项对凶杀死亡率（$t = 2.889$，$p < 0.01$）、枪支导致死亡率（$t = 2.399$，$p < 0.05$）、脑血管病死亡率（$t = 2.216$，$p < 0.05$）、慢下呼吸道死亡率（$t = 1.773$，$p < 0.1$）均有显著或边缘显著的正向影响作用。这意味着自由主义程度越高，宜人性增大凶杀死亡率、枪支导致死亡率、脑血管病死亡率、慢下呼吸道死亡率风险的负面作用越强，尤其是自由主义在宜人性和工作环境幸福感、恶性肿瘤死亡率和帕金森症死亡率指标上的调节作用与保守主义的结果差别较大。在工作环境幸福感上，宜人性对其主效应为边缘显著的正向影响（$t = 1.931$，$p < 0.1$），即宜人性越高，工作环境幸福感越高。但宜人性与自由主义的交互项对工作环境幸福感存在显著的负向影响作用（$t = -2.166$，$p < 0.05$），这意味着自由主义程度越高，宜人性促进工作环境幸福感的积极作用越弱。此外，宜人性对于恶性肿瘤死亡率、帕金森症死亡率的主效应均不显著，但宜人性与自由主义的交互项对于恶性肿瘤死亡率（$t = 1.867$，$p < 0.1$）、帕金森症死亡率（$t = 1.686$，$p < 0.1$）均存在边缘显著的正向影响。这意味着，自由主义程度越高，宜人性增大恶性肿瘤死亡率、帕金森症死亡率风险的负面作用越强。

综合而言，同与其他人格特质的组合相比，自由主义对宜人性与各健康指标关系的调节作用达到显著的模型数量相对较少、显著程度相对较弱，即保守主义与宜人性在各健康指标上的亲和性较弱。并且，所有显著的调节作用除了在流感类死亡率上表现为积极亲和性外，其他健康指标均表现为显著的消极亲和性。一方面，自由主义越高，降低流感类死亡率的保护作用越强；另一方面，自由主义越高，宜人性增大凶杀死亡率、枪支导致死亡率、脑血管病死亡率、恶性肿瘤死亡率、慢下呼吸道死亡率风险、帕金森症死亡率的负面作用越强，而促进工作环境幸福感的积极作用越弱。宜人性与保守主义的亲和性达到显著的数量虽不多，但大多集中在死亡率类和幸福感类指标上，且以对凶杀死亡率、枪支导致死亡率的消极亲和性占主导。

三、尽责性与政治环境的亲和性

保守主义、自由主义对尽责性与各健康结果变量关系的调节作用检验结果汇总如图 7.3 所示。

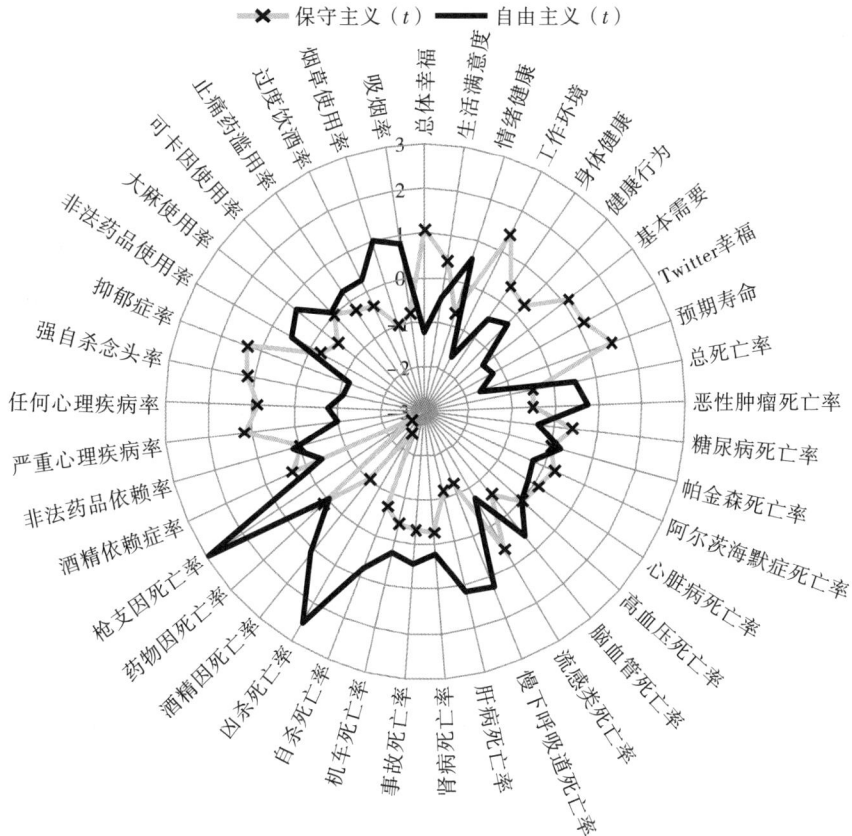

图 7.3　尽责性与保守主义、自由主义的交互结果图

（一）尽责性与保守主义

尽责性与保守主义在枪支导致死亡率、凶杀死亡率、预期寿命、工作环境幸福感、慢下呼吸道死亡率、肝病死亡率、Twitter 幸福感、基本需要幸福感、Gallup 总体幸福感、酒精导致死亡率、烟草使用率行为健康指标上均存在显著、积极的亲和性；而在抑郁症率、严重心理疾病率、强自杀念头率、任何心理疾病率健康指标上均存在显著、消极的亲和性。

在积极亲和性结果中的寿命/死亡率类指标上，尽责性对于枪支导致死亡率、凶杀死亡率的主效应均不显著，但尽责性与保守主义的交互项对于枪支导致死亡率（$t = -5.291$，$p < 0.001$）、凶杀死亡率（$t = -4.880$，$p < 0.001$）有极其显著的负向影响作用。这说明保守主义程度越高，尽责性降低枪支导致死亡率、凶杀死亡率的保护作用越强。在预期寿命指标上，尽责性对其主效应不显著，但尽责性与保守主义的交互项对其有非常显著的正向影响作用（$t = 3.110$，$p < 0.01$），这说明保守主义程度越高，尽责性提高预期寿命的积极作用越强。此外，尽责性对慢下呼吸道死亡率、酒精导致死亡率的主效应也不显著，但尽责性与保守主义的交互项对于慢下呼吸道死亡率（$t = -2.510$，$p < 0.05$）、酒精导致死亡率（$t = -2.058$，$p < 0.05$）则有显著的负向影响作用。这意味着保守主义程度越高，尽责性降低慢下呼吸道死亡率、酒精导致死亡率的保护作用越强。在肝病死亡率方面，尽责性对肝病死亡率的主效应为显著的正向影响作用（$t = 2.126$，$p < 0.05$），即尽责性越高，肝病死亡率越高。但尽责性与保守主义的交互项对肝病死亡率则有显著的负向影响作用（$t = -2.325$，$p < 0.05$），这说明保守主义程度越高，尽责性增大肝病死亡率风险的负面作用越弱。在幸福感类健康指标上，尽责性对工作环境幸福感、Twitter幸福感、基本需要幸福感的主效应均不显著，但尽责性与保守主义的交互作用则对工作环境幸福感（$t = 2.847$，$p < 0.01$）、Twitter 幸福感（$t = 2.314$，$p < 0.05$）、基本需要幸福感（$t = 2.272$，$p < 0.05$）均有显著的正向影响作用。这说明保守主义程度越高，尽责性促进工作环境幸福感、Twitter 幸福感、基本需要幸福感的积极作用越强。此外，尽责性对于 Gallup 总体幸福感的主效应为边缘显著的正向作用（$t = 3.173$，$p < 0.01$），即尽责性越高，Gallup 总体幸福感越高。而尽责性与保守主义的交互项则

对 Gallup 总体幸福感有显著的正向影响作用（$t = 2.152$，$p < 0.05$），这说明保守主义程度越高，尽责性促进 Gallup 总体幸福感的积极作用越强。在物质滥用行为类的烟草使用率方面，尽责性对其主效应不显著，但尽责性与保守主义的交互项对其有边缘显著的负向作用（$t = -1.946$，$p < 0.1$）。这说明保守主义程度越高，尽责性降低烟草使用率的积极作用越强。

在消极亲和性结果中，尽责性对于抑郁症率（$t = -3.077$，$p < 0.01$）、严重心理疾病率（$t = -1.720$，$p < 0.1$）、强自杀念头率（$t = -2.683$，$p < 0.05$）健康指标的主效应均存在显著或边缘显著的负向影响作用，即尽责性越高，抑郁症率、严重心理疾病率、强自杀念头率越低。但尽责性与保守主义的交互项则对于抑郁症率（$t = 2.661$，$p < 0.05$）、严重心理疾病率（$t = 2.358$，$p < 0.05$）、强自杀念头率（$t = 2.324$，$p < 0.05$）均存在显著的正向影响作用。这意味着保守主义程度越高，尽责性降低抑郁症率、严重心理疾病率、强自杀念头率的积极作用越弱。在任何心理疾病率方面，尽责性对其主效应也存在显著的负向影响作用（$t = -3.334$，$p < 0.01$），即尽责性越高，任何心理疾病率越低。但尽责性与保守主义的交互项对其有边缘显著的正向影响作用（$t = 1.707$，$p < 0.1$），这说明保守主义程度越高，尽责性降低任何心理疾病率的保护作用越弱。

由此可见，尽责性与保守主义存在非常强劲的亲和性，尤其是在幸福感和寿命/死亡率类指标上，保守主义程度越高，尽责性促进幸福感越强，降低枪支导致死亡率、凶杀死亡率等各种死亡率的保护作用越强。该结果可能与已有研究认为尽责性是与宗教、社会文化规范等相一致的人格特质（Gebauer et al.，2014a），而保守主义则与认可传统文化价值观、排斥社会变化相联系（Jost et al.，2008）有关。换言之，保守主义政治环境与尽责性在理论上存在匹配性。有研究证据也表明，尽责性与保守主义政治意识形态相联系，美国州水平的尽责性与更高的保守主义党派投票率相联系（Rentfrow et al.，2009）。因此，保守主义对于尽责性在幸福感、死亡率等健康结果变量上的积极促进作用，可能与保守主义与尽责性之间的匹配或亲和性有关。但值得一提的是，尽管尽责性与保守主义在幸福感和死亡率指标上存在显著的积极亲和性，二者在心理疾病率上却较为一致地体现出了显著的消极亲和性。保守主义政治环境显著地削弱了尽责性降低抑郁症率、严重心理疾病率风险的保护作用。该研究结果与经典的"人—环境"匹配模型认为人格特征与环境特征能导致一系列积极结果的观点相反，即尽管尽责性与保守主义存在较强积极亲和性，研究者仍应注意到二者在心理疾病率健康指标上存在的消极亲和性，这一发现对于区域公共健康研究和干预具有重要意义。

综合而言，同与其他人格特质的组合相比，保守主义对尽责性与各健康指标关系的调节作用达到显著的模型数量最多、显著程度最强，即保守主义与尽责性在各健康指标上的亲和性最强。并且，保守主义在上述显著的调节效应中既存在积极亲和性，也存在消极亲和性。一方面，保守主义程度越高，尽责性降低枪支导致死亡率、凶杀死亡率、慢下呼吸道死亡率、酒精导致死亡率、烟草使用率的保护作用越强，增大肝病死亡率风险的负面作用越弱，提高预期寿命的积极作用越强，促进工作环境幸福感、Twitter 幸福感、基本需要幸福感、Gallup 总体幸福感的积极作用越强。另一方面，保守主义程度越高，尽责性降低抑郁症率、严重心理疾病率、强自杀念头率、任何心理疾病率的积极作用越弱。其中，保守主义与尽责性的积极亲和性集中地体现在幸福感和寿命/死亡率指标上，而二者的消极亲和性则全部体现在心理疾病类指标上。

（二）尽责性与自由主义

除了任何心理疾病指标外，自由主义对于尽责性与其他各健康指标关系的调节作用结果基本与保守主义的结果完全相反。自由主义对于尽责性与任何心理疾病率的调节作用不显著，即尽责性与自由主义在任何心理疾病率结果变量上的亲和性不显著。而尽责性与保守主义在该指标上存在边缘显著的消极亲和性，即保守主义程度越高，尽责性降低任何心理疾病率的保护作用越弱。因此，尽责性与任何心理疾病率的关系不受自由主义政治环境的影响。自由主义与尽责性在其他健康指标的亲和性与保守主义的显著性均相同，但方向相反。

四、神经质与政治环境的亲和性

保守主义、自由主义对神经质与各健康结果变量关系的调节作用检验结果汇总如图 7.4 所示。

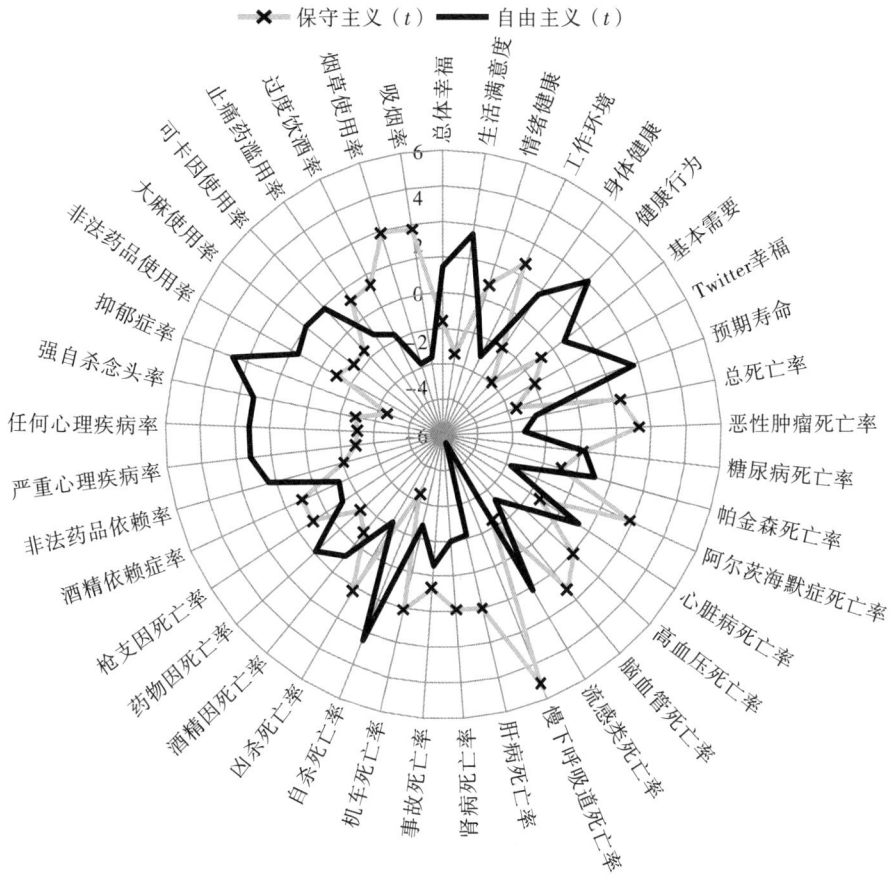

图 7.4　神经质与保守主义、自由主义的交互结果图

（一）神经质与保守主义

保守主义与神经质在抑郁症率、自杀死亡率指标上存在显著的积极亲和性，而在慢下呼吸道死亡率、健康行为幸福感、烟草使用率、阿尔茨海默症死亡率、吸烟率、预期寿命、生活评价幸福感、恶性肿瘤死亡率健康指标上均存在显著的消极亲和性。

在积极的亲和性指标上，神经质对于抑郁症率和自杀死亡率的主效应均不显著，但神经质与保守主义的交互项对抑郁症率（$t = -2.285$，$p < 0.05$）和自杀死亡率（$t = -2.204$，$p < 0.05$）则有显著的负向影响作用。这说明，保守主义程度越高，神经质降低抑郁症率、自杀死亡率风险的积极作用越强。保守主义对于神经质降低抑郁症率的积极作用起到加强作用，可能也与集体主义文化

229

特征能为神经质提供缓冲负性生活压力、情绪的作用机制存在一定的相似性（Triandis et al.，1988；Ye et al.，2015）。此外，已有关于区域水平的神经质与自杀死亡率之间关系在美国样本和俄罗斯样本的研究结果不一致（Voracek，2009；Voracek，2013），除了 Voracek（2013）认为的人格测量工具等因素外，还可能与调节神经质影响自杀死亡率的其他因素有关，例如政治环境的保守主义程度。本研究基于美国州水平的证据发现，保守主义政治环境能显著影响神经质与自杀死亡率之间的关系。Voracek（2009）的研究发现，美国州水平的神经质与自杀死亡率显著负相关，本研究则进一步发现保守主义程度越高，神经质与自杀死亡率之间的负相关越强。

在消极的亲和性结果中，神经质对于慢下呼吸道死亡率的主效应不显著，而神经质与保守主义的交互项对其有着极其显著的正向影响（$t = 3.556$，$p < 0.001$）。这说明保守主义程度越高，神经质增大慢下呼吸道死亡率风险的负面作用越强。在阿尔茨海默症死亡率方面，神经质对其主效应为显著负向作用（$t = -2.966$，$p < 0.01$），即神经质越高，阿尔茨海默症死亡率越低。但神经质与保守主义的交互项则有边缘显著的正向作用（$t = 1.925$，$p < 0.1$），这说明保守主义程度越高，神经质降低阿尔茨海默症死亡率风险的保护作用越弱。在恶性肿瘤死亡率方面，神经质对其主效应有边缘显著的正相关（$t = 2.001$，$p < 0.1$），即神经质越高，恶性肿瘤死亡率越高。神经质与保守主义的交互项对恶性肿瘤死亡率有边缘显著的正相关（$t = 1.686$，$p < 0.1$），这说明保守主义程度越高，神经质增大恶性肿瘤死亡率风险的负面作用越强。在预期寿命方面，神经质对其主效应不显著，但神经质与保守主义的交互项对预期寿命有边缘显著的负相关（$t = -1.764$，$p < 0.1$）。这说明保守主义程度越高，神经质降低预期寿命的负面作用越强。在幸福感类指标中，神经质对健康行为幸福感、生活评价幸福感的主效应有显著或边缘显著的负相关，即神经质越高，健康行为幸福感、生活评价幸福感越低。而神经质与保守主义的交互项对健康行为幸福感（$t = -1.971$，$p < 0.1$）、生活评价幸福感（$t = -1.705$，$p < 0.1$）有边缘显著的负相关，这说明保守主义程度越高，神经质降低健康行为幸福感、生活评价幸福感的负面作用越强。在物质滥用和健康行为方面，神经质对烟草使用率和吸烟率的主效应不显著，但神经质与保守主义的交互项对烟草使用率（$t = 1.941$，$p < 0.1$）和吸烟率（$t = 1.852$，$p < 0.1$）均有边缘显著的正向影响作用。这意味着保守主义程度越高，神经质增大烟草使用率、吸烟率风险的负面

作用越强。

综合而言，同与其他人格特质的组合相比，保守主义对神经质与各健康指标关系的调节作用达到显著的模型数量相对较多、显著程度中等，即保守主义与神经质在各健康指标上有相对较强的亲和性。并且，保守主义在上述显著的调节效应中既存在积极亲和性，也存在消极亲和性。一方面，保守主义程度越高，神经质降低抑郁症率、自杀死亡率风险的积极作用越强；另一方面，保守主义程度越高，神经质增大慢下呼吸道死亡率、恶性肿瘤死亡率、烟草使用率、吸烟率风险的负面作用越强，降低阿尔茨海默症死亡率风险的保护作用越弱，降低预期寿命、健康行为幸福感、生活评价幸福感的负面作用越强。其中，保守主义与神经质的积极亲和性比较少，仅体现在抑郁症率和自杀死亡率上；而二者的消极亲和性显著的健康结果变量数量相对较多，但较为分散的体现在寿命/死亡率指标、幸福感指标以及物质滥用和健康行为类指标上。

（二）神经质与自由主义

除了恶性肿瘤死亡率指标外，自由主义对于神经质与其他各健康指标关系的调节作用结果基本与保守主义的结果完全相反。自由主义对于神经质与恶性肿瘤死亡率指标上的调节作用不显著，即神经质与自由主义在恶性肿瘤死亡率结果变量上的亲和性不显著。而神经质与保守主义在该指标上存在边缘显著的消极亲和性，即保守主义程度越高，神经质增大恶性肿瘤死亡率风险的负面作用越强。因此，神经质与恶性肿瘤死亡率之间的关系则不受自由主义政治环境的影响。自由主义与神经质在其他健康指标的亲和性与保守主义的显著性均相同，但方向相反。

五、开放性与政治环境的亲和性

保守主义、自由主义对开放性与各健康结果变量关系的调节作用检验结果汇总如图7.5所示。

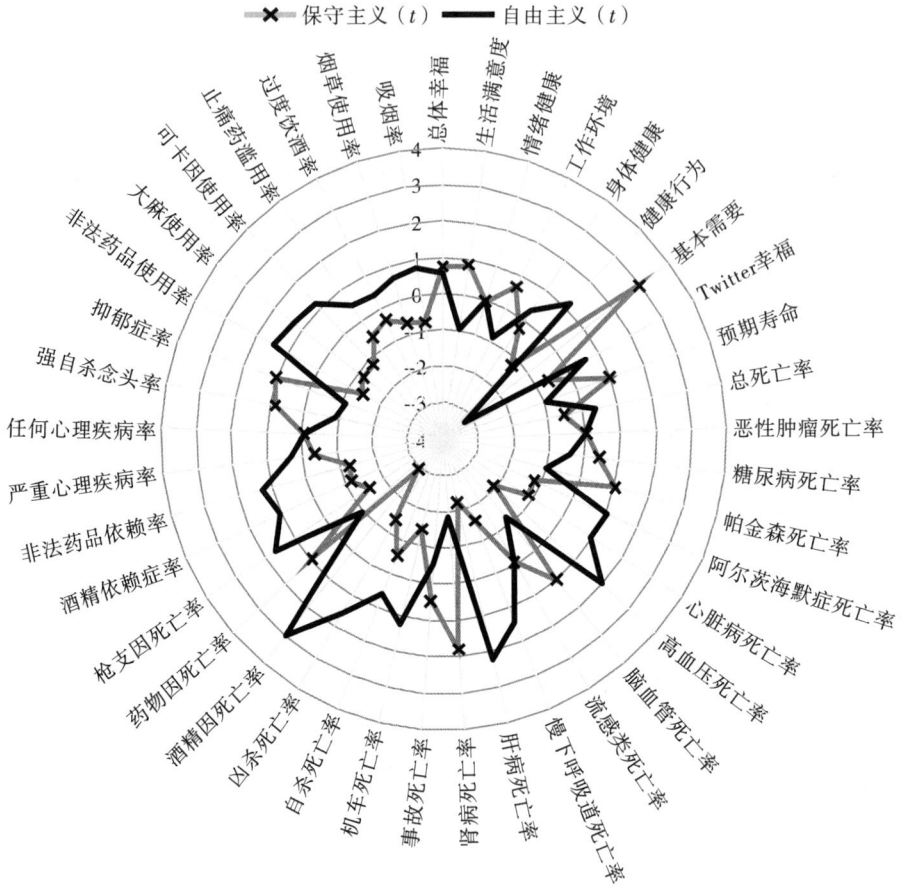

图7.5　开放性与保守主义、自由主义的交互结果图

（一）开放性与保守主义

保守主义与开放性在基本需要幸福感、酒精导致死亡率、肝病死亡率、高血压死亡率健康指标上存在显著、积极的亲和性，而在肾病死亡率上存在边缘显著、消极的亲和性。

在积极亲和性结果中，开放性对基本需要幸福感的主效应有显著的负向影响作用（$t = -2.101$，$p < 0.05$），即开放性越高，基本需要幸福感越低。但开放性与保守主义的交互项则对基本需要幸福感有非常显著的正向影响作用（$t = 2.947$，$p < 0.01$），这说明保守主义程度越高，开放性降低基本需要幸福感的负面作用越弱。在死亡率指标方面，开放性对于酒精导致死亡率、肝病死亡率和

高血压死亡率的主效应均不显著，但开放性与保守主义的交互项对酒精导致死亡率（$t = -2.927$，$p < 0.01$）、肝病死亡率（$t = -2.201$，$p < 0.05$）和高血压死亡率（$t = -2.078$，$p < 0.05$）均有显著的负向影响作用。这说明保守主义程度越高，开放性降低酒精导致死亡率、肝病死亡率和高血压死亡率的积极作用越强。在消极亲和性结果中，开放性对肾病死亡率的主效应不显著，但开放性与保守主义的交互项对肾病死亡率有边缘显著的正向影响作用（$t = 1.802$，$p < 0.1$）。这意味着保守主义程度越高，开放性增大肾病死亡率风险的作用越强。

虽然已有研究发现，开放性与保守主义存在负相关，美国保守党总统候选人支持率越高的地区开放性越低（Rentfrow et al.，2009），即开放性与自由主义存在一致性而与保守主义存在较大的不一致性，然而本研究结果却显示开放性与保守主义之间的积极亲和性远大于消极亲和性。虽然开放性与保守主义在肾病死亡率指标上体现出了边缘显著的消极亲和性，但在基本需要幸福感、酒精导致死亡率等诸多健康结果变量上体现出了非常显著的积极亲和性。开放性虽然与基本需要幸福感之间存在负相关，即开放性越高，基本需要幸福感越低。但在保守主义政治环境下，开放性与基本需要幸福感之间的负相关被显著削弱，即保守主义政治环境缓冲了开放性暴露于低基本需要幸福感的健康风险。为此，笔者认为这可能与保守主义能为开放性人格特质提供互补性的环境约束机制，从而为其健康结果提供积极的作用有关。虽然开放性与自由主义相一致，而与保守主义不一致，但保守主义的政治环境能从互补的角度，为开放性在基本需要幸福感、酒精导致死亡率、高血压死亡率、肝病死亡率等健康风险领域提供缓冲和保护作用。

综合而言，同与其他人格特质的组合相比，保守主义对开放性人格特质与各健康指标关系的调节作用达到显著的模型相对较少、显著程度较弱，即保守主义与开放性的亲和性较弱。并且，上述显著的调节效应模型中显示，保守主义与开放性既存在积极亲和性，也存在消极的亲和性。一方面，保守主义程度越高，开放性降低基本需要幸福感的负面作用越弱，而降低酒精导致死亡率、肝病死亡率和高血压死亡率的积极作用越强；另一方面，保守主义程度越高，开放性增大肾病死亡率风险的作用越强。其中，保守主义与开放性的积极性远强于消极亲和性，并且积极亲和性重点体现在酒精导致死亡率和基本需要幸福感指标上。

（二）开放性与自由主义

除了高血压死亡率外，自由主义对于开放性与其他各健康指标关系的调节作用结果基本与保守主义的结果完全相反。自由主义对于开放性与高血压死亡率的调节作用显著程度，比保守主义对其调节作用显著程度要弱一些。在高血压死亡率方面，开放性对其主效应不显著，而开放性与自由主义的交互项对其有边缘显著的正相关（$t = 1.993$，$p < 0.1$）。这意味着自由主义程度越高，开放性增大高血压死亡率风险的负面作用越强。因此，开放性与高血压死亡率之间的关系受到自由主义政治环境的影响相对于保守主义政治环境的影响则稍弱一些。另外，自由主义与开放性在其他健康指标的亲和性与保守主义的显著性均相同，但方向相反。

六、小结

社会生态心理学的研究证据表明，政治环境（例如，民主程度、税率制度、福利制度）作为一种重要的社会生态环境对人类的心理与行为有重要的影响作用（Osihi，2014；Oishi & Graham，2010）。政治心理学的研究也显示自由主义和保守主义政治意识形态对于人类心理与行为的重要作用（Jost et al.，2008；Jost，2006）。尤其是社会流行病学的研究直接关注了保守主义—自由主义党派的投票支持率、群体和个体政治意识形态与健康之间的关系（Smith & Dorling，1996；Dorling et al.，2001；Subramanian & Perkins，2009）。尽管现有的研究证据表明，政治意识形态对于理解个体或群体的健康具有重要意义，但尚没有研究关注保守主义、自由主义政治意识形态氛围作为一种政治环境，是否可能在人格影响健康的关系中起到的调节作用。本章基于社会生态视角和"人—环境"交互视角提出的人格与环境亲和性假说，系统地检验了保守主义、自由主义政治环境在人格影响健康的关系中可能发挥的调节作用，即人格与政治环境的亲和性规律。

本章的研究结果部分支持了人格与环境亲和性假说。首先，不同的人格特质维度与保守主义、自由主义政治环境的亲和性存在差异。例如，与其他人格维度相比，尽责性与保守主义、自由主义政治环境的亲和性最强；而宜人性与保守主义政治环境的亲和性最弱。其次，自由主义和保守主义政治环境与同一人格特质的亲和性结果虽然大体上是相反的，但也有所差异。例如，自由主义与宜人性在工作环境幸福感、恶性肿瘤死亡率、帕金森症死亡率上均存在显著或边缘显著的消极亲和性，而保守主义与宜人性在上述健康指标上的亲和性则均不显著。最后，尽责性人格特质虽然与保守主义相一致，从而保守主义与尽责性在枪支导致死亡率等诸多重要健康结果变量上体现出了强劲的积极亲和性；但二者却在心理疾病类指标上却较为一致地表现出了显著的消极亲和性。而开放性人格特质虽然与保守主义政治环境不一致，却在基本需要幸福感、酒精导致死亡率等诸多健康结果变量上表现出了显著的积极亲和性。

第八章

人格与环境的亲和性规律比较

第三章的系统检验结果显示区域水平的特定的人格维度与特定的健康结果变量之间存在显著的关联性。为了进一步挖掘人格影响健康的作用机制，本书基于人与环境交互视角和社会生态视角提出了人格与环境亲和性假说，并在第五、六、七章分别对文化环境、经济环境以及政治环境在人格与健康的关系中可能存在的调节效应进行了系统性的检验。检验结果发现，人格与环境存在一定的亲和性规律，但并不是所有组合的亲和性均存在。特定的人格特质与特定的环境变量组合，在特定的健康结果变量上才能表现出显著的积极或消极亲和性。因此，本书部分地支持了人格与环境亲和性假说。个体层面的健康心理学研究和健康干预实践证据显示：大多数人格特质对于健康的影响都是混合的（既有积极的，又有消极的），并不存在一以贯之的健康干预策略（Roberts et al.，2007）。因此，Roberts 等（2007）认为，人格相关的健康干预策略制定需要同时考虑环境因素和希望解决的目标健康结果变量。本书的研究结果在州水平上系统地验证了上述观点，这对于区域公共健康研究以及因地制宜地制定区域公共健康预防、干预政策具有重要价值。

为了更加系统、直观地展示人格与环境在健康结果变量上的亲和性规律，笔者基于文化环境、经济环境以及政治环境对于人格影响健康的调节效应检验结果，整理了分人格类型的人格与环境亲和性结果汇总表，详见表8.1至表8.5。表8.1至表8.5分别是外向性、宜人性、尽责性、神经质以及开放性与三大类环境变量的亲和性规律汇总表。本书所涉及的健康指标中，幸福感为积极的健康指标，死亡率类指标均为消极的健康指标。为了更直观地表示亲和性规律，笔者将死亡率类、心理疾病类、物质滥用和健康行为类指标的调节作用结果均进行了反转。因此，各表格中，符号"＋"表示积极的亲和性，即表示在幸福感指标上的正向调节作用，或者在寿命/死亡率、心理疾病、物质滥用和健康行为指标上的负向调节作用；符号"－"则表示消极的亲和性，即表示在幸福感指标上的负向调节作用，或者在寿命/死亡率、心理疾病、物质滥用和健康行为指标上的正向调节作用。符号数量的多少则反映亲和性规律的显著性程度，例如，"＋＋"则表示该积极亲和性特征在 0.05 水平下显著，"－－－"则表示该消极亲和性特征在 0.001 水平下显著。

表 8.1　外向性与各环境变量的亲和性规律汇总表

	集体主义	松—紧文化	基尼系数	保守主义	自由主义
Gallup 总体幸福感				＋＋	－－
生活评价幸福感				＋＋	－－
情绪健康幸福感					
工作环境幸福感	－－		－－	＋＋	－－－
身体健康幸福感					
健康行为幸福感					
基本需要幸福感			－－－		
Twitter 幸福感					
预期寿命					
总死亡率					
恶性肿瘤死亡率					
糖尿病死亡率					
帕金森症死亡率					
阿尔茨海默症死亡率		－－		－－	＋＋
心脏病死亡率					
高血压死亡率		－－－			
脑血管病死亡率					
流感类死亡率			＋＋		
慢下呼吸道死亡率					
肝病死亡率					
肾病死亡率					
事故导致死亡率					
机动车事故死亡率					

（续上表）

	集体主义	松—紧文化	基尼系数	保守主义	自由主义
自杀死亡率					
凶杀死亡率					
酒精导致死亡率					
药物导致死亡率					
枪支导致死亡率					
酒精依赖症率	+ +				
非法药品依赖率				– –	+ +
严重心理疾病率			+	–	+
任何心理疾病率	–		+ +		
强自杀念头率			+ +		
抑郁症率					
非法药品使用率		–			
大麻使用率					
可卡因使用率					
止痛药滥用率					
过度饮酒率	+ +				
烟草使用率					
吸烟率					

表8.2　宜人性与各环境变量的亲和性规律汇总表

	集体主义	松—紧文化	基尼系数	保守主义	自由主义
Gallup 总体幸福感			– –		
生活评价幸福感					
情绪健康幸福感					
工作环境幸福感		–	– –		– –
身体健康幸福感					
健康行为幸福感					
基本需要幸福感		–	– – – –		
Twitter 幸福感			– – –		
预期寿命	–		– – –		

（续上表）

	集体主义	松—紧文化	基尼系数	保守主义	自由主义
总死亡率		–	– –		
恶性肿瘤死亡率		– –	– – –		–
糖尿病死亡率					
帕金森症死亡率			– –		–
阿尔茨海默症死亡率			–		
心脏病死亡率					
高血压死亡率					
脑血管病死亡率			– –	+	– –
流感类死亡率			+ +	– –	+ +
慢下呼吸道死亡率			–	+	–
肝病死亡率					
肾病死亡率					
事故导致死亡率	– –				
机动车事故死亡率	– –				
自杀死亡率					
凶杀死亡率			– – – –	+ +	– – –
酒精导致死亡率					
药物导致死亡率					
枪支导致死亡率	–		– – – –	+	– –
酒精依赖症率					
非法药品依赖率					
严重心理疾病率					
任何心理疾病率					
强自杀念头率					
抑郁症率					
非法药品使用率					
大麻使用率					
可卡因使用率					
止痛药滥用率					
过度饮酒率					
烟草使用率					
吸烟率					

表 8.3　尽责性与各环境变量的亲和性规律汇总表

	集体主义	松—紧文化	基尼系数	保守主义	自由主义
Gallup 总体幸福感	−			+ +	− −
生活评价幸福感					
情绪健康幸福感		−			
工作环境幸福感	− − −		− − −	+ + +	− − −
身体健康幸福感					
健康行为幸福感					
基本需要幸福感	− − − −		− − −	+ +	− −
Twitter 幸福感	− −			+ +	− −
预期寿命	− −			+ + +	− −
总死亡率					
恶性肿瘤死亡率		−			
糖尿病死亡率					
帕金森症死亡率		−			
阿尔茨海默症死亡率					
心脏病死亡率			+ +		
高血压死亡率					
脑血管病死亡率					
流感类死亡率			+ +		
慢下呼吸道死亡率				+ +	+ +
肝病死亡率			− −	+ +	+ +
肾病死亡率					
事故导致死亡率					
机动车事故死亡率					
自杀死亡率	− −				
凶杀死亡率	−			+ + + +	+ + + +
酒精导致死亡率	−		− − −	+ +	+ +
药物导致死亡率					
枪支导致死亡率	− − − −		−	+ + + +	+ + + +

（续上表）

	集体主义	松—紧文化	基尼系数	保守主义	自由主义
酒精依赖症率	+ +				
非法药品依赖率					
严重心理疾病率		− −		− −	−
任何心理疾病率				−	
强自杀念头率				− −	− −
抑郁症率		− − −		− −	− −
非法药品使用率			− −		
大麻使用率			− − −		
可卡因使用率			−		
止痛药滥用率					
过度饮酒率	+				
烟草使用率				+	+
吸烟率					

表 8.4　神经质与各环境变量的亲和性规律汇总表

	集体主义	松—紧文化	基尼系数	保守主义	自由主义
Gallup 总体幸福感					
生活评价幸福感				−	+
情绪健康幸福感	+ +				
工作环境幸福感			− −		
身体健康幸福感					
健康行为幸福感				−	+
基本需要幸福感					
Twitter 幸福感	− −	−			
预期寿命		−		−	+
总死亡率		− −			
恶性肿瘤死亡率		− −		−	
糖尿病死亡率			−		

（续上表）

	集体主义	松—紧文化	基尼系数	保守主义	自由主义
帕金森症死亡率					
阿尔茨海默症死亡率	– –	– – –		–	+
心脏病死亡率					
高血压死亡率		– –			
脑血管病死亡率		– –			
流感类死亡率			– –		
慢下呼吸道死亡率				– – – –	+ + + +
肝病死亡率			+ +		
肾病死亡率					
事故导致死亡率					
机动车事故死亡率	–				
自杀死亡率				+ +	– –
凶杀死亡率	– – –				
酒精导致死亡率					
药物导致死亡率	+				
枪支导致死亡率	– –				
酒精依赖症率			+ +		
非法药品依赖率		–			
严重心理疾病率		–	– –		
任何心理疾病率	+		– –		
强自杀念头率			– –		
抑郁症率	+ +		– –	+ +	– –
非法药品使用率		–			
大麻使用率					
可卡因使用率					
止痛药滥用率					
过度饮酒率					
烟草使用率		– –		–	+
吸烟率		–		–	

表 8.5　开放性与各环境变量的亲和性规律汇总表

	集体主义	松—紧文化	基尼系数	保守主义	自由主义
Gallup 总体幸福感					
生活评价幸福感					
情绪健康幸福感	+				
工作环境幸福感					
身体健康幸福感	+ +				
健康行为幸福感					
基本需要幸福感	–			+ + +	– – –
Twitter 幸福感	– –		+ +		
预期寿命					
总死亡率		+	+		
恶性肿瘤死亡率					
糖尿病死亡率			+		
帕金森症死亡率					
阿尔茨海默症死亡率		+ +	+ +		
心脏病死亡率		+ +			
高血压死亡率	+ + +			+ +	–
脑血管病死亡率					
流感类死亡率					
慢下呼吸道死亡率		+			
肝病死亡率				+ +	– –
肾病死亡率				–	+
事故导致死亡率	+				
机动车事故死亡率	– –	+			
自杀死亡率					
凶杀死亡率	– – –		+ +		
酒精导致死亡率				+ + +	– – –
药物导致死亡率	+ +				
枪支导致死亡率	– –				

（续上表）

	集体主义	松—紧文化	基尼系数	保守主义	自由主义
酒精依赖症率					
非法药品依赖率					
严重心理疾病率					
任何心理疾病率	+ +				
强自杀念头率					
抑郁症率					
非法药品使用率	+ + +				
大麻使用率	+ + +				
可卡因使用率	+				
止痛药滥用率		+		+	
过度饮酒率					
烟草使用率					
吸烟率					

为了总结和对比亲和性规律的强度，笔者基于表8.1至表8.5中亲和性结果中"＋""－"符号在各统计分类下的数量，进一步得到了表8.6的五种人格特质维度与五种环境调节变量的亲和性强度汇总表。例如，"＋"或"－"的强度均记为1，而"＋＋＋"或"－－－"强度均记为3。

表8.6　人格与环境调节变量的亲和性强度汇总表

	集体主义	松—紧文化	基尼系数	保守主义	自由主义	合计
外向性	7	6	12	11	12	48
宜人性	6	5	35	7	14	67
尽责性	23	8	22	34	32	119
神经质	16	19	17	15	14	81
开放性	25	11	9	11	10	66
合计	77	49	95	78	82	381

第一节　不同的人格特质亲和性规律对比

根据表8.6中五种人格特质维度在各环境变量指标上的亲和性强度汇总统计结果，尽责性与各环境变量的综合亲和性最强（119），神经质的综合亲和性次之（81），宜人性的综合亲和性居中（67），开放性的综合亲和性相对较弱（66），外向性与各环境变量的综合亲和性最弱（48）。

一、尽责性的综合亲和性

总体而言，尽责性人格特质与文化、经济、政治环境的亲和性强度最强，尤其是与保守主义、自由主义的总体亲和性非常强劲。尽责性在保守主义越高的环境下，促进幸福感包括工作环境幸福感、基本需要幸福感、Twitter幸福感、Gallup总体幸福感方面，在降低凶杀死亡率、枪支导致死亡率，提高预期寿命等方面的积极作用越强，即尽责性与保守主义在上述指标上存在显著的积极亲和性。反之，尽责性在自由主义越高的环境下，其降低工作环境幸福感、基本需要幸福感、Twitter幸福感，增加凶杀死亡率、枪支导致死亡率，降低预期寿命等方面的消极作用也越强，即尽责性与自由主义在上述指标上存在显著的消极亲和性。

尽责性在集体主义和基尼系数上的亲和性强度处于中等水平。尽责性与集体主义在基本需要幸福感、工作环境幸福感等幸福感指标，枪支导致死亡率、自杀死亡率等寿命/死亡率指标上存在显著的消极亲和性，即在高集体主义文化环境下，尽责性在上述健康指标方面的消极作用越强或者积极作用越弱。例如，在集体主义文化越强，尽责性降低基本需要幸福感的消极作用越强。尽责性与集体主义在酒精依赖症率、过度饮酒率指标上存在积极的亲和性。一方面，尽责性与基尼系数在工作环境幸福感、基本需要幸福感的幸福感指标上具有显著的消极亲和性。而且尽责性与基尼系数在大麻使用率、非法药品使用率等物质滥用行为指标上，酒精导致死亡率、枪支导致死亡率等死亡率指标上具有消极亲和性。例如，基尼系数越高，尽责性降低大麻使用率的积极作用越弱。另一方面，尽责性与基尼系数在流感类死亡率、心脏病死亡率两个死亡率指标上却表现出了积极的亲和性，即基尼系数越高，尽责性降低流感类死亡率、心脏病死亡率的积极作用越强。对比尽责性分别与集体主义和基尼系数的亲和性可以发现，两个组合在工作环境幸福感、基本需要幸福感均有非常显著、消极的亲和性，即集体主义和基尼系数的环境对于尽责性的健康机制具有相似的作用。

尽责性与松—紧文化的亲和性最弱，并且所有达到显著的亲和性均为消极亲和性。除了在抑郁症率、严重心理疾病率的心理疾病指标上较为突出外，其他显著的消极亲和性则散布在幸福感、死亡率指标上。例如，文化越紧，尽责性降低抑郁症率、严重心理疾病率的积极作用越弱。

二、神经质的综合亲和性

神经质与各环境变量的亲和性综合而言较强，并且亲和性达到显著的模型综合强度在各环境变量上分布相对较为均匀，亲和性强度差异相对较小。如表8.6所示神经质的亲和性规律在各指标上的亲和性强度由强至弱依次是，松—紧文化、基尼系数、集体主义、保守主义、自由主义。神经质与松—紧文化的亲和性相对最强，并且达到显著的模型均一致显示为消极亲和性。神经质与松—紧文化在阿尔茨海默症死亡率、高血压死亡率、脑血管病死亡率、恶性肿瘤死亡率、总死亡率、预期寿命等寿命/死亡率指标上，烟草使用率、吸烟率、非法药品使用率的物质滥用和健康行为指标上，非法药品依赖率、严重心理疾病率的心理疾病指标上，以及 Twitter 幸福感的幸福感指标上均为消极亲和性。因此，文化越紧，神经质在上述消极亲和性显著的健康指标的积极作用越弱、消极作用越强。神经质与基尼系数的亲和性相对较强。一方面，神经质与基尼系数在酒精依赖症率、肝病死亡率上具有显著、积极的亲和性，即基尼系数越高，神经质降低酒精依赖症率、肝病死亡率的积极作用越强。另一方面，神经质与基尼系数在强自杀念头率、任何心理疾病率、抑郁症率、严重心理疾病率的心理疾病指标上，在工作环境幸福感、流感类死亡率、工作环境幸福感上均具有显著、消极的亲和性。例如，基尼系数越高，神经质增大强自杀念头率、任何心理疾病率、抑郁症率、严重心理疾病率风险的负面作用越强。

神经质与集体主义具有中等程度的亲和性。一方面，神经质与集体主义在情绪健康幸福感、抑郁症率、任何心理疾病率等指标上具有积极亲和性，即集体主义文化越高，神经质降低情绪健康幸福感的消极作用越弱，而降低抑郁症率、任何心理疾病率的积极作用越强。可见，集体主义对于神经质在情绪健康、心理健康方面发挥更加积极效果的具有显著影响，与已有研究发现集体主义在抑郁、焦虑等情绪相关的健康问题上的积极作用具有一致性（Triandis et al.，1988；Ye et al.，2015；Chiao & Blizinsky，2009）。抑郁等情绪相关的健康问题与神经质有着密切的联系，通过加强集体主义文化环境，可以有效地缓解神经质在抑郁症率、情绪健康幸福感等健康方面的负面作用。这为州水平的情绪健康幸福感研究和干预政策提供了直接的实证支持。另一方面，神经质与集体主义在 Twitter 幸福感，凶杀死亡率、枪支导致死亡率、阿尔茨海默症死亡率等死亡率指标上存在显著、消极的亲和性。值得说明的是，神经质与集体主义在情绪健康幸福感上存在显著的积极亲和性，而在 Twitter 幸福感上却存在显著的消极亲和性。集体主义越高，神经质降低情绪健康幸福感的消极作用越弱，而降低 Twitter 幸福感的消极作用也越强。该结果差异可能与情绪健康幸福感和 Twitter 幸福感所测量的幸福感内容上有差异有关，也可能与情绪健康幸福感是基于 Gallup 调查的主观自我报告法，而 Twitter 幸福感则是基于社交媒体客观表达有关。但二者为何出现截然相反的亲和性规律，还有待未来的进一步研究。

神经质与保守主义、自由主义的综合亲和性最弱。神经质与保守主义仅在抑郁症率和自杀死亡率上具有显著的积极亲和性；但在慢下呼吸道死亡率等寿命/死亡率指标，烟草使用率等物质滥用和健康行为指标，生活评价幸福感、健康行为幸福感等指标上具有消极亲和性。例如，保守主义程度越高，神经质增大慢下呼吸道死亡率的消极作用越强，降低生活评价幸福感、健康行为幸福感的消极作用也越强。神经质与保守主义的消极亲和性达到显著的健康指标分布相对较为分散，并且除了在慢下呼吸道死亡率上表现极其显著外，在其他健康指标的显著性则相对较弱。神经质与自由主义的亲和性特征基本和保守主义的规律相反，即显著程度相当，但方向相反。

三、宜人性的综合亲和性

宜人性与各环境变量的综合亲和性强度在 5 种人格特质维度中处于中等水平。各环境变量按与宜人性的亲和性强度由强至弱依次是，基尼系数、自由主义、保守主义、集体主义、松—紧文化。

宜人性与基尼系数的综合亲和性最强。宜人性与基尼系数仅在流感类死亡率上存在显著的积极亲和性，而二者在基本需要幸福感等幸福感指标上，凶杀死亡率、枪支导致死亡率等寿命/死亡率指标上存在非常强劲的消极亲和性。在幸福感指标上，宜人性与基尼系数在基本需要幸福感、Twitter 幸福感、工作环境幸福感、Gallup 总体幸福感上幸福感上存在显著的消极亲和性。例如，基尼系数越高，宜人性降低基本需要幸福感的消极作用越强。在寿命/死亡率指标上，宜人性与基尼系数在枪支导致死亡率、凶杀死亡率、恶性肿瘤死亡率、预期寿命、总死亡率、帕金森症死亡率、脑血管病死亡率、慢下呼吸道死亡率、阿尔茨海默症死亡率指标上均存在消极的亲和性。例如，基尼系数越高，宜人性增大枪支导致死亡率风险的消极作用显著越强。简而言之，基尼系数高所反映的高收入不平等的经济环境，对宜人性在幸福感、死亡率上的积极作用有显著的削弱作用，而对宜人性在幸福感、死亡率上的消极作用则显著增强。

宜人性与自由主义的亲和性强度处于相对较强水平。宜人性与自由主义仅在流感类死亡率上存在积极的亲和性，而在凶杀死亡率、枪支导致死亡率、脑血管病死亡率、工作环境幸福感、恶性肿瘤死亡率、慢下呼吸道死亡率、帕金森症死亡率上则存在消极的亲和性。宜人性与自由主义的消极亲和性强度远高于积极亲和性强度。其中，自由主义政治环境越强，宜人性增大凶杀死亡率、枪支导致死亡率的消极作用越强。宜人性与自由主义的亲和性达到显著的健康指标主要分布在死亡率指标上，且以枪支导致死亡率、凶杀死亡率最为突出。宜人性与保守主义的亲和性强度处于中等水平，且其作用关系与自由主义有较高程度的反向特征。但宜人性与保守主义的亲和性强度总体上比自由主义的亲和性强度弱。例如，宜人性与保守主义在工作环境幸福感、恶性肿瘤死亡率、帕金森症死亡率方面的亲和性并未显著水平，并且宜人性与保守主义在枪支导致死亡率上的积极亲和性强度要略弱于与自由主义的消极亲和性。

宜人性分别与集体主义、松—紧文化的亲和性强度则最弱。其中，宜人性与集体主义仅在事故导致死亡率、机动车事故死亡率、枪支导致死亡率、预期寿命指标上存在消极亲和性。例如，集体主义越高，宜人性增大事故导致死亡率、机动车事故死亡率的消极作用越强。宜人性与松—紧文化仅在恶性肿瘤死亡率、总死亡率、基本需要幸福感、工作环境幸福感上存在微弱的消极亲和性。例如，文化越紧，宜人性降低恶性肿瘤死亡率、促进基本需要幸福感的积极作用越弱。简而言之，宜人性与集体主义、松—紧文化在健康指标的亲和性整体上均较弱，但结果均为消极亲和性，并且主要散落在死亡率和幸福感指标上。

四、开放性的综合亲和性

开放性与各环境变量的综合亲和性强度在五种人格特质维度中处于相对较弱水平。各环境变量按与开放性的亲和性强度由强至弱依次是，集体主义、松—紧文化和保守主义、自由主义、基尼系数。

开放性与集体主义的亲和性相对于其他四个环境变量而言最强。一方面，开放性与集体主义在非法药品使用率、大麻使用率等物质滥用行为指标上，在任何心理疾病率的心理疾病类指标上，身体健康幸福感、情绪健康幸福感的幸福感类指标上，以及药物导致死亡率、事故导致死亡率的死亡率指标上存在积极的亲和性。尤其是在物质滥用方面，集体主义高的文化环境相对于集体主义低的环境，开放性增大非法药品使用率、大麻使用率的消极作用被显著削弱，即集体主义文化环境对于缓冲开放性面临的非法药品使用率、大麻使用率风险具有非常显著的保护作用。另一方面，开放性与集体主义在凶杀死亡率、机动车事故死亡率、Twitter 幸福感、基本需要幸福感上还存在消极的亲和性。例如，集体主义文化程度越高，开放性增大凶杀死亡率的消极作用越强，而促进 Twitter 幸福感的积极作用越弱。简而言之，开放性与集体主义的亲和性规律的主要特征为：在非法药品使用率等物质滥用指标、身体健康幸福感方面存在较强的积极亲和性，同时也在凶杀死亡率、Twitter 幸福感方面也存在较强的消极亲和性。

开放性与松—紧文化、保守主义、自由主义的综合亲和性水平相当，并且处于 5 种环境变量的中间水平。开放性与松—紧文化在各健康指标上的亲和性达到显著的数量虽不多，但均一致地表现为积极亲和性。即文化越紧，开放性在高血压死亡率、心脏病死亡率、阿尔茨海默症死亡率、慢下呼吸道疾病死亡率、机动车事故死亡率、总死亡率以及止痛药滥用率的健康指标上的积极作用越弱或消极作用越强。以上开放性与松—紧文化具有积极亲和性的健康指标除了止痛药滥用率外，其余均为死亡率指标。由此可见，开放性虽然作为与社会规范、社会文化不一致的人格特质（Gebauer et al.，2014a），但紧文化，即较严格普遍的社会规范和惩罚机制，却对于开放性在重要的健康结果变量上，尤其是一些死亡率相关的健康结果变量，发挥更加积极的影响作用具有显著意义。开放性与保守主义在基本需要幸福感、酒精导致死亡率、肝病死亡率、高血压死亡率上均存在较强的积极亲和性，而仅在肾病死亡率上存在微弱的消极亲和性。例如，保守主义程度越高，开放性降低基本需要幸福感的消极作用越弱。与保守主义规律基本相反，开放性与自由主义仅在肾病死亡率上存在微弱的积极亲和性，而在基本需要幸福感、酒精导致死亡率、肝病死亡率以及高血压死亡率上均存在消极亲和性。

开放性与基尼系数的亲和性在开放性与各环境变量亲和性结果中最弱，但均为积极的亲和性。具体而言，开放性与基尼系数在 Twitter 幸福感、凶杀死亡率、阿尔茨海默症死亡率、止痛药滥用率、总死亡率、糖尿病死亡率指标上存在显著的积极亲和性。例如，基尼系数越高，开放性促进 Twitter 幸福感的积极作用越强。因此，基尼系数越高，开放性在上述健康指标上的积极作用越强或消极作用越弱。虽然以上亲和性显著的健康指标较少，并且分布较为分散，但其较为一致地反映出了基尼系数在开放性影响健康机制中的积极作用。该结果与已有研究普遍关注基尼系数或收入不平等在社会流行病学研究、公共卫生研究中的消极作用研究（例如，Wilkinson & Pickett，2006）形成了对照，并为更加全面地理解基尼系数的健康作用提供了新的证据。

五、外向性的综合亲和性

总的来说，外向性与各环境变量的综合亲和性强度在 5 种人格特质维度中最弱。各环境变量按与开放性的亲和性强度由强至弱依次是，基尼系数和自由主义、保守主义、集体主义、松—紧文化。

具体而言，外向性与基尼系数、自由主义、保守主义的亲和性相对较强。一方面，外向性与基尼系数在强自杀念头率、任何心理疾病率、严重心理疾病率以及流感类死亡率均存在积极的亲和性。例如，基尼系数越高，外向性降低强自杀念头率、任何心理疾病率等积极作用越强，即基尼系数高所反映的高收入不平等经济环境，反而有利于外向性人格特质在强自杀念头率、任何心理疾病率等指标上发挥积极的作用。另一方面，外向性与基尼系数在基本需要幸福感、工作环境幸福感上还存在消极的亲和性。基尼系数越高，外向性降低基本需要幸福感、工作环境幸福感的消极作用也越强，即基尼系数高所反映的高收入不平等经济环境，增大了外向性削弱基本需要幸福感、工作环境幸福感的负面作用。在与自由主义的亲和性方面，外向性与自由主义在非法药品依赖率、严重心理疾病率以及阿尔茨海默症死亡率上存在积极亲和性，而在工作环境幸福感、生活评价幸福感、Gallup 总体幸福感上存在显著的消极亲和性。除了在工作环境幸福感上的显著性略有微弱差异外，外向性与保守主义的亲和性规律基本与自由主义的完全相反，即显著程度相同，而亲和性方向相反。

　　外向性与集体主义、松—紧文化的亲和性相对较弱。在集体主义方面，外向性与集体主义仅在酒精依赖症率、过度饮酒率指标上存在显著的积极亲和性，而在工作环境幸福感和任何心理疾病率上存在显著的消极亲和性。例如，集体主义文化越高，降低酒精依赖症率的积极作用越强，而降低工作环境幸福感的负面作用越强。酒精依赖症率和过度饮酒率是与外向性人格特质密切关联的健康指标，并且二者存在较为显著的正相关（例如，Rentfrow，2008）。换言之，外向性越高，酒精依赖症率和过度饮酒率的健康风险越高。而集体主义文化对缓冲、降低外向性面临的酒精依赖症率和过度饮酒率健康风险具有重要意义。在松—紧文化方面，外向性与松—紧文化在高血压死亡率、阿尔茨海默症死亡率、非法药品使用率指标上存在显著的消极亲和性。虽然外向性与松—紧文化亲和性达到显著的模型最少，强度也较弱，但其显著的亲和性结果均一致地显示为消极亲和性。即文化越紧，外向性在高血压死亡率、阿尔茨海默症死亡率、非法药品使用率指标上的积极作用越弱或消极作用越强。

第二节　不同的环境变量亲和性规律对比

　　根据表8.6中5种环境变量（文化、经济、政治环境）在各人格维度上的亲和性强度汇总统计结果，按与各人格综合亲和性强度由强至弱排序依次是：基尼系数（95）、自由主义（82）、保守主义（78）、集体主义（77）、松—紧文化（49）。即基尼系数反映的经济环境与人格的综合亲和性最强，自由主义、保守主义政治意识形态氛围反映的政治环境次之，集体主义、松—紧文化反映的文化环境最弱。

一、经济环境的综合亲和性

基尼系数与各人格特质的综合亲和性在所有环境变量中最强。按基尼系数与各人格特质亲和性强度由强至弱排序依次是：宜人性（35）、尽责性（22）、神经质（17）、外向性（12）、开放性（9）。

基尼系数与宜人性的亲和性最强。虽然基尼系数与宜人性在流感类死亡率上还存在显著的积极亲和性，但二者的亲和性仍主要以在枪支导致死亡率、凶杀死亡率等死亡率指标，和基本需要幸福感、工作环境幸福感、Gallup 总体幸福感的幸福感指标上的强劲的消极亲和性为主。基尼系数越高，宜人性在枪支导致死亡率、凶杀死亡率等死亡率指标，基本需要幸福感、工作环境幸福感、Gallup 总体幸福感等指标上的积极作用越弱或消极作用越强。基尼系数与尽责性的亲和性相对较强。基尼系数与尽责性既在心脏病死亡率、流感类死亡率上存在积极亲和性，同时在工作环境幸福感、基本需要幸福感、大麻使用率、非法药品使用率、可卡因使用率、酒精导致死亡率、肝病死亡率、枪支导致死亡率等健康指标上存在显著的消极亲和性。

基尼系数与神经质的亲和性处于中等强度水平。基尼系数与神经质在酒精依赖症、肝病死亡率存在显著的积极亲和性，但在强自杀念头率、任何心理疾病率、抑郁症率、严重心理疾病率、工作环境幸福感、流感类死亡率等健康变量上存在更为强劲、显著的消极亲和性。基尼系数与外向性的亲和性处于相对较弱的水平。基尼系数与开放性在强自杀念头率、任何心理疾病率、严重心理疾病率、流感类死亡率上存在显著的积极亲和性，但同时在基本需要幸福感、工作环境幸福感上存在消极的亲和性。基尼系数与开放性的亲和性最弱，但显著的亲和性均一致地显示为积极亲和性。基尼系数与开放性在凶杀死亡率、心脏病死亡率、阿尔茨海默症死亡率、慢下呼吸道死亡率、机动车事故死亡率、总死亡率、止痛药滥用率健康指标上均存在显著的积极亲和性。

二、政治环境的综合亲和性

自由主义、保守主义政治环境变量，分别与各人格特质的综合亲和性强度在所有环境变量中处于中等水平，并且自由主义、保守主义的亲和性强度除了在宜人性人格特质上差别相对较大外，在其他指标上差别均较小。整体而言，自由主义的亲和性强度略微高于保守主义。

在自由主义政治环境方面，其与各人格特质的亲和性强度由强至弱依次是：尽责性（32）、神经质（14）和宜人性（14）、外向性（12）、开放性（10）。首先，自由主义与尽责性的亲和性在与 5 种人格维度亲和性结果中处于最强的水平。自由主义与尽责性在抑郁症率、强自杀念头率、严重心理疾病率、烟草使用率指标上存在积极的亲和性，但在枪支导致死亡率、凶杀死亡率、酒精导致死亡率、肝病死亡率、慢下呼吸道死亡率、预期寿命，工作环境幸福感、基本需要幸福感、Twitter 幸福感、Gallup 总体幸福感指标上存在显著的消极亲和性。其次，自由主义与神经质、宜人性的亲和性处于中等水平。自由主义与神经质在慢下呼吸道死亡率、阿尔茨海默症死亡率、预期寿命、烟草使用率、吸烟率、生活评价幸福感、健康行为幸福感指标上存在显著的积极亲和性，但在抑郁症率、自杀死亡率上存在显著的消极亲和性。自由主义与宜人性仅在流感类死亡率上存在显著的积极亲和性，而在凶杀死亡率、枪支导致死亡率、脑血管病死亡率、恶性肿瘤死亡率、帕金森症死亡率以及工作环境幸福感上均存在显著的消极亲和性。最后，自由主义与外向性和开放性的亲和性相对较弱。自由主义与外向性仅在非法药品依赖率、严重心理疾病率、阿尔茨海默症死亡率上存在显著的积极亲和性，但同时也在工作环境幸福感、生活评价幸福感和 Gallup 总体幸福感上存在较为显著的消极亲和性。自由主义与开放性仅在肾病死亡率上存在边缘显著的积极亲和性，在基本需要幸福感、酒精导致死亡率、肝病死亡率、高血压死亡率指标上存在显著的消极亲和性。

在保守主义政治环境方面，其与各人格特质的亲和性强度由强至弱依次是：尽责性（34）、神经质（15）、外向性（11）和开放性（11）、宜人性（7）。对于尽责性人格，保守主义与尽责性的亲和性最强，在枪支导致死亡率、凶杀死亡率、预期寿命、慢下呼吸道死亡率、肝病死亡率、酒精导致死亡率、工作环境幸福感、Twitter 幸福感、基本需要幸福感、Gallup 总体幸福感等指标上存在强劲的积极亲和性，同时在抑郁症率、强自杀念头率、严重心理疾病率、任何心理疾病率上存在显著的消极亲和性。对于神经质人格，保守主义与神经质的亲和性处于相对较强水平。保守主义与神经质仅在抑郁症率和自杀死亡率上存在显著的积极亲和性，而在慢下呼吸道死亡率、阿尔茨海默症死亡率、烟草使用率、吸烟率、健康行为幸福感、生活评价幸福感等指标上存在显著的消极亲和性。保守主义与外向性、开放性的亲和性处于中等水平。在外向性方面，保守主义与外向性在工作环境幸福感、生活评价幸福感、Gallup 总体幸福感上存在显著的积极亲和性，在阿尔茨海默症死亡率、非法药品依赖率、严重心理疾病率上存在显著的消极亲和性。在开放性方面，保守主义与开放性在基本需要幸福感、酒精导致死亡率、肝病死亡率、高血压死亡率上存在显著的积极亲和性，同时仅在肾病死亡率上存在边缘显著的消极亲和性。最后，保守主义与宜人性的亲和性最弱。保守主义与宜人性在凶杀死亡率、枪支导致死亡率、慢下呼吸道死亡率、脑血管病死亡率存在显著的积极亲和性，同时仅在流感类死亡率上存在显著的消极亲和性。

三、文化环境的综合亲和性

集体主义、松—紧文化环境变量，分别与各人格特质的综合亲和性强度在所有环境变量中处于最弱的水平。综合来看，集体主义的亲和性强度要强于松—紧文化。

在集体主义文化环境方面，其与各人格特质的亲和性强度由强至弱依次是：开放性（25）、尽责性（23）、神经质（16）、外向性（7）、宜人性（6）。首先，集体主义与开放性、尽责性的亲和性较强。对于开放性人格，集体主义与开放性在非法药品使用率、大麻使用率、可卡因使用率、任何心理疾病率、身体健康幸福感、情绪健康幸福感、药物导致死亡率、事故导致死亡率方面存在显著的积极亲和性，在凶杀死亡率、枪支导致死亡率、机动车事故死亡率、Twitter 幸福感、基本需要幸福感上存在显著的消极亲和性。对于尽责性人格，集体主义与尽责性仅在酒精依赖症率和过度饮酒率指标上存在显著的积极亲和性，但在基本需要幸福感、工作环境幸福感、Gallup 总体幸福感、枪支导致死亡率、自杀死亡率、凶杀死亡率、酒精导致死亡率上存在显著的消极亲和性。其次，集体主义与神经质的亲和性处于中等程度水平。集体主义与神经质在情绪健康幸福感、抑郁症率、任何心理疾病率、药物导致死亡率指标上存在显著的积极亲和性，但在凶杀死亡率、枪支导致死亡率、Twitter 幸福感、阿尔茨海默症死亡率、机动车事故死亡率上均存在显著的消极亲和性。最后，集体主义与外向性、宜人性的亲和性最弱。对于外向性人格，集体主义与外向性仅在酒精依赖症率和过度饮酒率上存在显著的积极亲和性，同时也仅在工作环境幸福感和任何心理疾病率上存在显著的消极亲和性。集体主义与宜人性的亲和性达到显著的数量非常少，但均一致显示为消极亲和性，即在事故导致死亡率、机动车事故死亡率、枪支导致死亡率、预期寿命上存在显著的消极亲和性。

在松—紧文化环境方面，其与各人格特质的亲和性强度由强至弱依次是：神经质（19）、开放性（11）、尽责性（8）、外向性（6）、宜人性（5）。首先，松—紧文化与神经质的亲和性最强，且达到显著的亲和性均一致显示为消极亲和性。松—紧文化与神经质在阿尔茨海默症死亡率、总死亡率、恶性肿瘤死亡率、高血压死亡率、脑血管病死亡率、烟草使用率、吸烟率、非法药品使用率、非法药品依赖率、严重心理疾病率、Twitter 幸福感上均存在显著的消极亲和性。其次，松—紧文化与开放性的亲和性相对较强，且达到显著的亲和性均一致显示为积极亲和性。松—紧文化与开放性在高血压死亡率、心脏病死亡率、阿尔茨海默症死亡率、总死亡率、慢下呼吸道死亡率、机动车事故死亡率、止痛药滥用率指标上均存在显著的积极亲和性。再次，松—紧文化与尽责性的亲和性处于中等水平，且达到显著的亲和性均一致显示为消极亲和性。松—紧文化与尽责性在抑郁症率、严重心理疾病率、情绪健康幸福感、恶性肿瘤死亡率、帕金森症死亡率上均存在显著的消极亲和性。最后，松—紧文化与外向性、宜人性的亲和性处于较弱水平，且达到显著的亲和性均一致显示为消极亲和性。对于外向性人格，松—紧文化与外向性仅在高血压死亡率、阿尔茨海默症死亡率、非法药品使用率在存在显著的消极亲和性。对于宜人性人格，松—紧文化与宜人性仅在恶性肿瘤死亡率、总死亡率、基本需要幸福感、工作环境幸福感上存在显著的消极亲和性。

第三节　综合分析与实践意义

通过对不同的人格特质亲和性进行对比分析结果显示，不同的人格特质在亲和性上存在差异。对不同的环境变量亲和性进行对比分析结果也显示，不同的环境变量在亲和性上也存在差异。因此综合来看，环境变量对于人格影响健康的作用机制并不存在简单的对应关系，而是同时依赖于人格特质的维度类型、环境变量的指标类型以及所关注的具体健康指标。换言之，人格与环境的亲和性规律具有组合性特征，特定的人格维度与特定的环境特征组合，在特定的健康结果指标上可以得到特定的亲和性特征。这意味着在区域公共健康实践中，需要根据具体的目标健康结果变量，同时考虑人格特征和环境特征，从而有针对性地制定公共卫生健康预防和干预政策或方案。表8.1至表8.5较为系统地揭示了人格与环境在各种健康结果变量上的亲和性规律，这对于现实的区域健康实践具有直接的参考意义。

1. 人格与环境亲和性的组合规律和应用："最强"与"最弱"组合

在5种人格维度与五种环境变量形成的5×5人格与环境组合中，亲和性强度最大的5个组合由强至弱依次为：宜人性与基尼系数（35）、尽责性与保守主义（34）、尽责性与自由主义（32）、开放性与集体主义（25）、尽责性与集体主义（23）。例如，宜人性与基尼系数的组合中，以在枪支导致死亡率、凶杀死亡率、基本需要幸福感健康指标上的亲和性显著性最为强劲。基尼系数越高，宜人性增大枪支导致死亡率、凶杀死亡率风险，以及降低基本需要幸福感的负面作用均显著更强。相对而言，亲和性最弱的5个组合由弱至强依次是：宜人性与松—紧文化（5）、宜人性与集体主义（6）、外向性与松—紧文化（6）、外向性与集体主义（7）、宜人性与保守主义（7）。由此可见，宜人性与松—紧文化的亲和性在所有组合中最为微弱，二者仅在恶性肿瘤死亡率、总死亡率、基本需要幸福感、工作环境幸福感上存在显著的消极亲和性。

以上发现对于区域公共健康实践具有重要意义。上述关于人格维度与环境特征组合规律强弱的研究规律，意味着致力于提高健康水平的区域水平人格预防、干预方案需要同时考虑环境因素。不同人格特征的地区，其人格影响健康的关系受到环境作用的大小不同。例如，对于宜人性高的地区，其人格影响健康的关系受到基尼系数的影响非常大，其公共健康政策需要考虑到基尼系数的积极或消极作用；而相对而言，宜人性高的地区，其人格影响健康的关系受到松—紧文化的影响则非常小，其公共健康政策受到松—紧文化干扰的风险则相对较小。已有关于人格与健康的研究，通常从干预人格的视角出发，而本书的研究结果则进一步关注了人格发挥积极或消极作用的环境特征。例如，神经质在情绪健康幸福感、抑郁症等情绪健康问题上的负面作用在高集体主义文化环境下显著低于集体主义（个体主义）文化。因此，在健康实践中，对于高神经质的地区，如果需要解决情绪健康幸福感、抑郁症等情绪心理健康相关的健康问题，可在相关预防和干预方案中考虑加强或突出集体主义文化元素。

• • •　• • •

2. 积极和消极亲和性方向特征的分布规律和应用

关于积极亲和性和消极亲和性的问题，由于本书所用的人格维度、环境变量指标均为单维度包含高低两极的连续变量，因此，理论上积极亲和性与消极亲和性可以较为便捷地进行转换。例如，宜人性与基尼系数的组合，指的是高宜人性和高基尼系数的经济环境。本书的研究结果发现，宜人性与基尼系数在流感类死亡率上还存在显著的积极亲和性，而在枪支导致死亡率存在消极亲和性。这意味着基尼系数越高，宜人性降低流感类死亡率的积极作用越强（积极亲和性），而宜人性增大枪支导致死亡率的消极作用也越强（消极亲和性）。考虑到基尼系数是在同一维度包含高低两极的连续变量，上述结果可进一步描述为：基尼系数越低，宜人性降低流感类死亡率的积极作用越弱（消极亲和性），而宜人性增大枪支导致死亡率的消极作用也越弱（积极亲和性）。因此，高宜人性与低基尼系数的组合在流感类死亡率上具有消极效应，而在枪支导致死亡率上则有积极效应。尽管存在上述转换机制，但出于行文方便以及便于对结果进行对比，笔者在所有结果描述以及相关分析中对人格与环境组合亲和性积极或消极的判断均基于该人格特质的较高一端，以及该环境变量的较高一端。

基于上述积极亲和性和消极亲和性的结果定义规则，为了进一步总结积极/消极亲和性方向特征的分布规律，笔者对表 8.1 至表 8.5 各人格维度与各环境变量组合亲和性结果进行综合分析。结果显示，任一人格特质维度与各环境变量在所有健康结果变量上的亲和性结果均既包含积极亲和性结果，同时包含消极亲和性结果。换言之，研究结果发现各人格特质的亲和性方向均在一定程度上依赖于各环境变量的类型和方向，并不存在绝对消极或绝对积极的亲和性组合。例如，在工作环境幸福感结果变量上，外向性分别与集体主义、基尼系数、自由主义的组合均存在显著的消极亲和性，但与保守主义的组合则存在显著的积极亲和性。退一步而言，有一些环境变量与特定人格维度的组合，其亲和性方向（显著的调节模型中）在同一人格维度的内部能实现高度一致。例如，松一紧文化分别与外向性、宜人性、神经质、尽责性的组合中亲和性达到显著的调节模型均一致地显示为消极亲和性，即文化越紧，上述人格维度对于（调节效应达到显著的）健康结果变量的积极作用均越弱或消极作用均越强。但松一紧文化与开放性在亲和性达到显著的模型中均一致地显示为积极亲和性，即文化越紧，开放性对于健康结果变量的积极作用均越强或消极作用均越弱。此外，集体主义与宜人性的组合在亲和性达到显著的调节效应模型中也一致地显示为消极亲和性。除此之外，对于大多数环境变量而言，其与任一人格维度的组合中亲和性达到显著的亲和性方向通常既包含积极的，也包含消极的。

上述发现对于区域公共健康实践具有重要的意义。如果从环境特征或人格特征入手进行区域健康干预，不存在一以贯之且行之有效的单一策略。例如，松文化对于高外向性，或高宜人性，或高神经质，或高尽责性的地区，对其人格影响健康结果变量皆有较为一致的积极意义，即积极作用越强或消极作用越弱。但松文化对于高开放性的地区，却不利于开放性在高血压死亡率等健康结果变量上发挥积极作用。换言之，高开放性的地区，在解决高血压死亡率、心脏病死亡率等健康问题更亲和于紧文化。此外，本研究在公共健康预防方面也有重要意义，例如对于宜人性高、基尼系数高的地区，区域公共健康研究和实践者需要重视其在枪支导致死亡率、凶杀死亡率、基本需要幸福感等方面所面临的高风险，因此可积极做好相关的公共健康教育以及公共预防方案。

第九章

总结与展望

第一节　核心发现

地理心理学、跨文化心理学等领域的研究证据表明，人类的价值观、信念、人格等心理特征具有显著的地域差异和地理分布规律（Rentfrow et al.，2015；Smith et al.，2006；Oishi & Graham，2010）。人格不仅在国家水平上存在差异（Allik & McCrae，2004；Schmitt et al.，2007；Rentfrow et al.，2015），在国家内的不同区域水平上也存在显著地域差异（Rentfrow et al.，2008；Allik et al.，2009），并且区域人格与健康等一些重要结果变量也有着显著关联（Rentfrow et al.，2008）。已有研究关注美国州水平的人格与自杀死亡率（McCann，2010b；Voracek，2009）、自杀倾向（Leseter & Voracek，2013）、幸福感（Rentfrow et al.，2009；McCann，2011；McCann，2014b），但所关注的健康指标相对零散，对人格与健康各指标之间关系缺乏系统性的探索和对比。另外，虽然已有的区域人格与健康研究数量不多，但已经出现一些不一致甚至矛盾的结果。这意味着在研究人格对健康有什么影响的问题基础上，还需要研究人格对健康的作用机制问题，即人格在什么条件下对健康有什么作用。为此，本书从幸福感、寿命/死亡率、心理疾病、物质滥用和健康行为四个方面来刻画美国州水平的健康结果变量。本书首先系统地探索了人格与健康的关联，并在此基础上进一步系统地检验（文化、经济、政治）环境在人格与健康机制中可能存在的调节作用。

一、人格与健康相关关系的系统性检验

本研究关于美国州水平的大五人格与健康指标关系的系统性检验发现，人格特质与不同的健康指标之间存在不同程度的关联。换言之，不同的人格特质对健康指标的预测力存在差异，不同的健康指标与人格特质的关联也存在差异。

在不同的人格特质方面，外向性与基本需要幸福感、Gallup 总体幸福感、Twitter 幸福感等指标显著正相关，与吸烟率、烟草使用率、止痛药滥用率、非法药品使用率等健康指标显著负相关。宜人性与阿尔茨海默症死亡率、工作环境幸福感、高血压死亡率等健康指标显著正相关，而与自杀死亡率、大麻使用率、非法药品使用率等指标显著负相关。尽责性与情绪健康幸福感、生活评价幸福感、身体健康幸福感等指标显著正相关，而与任何心理疾病率、大麻使用率、非法药品使用率显著负相关。神经质与药物导致死亡率、强自杀念头率等显著正相关，而与阿尔茨海默症死亡率、情绪健康幸福感、生活评价幸福感、Gallup 总体幸福感显著负相关。开放性与健康行为幸福感、大麻使用率、非法药品使用率有显著的正相关，而与过度饮酒率、吸烟率有显著的负相关。

从不同的健康指标类型来看，幸福感类指标与五种人格特质的关联最强，物质滥用和健康行为、心理疾病与五种人格特质的相关关系强度次之，而寿命/死亡率指标与五种人格特质的相关关系强度则相对而言最弱。

二、人格与环境亲和性假说

区域人格与健康关系的系统性检验结果发现，人格与健康之间存在显著关联，但仍存在一些不稳健或者与其他证据不一致的结果（例如，Voracek，2009；Voracek，2013）。Sutin 等（2015）关于日本、中国、韩国样本的研究证据发现，亚洲国家样本的尽责性与肥胖率不显著，与西方样本中尽责性与肥胖率负相关的研究结果不一致。这意味着文化可能在人格影响健康的关系中起着调节作用。因此，环境因素可能成为解决人格影响健康关系机制研究困境的重要突破口。笔者再结合人格心理学中经典的"人—情境之争"，对作为解决"人—情境之争"主要方案的人与情境交互理论和模型进行了较为系统的综述，从而论证了在人格研究中兼顾情境或环境因素的重要性。与大多数人与情境交

互理论模型关注个体水平的认知情境或个体分析主体所不同，笔者进一步结合社会生态视角、文化心理学视角强调了宏观环境的重要性，提出了有利于在区域水平上系统揭示人格与宏观社会生态环境共同影响健康问题的人格与环境亲和性假说。

　　亲和性这一概念被广泛应用于解释物理化学、生物学、生态学等自然科学现象和规律，也被用于解释人际关系、爱情、信念等社会科学问题。原子核和电子之间，化学物质与化学物质之间，细胞的配体与受体之间，病毒与细胞之间，鱼群与海洋之间，人与人之间，个体心理与政治意识形态之间，均可能存在相互吸引、排斥，相互促进或阻碍的作用规律。受此启发，笔者发现一些特定的人格特质与特定的环境特质相组合，能对一些重要的社会结果变量（例如，死亡率、幸福感）的影响作用产生显著影响，即产生能够显著影响个体或群体生存优势的亲和性特征。因此，笔者提出了人格与环境亲和性假说：特定的人格特征与特定的环境组合能够显著影响生存优势的现象，即存在显著亲和性。正如反映原子核与电子之间亲和性特征的电子亲和能，可以根据基态原子在获得电子的过程中是吸热还是放热，进一步被区分为正的电子亲和能和负的电子亲和能。本书提出的人格与环境亲和性，根据人格与环境的交互作用对生存优势的影响是积极还是消极的，可进一步被区分为积极亲和性和消极亲和性。如果特定人格与环境的交互作用能够显著提升生存优势，则称为二者存在积极的亲和性；若特定人格与环境的交互作用能够显著削弱生存优势，则称为二者存在消极的亲和性。结合本书的研究主题，寿命、死亡率等健康指标可以较好地用于衡量和反映生存优势状况。基于社会生态视角、文化心理学视角的人格与环境亲和性假说对于指导、解释和归纳人格与环境交互影响健康的问题具有重要价值。考虑到环境变量在本书中主要作为人格影响健康的调节变量，因此，人格与环境亲和性假说可以被进一步表述为：如果人格对于健康指标的积极作用显著地被环境变量增强，或消极作用显著地被环境变量削弱，则称人格与环境在该健康指标上存在积极的亲和性；如果人格对于健康指标的消极作用显著地被环境变量增强，或积极作用显著地被环境变量削弱，则称人格与环境在该健康指标上存在消极的亲和性。

三、人格与环境的健康亲和性规律

　　通过对人格与环境亲和性假说的系统性检验，结果发现人格与环境存在一定的亲和性规律，但并不是所有的人格特质与环境变量都具有显著的亲和性。只有特定的人格特质与特定的环境变量相组合，在特定的健康结果变量上才能表现出显著的积极或消极的亲和性。因此，部分支持了人格与环境亲和性假说，详见表8.1至表8.6。

一方面，不同的人格特质在亲和性上存在差异。五种人格特质维度在各环境变量指标上的亲和性强度由强至弱依次是：尽责性与各环境变量的综合亲和性最强，神经质的综合亲和性次之，宜人性的综合亲和性居中，开放性的综合亲和性相对较弱，外向性与各环境变量的综合亲和性最弱。另一方面，不同的环境变量在亲和性上也存在差异。五种环境变量（文化、经济、政治环境）在各人格维度上的亲和性强度，按与各人格综合亲和性强度由强至弱排序依次是：基尼系数、自由主义、保守主义、集体主义、松—紧文化。基尼系数反映的经济环境与人格的综合亲和性最强，自由主义、保守主义政治意识形态氛围反映的政治环境其次，集体主义、松—紧文化反映的文化环境最弱。

除了上述的整体性规律，本研究还发现了一些引人深思和值得研究者关注的结果。

（一）"好人未必得好活"：宜人性之殇

宜人性与基尼系数有着非常显著的消极亲和性。基尼系数越高，一方面宜人性促进工作环境幸福感的积极作用越弱，而另一方面宜人性降低预期寿命、基本需要幸福感、Gallup 总体幸福感、Twitter 幸福感，以及增大恶性肿瘤死亡率、帕金森症死亡率、总死亡率、脑血管病死亡率、阿尔茨海默症死亡率、慢下呼吸道死亡率、枪支导致死亡率、凶杀死亡率风险的消极作用越强。该结果意味着，反映热情友好、富有同情心、合作等利他倾向和追求人际和谐的宜人性人格特质，在基尼系数高的环境下却更加容易导致严重的消极健康后果。可见，宜人性在基尼系数高的环境下，其健康状况和生存优势却严重受损。而相比之下，研究结果还发现开放性与基尼系数却在 Twitter 幸福感等方面均存在显著的积极亲和性，并且二者不存在具有显著消极亲和性的健康风险。因此，宜人性作为一种具有亲社会倾向的人格特质，在高基尼系数的环境下却要付出极其沉重的健康代价，这一残酷的证据结果引人深思。

（二）束缚的健康收益：开放性的自由之代价

反映创造力、好奇心、偏好新异事物的开放性人格特质，却与松—紧文化、保守主义以及集体主义这些具有较强规范束缚的环境特征呈现出了较强的积极亲和性。例如，开放性越高的地区，其大麻使用率、非法药品使用率、可卡因使用率也越高，但在集体主义文化越高的文化环境下，开放性对上述物质滥用率的消极影响作用越弱，即集体主义文化对开放性暴露于物质滥用问题的健康风险具有保护作用。此外，开放性与松—紧文化（越紧的方向上）在总死亡率、高血压死亡率、心脏病死亡率、阿尔茨海默症死亡率、慢下呼吸道死亡率、机动车事故死亡率、止痛药滥用率等健康风险上均具有显著的积极亲和性。开放性与保守主义在基本需要幸福感、酒精导致死亡率、高血压死亡率、肝病死亡率等健康方面也具有显著的积极亲和性。相比之下，开放性与自由主义在酒精导致死亡率、肝病死亡率等方面却存在显著的消极亲和性。可见，追求自由、新异刺激的开放性地区如果处于松文化、自由主义的文化环境下，其面临的健康风险更高。因此，从健康的角度而言，具有规范性约束的社会环境对开放性而言是具有积极意义的。

（三）矛盾的"正经派"：尽责性的健康之谜

反映责任感和纪律性的尽责性人格特质与保守主义政治环境存在非常显著的积极亲和性，即保守主义程度越高，尽责性促进 Gallup 总体幸福感、工作环境幸福感等幸福感水平，提高预期寿命，尤其是降低凶杀死亡率、枪支导致死亡率等的积极作用均越强。这与个体层面研究发现尽责性通常与保守主义政治意识形态相联系的观点具有较强的一致性。但尽责性与保守主义文化在抑郁症率、强自杀念头率、严重心理疾病率等心理问题上却较为一致地表现出了显著的消极亲和性。尽责性与保守主义在上述健康指标上看似矛盾却又存在一定规律的亲和性结果，与 Wojcik 等（2015）发表在 Science 上的重大研究进展，即发现保守主义报告了更高的幸福感，却在社交媒体上客观表露了更低的幸福感具有一定程度的相似性。虽然保守主义通常被证明与性保守正相关，但 MacInnis 和 Hodson（2015）利用 Google 搜索数据发现，美国保守主义程度越高的州搜索性相关的网页和图片也越高。因此，从预期寿命、主观幸福感等大多数健康指标来看，尽责性的人格特质与保守主义有非常显著的积极亲和性。但二者在心理健康方面又存在较为稳健的消极亲和性，即与整体上积极亲和的结果相矛盾。该矛盾和差异背后的原因和机制值得未来研究进一步探索。

（四）束缚与竞争：神经质的慰藉还是伤害？

本研究结果发现，反映情绪不稳定程度的神经质与集体主义在情绪健康幸福感、抑郁症等情绪相关的健康指标上存在显著的积极亲和性。因此，集体主义文化特征对于缓冲神经质暴露于抑郁等情绪相关的健康风险具有积极意义，即集体主义文化提供的人际社会支持可以缓冲负面生活事件和情绪问题。这一结果较好地验证了已有研究在国家水平发现集体主义文化环境对于缓冲抑郁等情绪健康幸福感的结果（例如，Chiao & Blizinsky，2009）。然而，对愤怒、抑郁等负面情绪较为敏感的神经质，在具有群体规范、利益束缚的环境下，真的有利于其健康吗？本研究的系统性检验结果似乎并不支持这点。研究结果显示，神经质与集体主义文化环境在阿尔茨海默症死亡率、凶杀死亡率、枪支导致死亡率、机动车事故死亡率、Twitter 幸福感等健康指标上均存在显著的消极亲和性。可见，对于神经质而言，集体主义文化带来的不只是情绪方面的庇护和心灵慰藉，它还带来了阿尔茨海默症死亡率等方面的健康风险和伤害。

此外，神经质与松—紧文化在预期寿命、总死亡率、恶性肿瘤死亡率、阿尔茨海默症死亡率、高血压死亡率、脑血管病死亡率、吸烟率等健康问题上均存在显著的消极亲和性。神经质与基尼系数在抑郁症率、严重心理疾病率、强自杀念头率等存在稳健的消极亲和性。因此，已有研究发现了神经质在集体主义环境下所享受的人际支持和心理慰藉等积极面，但并没有充分认识到具有较高的规范性束缚和激烈人际竞争的社会环境给神经质带来的健康伤害。这一结果值得未来研究重新审视反映规范性束缚和人际竞争的社会环境对于神经质和健康问题的作用，更加全面地认识它们的意义。

第二节　研究不足

一、人格的自我报告测量偏差

本书使用的美国 50 州人格数据来自 Rentfrow 等（2008）基于美国网民大样

本的网络问卷调查结果。该人格数据集的大五人格数据是网民对自身人格的自我报告结果，因此与个体水平的人格研究中普遍存在的自我报告测量有偏差。自我报告的测量结果可能受到个体本身的心理特征影响，例如印象管理、自我增强动机等。例如，Wojcik 等（2015）发现，相对于与自由主义，保守主义在问卷调查中主观报告了更多的幸福感，而在 Twitter 等客观的社交媒体幸福感表达上却显著更低。Friedman 和 Kern（2014）在评价个体水平的人格与健康研究的不足时认为，当前研究对人格的测量和幸福感等健康指标的测量都过度依赖于自我报告，并且一些测量工具上甚至都有重叠。例如，在人格的神经质维度需要被试回答是否觉得自己是抑郁的，而在幸福感的测量时也采用类似的方法和类似的问题。研究者针对人格的自我报告偏差存在的缺陷，Mehl 及其同事们提出了可以通过更加自然、客观的方式高密度追踪用户行为的电子激活录音器（Electronically Activated Recorder，EAR）技术来测量人格（Mehl & Pennebaker，2001）。EAR 技术采用数字化音频录音的方式来客观记录、追踪人们在自然情境下的行为活动，这是未来人格心理学研究发展中改进人格测量方法的潜力方向之一（Benet‐Martínez et al.，2015）。

尽管本书采用的人格数据集存在自我报告偏差，但它是目前美国州水平人格研究中应用最为广泛、最具代表性并且可获得的数据集。虽然 EAR 技术等在弥补人格自我报告测量方法的主观性偏差上具有重要意义，但目前该技术仍然主要适用于小样本的追踪研究。未来随着信息科学技术的发展和数据处理能力的提升，研究者可以结合 EAR 技术的优势，通过智能手机 App 的方式对来自各地区大规模用户的人格进行客观地测量（Benet‐Martínez et al.，2015）。这为降低人格主观自我报告偏差，提高人格测量数据的可靠性，从而完善区域水平的人格研究提供了重要的技术支持。

二、截面数据的因果推论风险

本书关于人格与健康的关系及其机制研究，是基于来自多渠道的截面数据。因而本书的研究结果在推论人格影响健康，环境调节人格与健康关系等因果作用机制时仍面临着一定的风险。要进行严格的因果推论可通过实验设计、有时间先后的追踪调查数据等研究证据。但在美国州水平要进行实验法操作不太现实，而且也尚无可供使用的大规模人格追踪调查数据。个体层面的人格心理学研究积累了不少关于人格与健康的长期追踪调查证据，并且证实了人格的确能够显著影响健康（例如，Roberts et al.，2007；Friedman & Kern，2014）。因此，尽管目前区域层面的研究尚没有纵向追踪研究等证据支持人格影响健康的因果关系，个体层面的证据也能在一定程度上增强区域人格影响健康的因果关系。当然，希望未来的研究能够提供直接的证据来尽可能降低现有相关研究、截面数据证据存在的因果推论风险。

对于本书所讨论的人格与健康关系而言，目前在美国州水平上可获取的、具有高代表性的大五人格数据集较少。Rentfrow 等（2008）是目前美国州水平人格研究中应用最广的人格数据集，尚无法获得在其他时间点上与之相当、具有较好可比性的人格数据集。当然，这也是 Rentfrow 等（2008）的大五人格数据集虽然收集时间相对较早、数据收集历时较长，但仍然在区域人格研究中被广泛应用的重要原因之一。本书的人格指标与健康指标也存在类似的现象，即健康指标普遍略滞后于人格数据。这一方面受限于一些健康数据集是近些年才建立的，例如 Twitter 幸福感数据集在 2011 年以后才有每年的数据。为了保证各健康指标之间能够形成较好的可比性，因此死亡率等其他数据集也采取与 Twitter 幸福感、Gallup 总体幸福感时间区间相当的数据。另一方面，虽然本书目前无法完全应用交叉滞后分析技术和纵向追踪调查数据，但采用健康指标略滞后于人格指标的处理也能在一定程度上尽可能地体现交叉滞后分析的思想。例如，Elkins 等（2006）的研究发现，对于一群 17 岁时均未出现物质滥用行为的被试，其尽责性相关的人格特征能显著预测三年后的物质滥用行为障碍。此外，根据特质论的观点，人格是相对稳定的，因此，人格测量指标的测量时间提前对结果影响可能也较小。

由于当前具有代表性的人格数据集和健康数据集限制，本书基于截面数据分析获得的关于人格与健康的系统性相关分析结果，以及人格与环境的健康亲和性规律，仍然存在一定的因果关系推论风险。这有待于未来的研究通过自然实验、纵向追踪调查等多种更加严格的证据加以支持和完善。

三、探索性发现需要更多证据支持和解释

本书关于人格与健康的相关关系，尤其是人格与环境的健康亲和性研究具有较强的探索性色彩，因此，很多结果目前还难以进行更加深入的解释。目前

关于人格与健康的关系在个体水平上积累了大量研究证据，研究者可以较为方便地进行对比和分析。但人格与健康的关系及其作用机制在区域水平，乃至国家水平的关系证据相对较少，因此难以进行较为详尽而深入的对比和分析。McCrae和Terracciano（2008）在系统性地检验了国家水平的人格与健康之间的相关关系后，也发现了很多暂时无法较好解释的研究结果。

与McCrae和Terracciano（2008）的研究类似，笔者也发现了一些暂时无法进行较好解释，但笔者认为值得未来研究进一步探索和验证的结果。例如，外向性与Gallup总体幸福感、情绪健康幸福感等存在显著的正相关，与Twitter幸福感却存在显著的负相关。在控制收入水平、教育程度等控制变量的条件下，外向性越高的地区，为何在主观报告的幸福感越高，而在Twitter上客观表达的幸福感却越低？研究结果还显示：阿尔茨海默症死亡率与宜人性有显著而强劲的正相关，与尽责性有边缘显著的正相关，与神经质有显著的负相关。个体层面的研究发现，高尽责性能显著降低阿尔茨海默症的疾病风险和其他认知疾病的健康风险（Wilson et al.，2007），即尽责性与阿尔茨海默症疾病风险负相关。因此，为何区域层面的尽责性与阿尔茨海默症死亡率的关系与个体水平的相反？而且为何宜人性与神经质与阿尔茨海默症死亡率的关系个体层面并不突出，但在区域水平却表现出相反而强劲的相关？这有待于更多健康心理学、人格心理学、公共卫生、医学领域研究进一步予以解释。在人格与环境的健康亲和性研究结果显示：神经质与集体主义在Twitter幸福感上存在显著的消极亲和性，而在情绪健康幸福感上却存在显著的积极亲和性。那么，为何集体主义越高的地区，神经质降低Twitter幸福感的消极作用越强，而神经降低情绪健康幸福感的消极作用却越弱？

第三节　未来研究方向

一、扬大数据之"利"：探索时间变迁规律

本研究主要考虑的是区域人格在空间上（州水平）的差异，未来研究可以

结合并发挥大数据的优势，进一步挖掘人格在时间上的变迁及其相关规律。以往受人力、物力、财力的限制，无法实现对特定地域人群的人格进行长时间的追踪调查。因此，目前的区域人格研究基本都是探讨特定时间截面上的人格及其作用规律。但随着信息科学技术的发展以及互联网的普及，大数据工具和技术手段可以为未来研究探索人格的时间变迁及其作用规律创造可能。除了前文所指的 EAR 与智能手机 App 结合可实现较为客观地用户人格测量外，未来研究还可关注 Google Ngram、社交媒体人格测量工具在区域人格时间变迁研究中的应用。笔者认为，借助 Google Ngram 等工具可实现区域人格的历史长时变迁规律研究，而社交媒体人格测量工具则可实现当代及未来的人格变迁规律研究。

尤其是近些年数据挖掘、自然语言处理技术等信息科学技术的发展，使得研究者借助社交媒体数据研究人类心理与行为成为可能（乐国安等，2013）。例如，Schwartz 等（2013）基于 7.5 万位志愿者提供的人格测验结果，以及从用户 Facebook 信息中提取得到的 7 亿条单词、短语和话题数据，较为系统地探索了用户在 Facebook 上的语言表达与其人格的关系。因此，除了传统的基于问卷调查等方法外，借助社交媒体的客观语言表达也为大规模人群的人格特质提供了新的测量方法，尤其是社交媒体数据在数据的客观性、测量的实时性、数据收集成本的经济性等方面都具有巨大的优势。随着 Facebook、Twitter 数据的积累，研究者可以在各种时间精度、各种地理水平（国家、州、城市等）上研究大规模人群的人格变迁规律。另外，未来研究者如果获得了跨时间维度的区域人格数据，便可开展区域人格与健康研究的交叉滞后分析、长期纵向追踪研究等。因此，实现人格跨时间维度的测量，不仅对于人格的变迁规律研究本身具有重要意义，还对于揭示区域人格与健康的因果机制具有重要意义。

二、集社会生态之"合"：汇聚"个体—区域—国家"

本书关于美国州水平的人格与健康关系，以及与环境的亲和性规律研究，为丰富区域水平的人格研究提供了直接而系统的研究证据。但如果将区域水平的研究结果孤立起来看，很多结果并不能得到很好的解释。因此，研究者要深刻理解一个问题，需要对不同层次分别进行研究，并对不同层次的研究结果进行综合对比和总结。从这个意义上而言，本书提供的区域水平的研究证据对于构建、补充和完善"个体—区域—国家"全景式的分析框架具有重要意义。

但未来研究除了简单的对比和总结个体、区域、国家等不同水平的人格与健康关系及其作用机制研究结果外，还可以进一步采用综合的分析方法（例如，跨水平分析模型）同时考虑个体、区域甚至国家人格特征对于健康的影响。例如，Stavrova（2015）关于德国 16 个地区的人格与幸福感关系研究，采用跨水平分析技术同时考察了个体层面的神经质、地区层面的神经质对个体生活满意度的影响。结果发现，地区层面的神经质水平对于个体的生活满意度有显著的影响作用，并且在控制了个体水平的神经质水平后仍然显著。为此，未来研究可同时结合个体水平的人格特质、区域水平的人格，并考察其对于个体的健康状况的影响作用。此外，本书提出的人格与环境亲和性假说，也适用于解释多水平的跨水平分析。例如，未来研究可以进一步考察个体的人格特质，州水平的人格特质，州水平的文化环境特征、经济环境特征、政治环境特征共同对于个体健康的影响作用。通过汇聚"个体—区域—国家"的全景式分析框架，以及应用能够综合考虑多水平变量的跨水平分析技术，可为未来深入理解和挖掘人格与健康机制提供方向。

三、应中国研究之"需"：展望中国区域健康心理学

值得一提的是，本书虽是围绕美国背景展开的人格与健康关系机制研究，但相关研究结果对于中国开展区域健康心理学研究具有重要的参考意义。中国作为地域辽阔、人口众多的大国，国家内部人格变异非常大。再结合中国的区域公共健康实践需求而言，中国适合并且迫切需要开展区域层面的人格与健康关系研究。但遗憾的是，目前在中国尚无公开且具有全国代表性抽样的地区人格数据。因此，笔者仅能对美国区域水平的人格与健康关系及其作用机制进行系统性研究，并希望为未来中国的区域水平研究提供可供对比的证据资料和经验参考。未来关注中国区域健康心理学的研究，主要需要解决中国地区人格的测量问题，从而推进中国情境下的区域人格与健康关系机制研究。

首先，从研究需求而言，中国作为人口占全球近五分之一的大国，其公共健康水平和公共卫生政策、服务效率在全球的公共健康研究领域都具有重要意义。因此，从实际的区域公共健康需求而言，中国需要开展地区水平的人格与健康研究。其次，从研究对象的适合性而言，中国的地域辽阔、人口众多，气候环境、民族文化多样性高。换言之，中国内部的多样性和复杂性非常高。因

此，从地理心理学的视角来看，在中国内部的区域水平开展心理与行为的差异及其分布规律研究是非常适宜的。已拥有国家内区域人格数据集的国家主要包括美国、俄罗斯、英国以及德国。其中，仅 Rentfrow 等（2008）关于美国州水平的人格数据应用最为广泛，这与美国的地域辽阔，因而人格在州水平的变异相对较大，以及美国州的数量也较为适中，从而便于后续开展一些统计分析有关。Rentfrow 等（2015）关于英国 380 个政府行政区的人格数据集，虽然地区数量较大、样本数量也足够大、样本抽样代表性也较高，但由于英国的人格数据集地区分类过于精细导致地区间波动相对有限，它的应用广泛性可能不如美国州水平的人格数据集。俄罗斯虽然领土面积大、民族文化多样性高，但其区域人格数据集来自"俄国性格与人格调查项目"覆盖了俄罗斯联邦 33 个行政区的传统人格调查数据。该数据集的样本总量相对较少，样本代表性相对较弱，因此俄罗斯的区域水平人格数据集应用也相对较少。德国由于联邦州的数量较少，所以往往是被应用于考虑州水平的人格变量的跨水平研究中（例如，Stavrova，2015），而难以在州水平进行独立的统计分析和开展研究。尤其是 Greaves 等（2015）关于新西兰国家内 63 个地区的人格地理差异研究证据表明，新西兰各地区间的人格相似性远大于人格差异性。可见，要开展区域人格地理分布及其规律研究，对该地域的人格变异大小，即国家内部的多样性程度要有一定的要求。对于中国而言，其人口众多、地域辽阔，内部的民族、文化多样性都足够丰富。目前虽然没有中国地区水平的人格数据集，但有不少关注个体主义—集体主义差异的文化内研究都是在中国的环境下开展的（例如，Van de Vliert et al.，2013）。简而言之，中国适合并且值得开展区域水平的人格与健康机制研究。

最后，虽然暂时缺乏中国区域人格数据，但中国在健康数据集上也日趋丰富，这为研究者未来开展人格与健康研究提供了健康方面的数据支持。在传统健康指标方面，流行病学、医学领域的研究也开始关注并积累中国健康指标的地理分布数据。例如，Chen 等（2016）关注了中国的癌症新发病率以及死亡率，并且发现我国的西南地区癌症发病率及死亡率最高，而中部地区发病率最低。在幸福感方面，在全国范围内具有高代表性的中国综合社会调查（Chinese General Social Survey，CGSS）中包含了主观幸福感的调查数据。在基于社交媒体捕捉大众客观表达的幸福感数据方面，董颖红等（2015）结合情绪结构理论和新浪微博的情绪词汇使用情况，开发了微博客基本情绪词库（Weibo Five

Basic Mood Lexicon，Weibo－5BML），并且实现了对 2011 年以来中国省际水平
的快乐指数测量。

综上所述，目前除了暂时缺乏中国的区域人格数据外，其他方面的条件和
资源都有利于在中国情境下开展区域水平的人格与健康关系研究。因此，未来
的研究者需要着力解决中国地区水平的区域人格测量问题，从而推进中国的区
域健康心理学研究。Rentfrow 等（2008）关于美国州水平的人格研究对于中国
区域水平的人格研究具有参考意义，但未来研究者仍需注意中国文化环境下的
人格结构、人格量表适用性问题。此外，目前国内研究者已围绕微博情绪问题
开展了一系列微博心理与行为研究（乐国安，赖凯声，2016），这为网络大数据
范式应用于未来的中国区域人格研究也提供了良好的案例和支持。而本书关于
美国州水平人格与健康的关系研究，对于未来开展中国区域水平的人格与健康
关系研究将具有更加直接的启发和参考意义。

附 录

本书相关的数据指标清单

一、大五人格

（1）外向性（Extraversion）。

（2）宜人性（Agreeableness）。

（3）尽责性（Conscientiousness）。

（4）神经质（Neuroticism）。

（5）开放性（Openness）。

二、健康指标（健康行为类）

（一）Gallup 主观幸福感

Gallup 主观幸福感：或称 Gallup 幸福感。

（1）生活评价（Life Evaluation）幸福感：或称生活满意度。

（2）情绪健康（Emotional Health）幸福感：或称情绪健康。

（3）工作环境（Work Environment）幸福感：或称工作环境。

（4）身体健康（Physical Health）幸福感：或称身体健康。

（5）健康行为（Health Behavior）幸福感：或称健康行为。

（6）基本需要（Basic Access）幸福感：或称基本需要。

（7）总体幸福感（Overall Well – Being）：或称 Gallup 总体幸福感、总体幸福。

（二）Twitter 幸福指数

Twitter 幸福指数：或称 Twitter 幸福感、Twitter 幸福。

（三）预期寿命

预期寿命（Life Expectancy）：或称寿命。

（四）死亡率

（1）总死亡率（Death Rates of all Causes）。

（2）恶性肿瘤（Malignant Neoplasms）死亡率：或称恶性肿瘤导致死亡率。

（3）糖尿病（Diabetes Mellitus）死亡率。

（4）帕金森症（Parkinson's Disease）死亡率：或称帕金森死亡率。

（5）阿尔茨海默氏病（Alzheimer's Disease）死亡率：或称阿尔茨海默症死亡率。

（6）心脏病（Diseases of Heart）死亡率：或称心脏疾病死亡率。

（7）原发性高血压与高血压肾病（Essential Hypertension and Hypertensive Renal Disease）死亡率：或称高血压死亡率。

（8）脑血管病（Cerebrovascular Diseases）死亡率：或称脑血管死亡率。

（9）流感和肺炎（Influenza and Pneumonia）死亡率：或称流感类死亡率。

（10）慢性下呼吸道疾病（Chronic Lower – Respiratory Diseases）死亡率：或称慢下呼吸道死亡率。

（11）慢性肝病和肝硬化（Chronic Liver Disease and Cirrhosis）死亡率：或称肝病死亡率。

（12）肾炎、肾病综合征、肾病（Nephritis, Nephrotic Syndrome and Nephrosis）死亡率：或称肾病死亡率。

（13）意外事故（Accidents）死亡率：或称事故死亡率、事故导致死亡率。

（14）机动车事故（Motor Vehicle Accidents）死亡率：或称机车死亡率。

（15）故意自我伤害（Intentional Self – Harm）死亡率：或称自杀死亡率。

（16）凶杀（Assault or Homicide）死亡率：或称凶杀导致死亡率。

（17）酒精导致（Alcohol – Induced Causes）死亡率：或称酒精因死亡率。

（18）药物导致（Drug – Induced Causes）死亡率：或称药物因死亡率。

（19）枪支伤害导致（Injury by Firearms）死亡率：或称枪支导致死亡率、枪支因死亡率。

（五）心理疾病

（1）酒精依赖症（Alcohol Dependence）率。

（2）非法药品依赖或滥用（Illicit Drug Dependence or Abuse）率：或称非法药品依赖率。

（3）严重心理疾病（Serious Mental Illness）率。

（4）任何心理疾病（Any Mental Illness）率。

（5）强自杀念头（Serious Thoughts of Suicide）率。

（6）抑郁症（Depressive Episode）率。

（六）物质滥用和健康行为

（1）非法药品使用（Illicit Drug Use）率。

（2）大麻使用（Marijuana Use）率。

（3）可卡因使用（Cocaine Use）率。

（4）止痛药滥用（Nonmedical Use of Pain Relievers）率。

（5）过度饮酒（Binge Alcohol Use）率。

（6）烟草使用（Tabacoo Product Use）率。

（7）吸烟（Cigarette Use）率。

三、控制变量指标

（1）教育程度。

（2）收入水平：或称收入。

（3）女性人口比例。

（4）白人人口比例。

（5）城市人口比例。

四、环境调节变量

（一）文化环境

（1）集体主义（Collectivism）。

（2）松—紧文化（Tightness – Looseness）。

（二）经济环境

基尼系数（Gini Coefficient）：或称 Gini 系数。

（三）政治环境

（1）保守主义（Conservatism）：或称保守主义文化、保守主义党派支持率。

（2）自由主义（Liberalism）：或称自由主义文化、自由主义党派支持率。

参考文献

［1］乐国安，董颖红，陈浩，等.（2013）. 在线文本情感分析技术及应用. 心理科学进展，21（10）：1711 – 1719.

［2］董颖红，陈浩，赖凯声，等.（2015）. 微博客基本社会情绪的测量及效度检验. 心理科学，38（5）：1141 – 1146.

［3］乐国安，赖凯声.（2016）. 基于网络大数据的社会心理学研究进展. 苏州大学学报（教育科学版），4（1）：1 – 11.

［4］吕小康，汪新建.（2012）. 意象思维与躯体化症状：疾病表达的文化心理学途径. 心理学报，44（2）：276 – 284.

［5］苏红，任孝鹏.（2014）. 个体主义的地区差异和代际变迁. 心理科学进展，22（6）：1006 – 1015.

［6］温忠麟，侯杰泰，张雷.（2005）. 调节效应与中介效应的比较和应用. 心理学报，37（2）：268 – 274.

［7］薛婷，陈浩，赖凯声，等.（2015）. 心理信息学：网络信息时代下的心理学新发展. 心理科学进展，23（2）：325 – 337.

［8］ABELSON R P.（1985）. A variance explanation paradox：when a little is a lot. Psychological bulletin，97：129 – 133.

［9］ADLER N E，BOYCE T，CHESNEY M A，et al.（1994）. Socioeconomic status and health：the challenge of the gradient. American psychologist，49（1）：15 – 24.

［10］ADORNO T W，FRENKEL – BRUNSWIK E，LEVINSON D J，et al.（1950）. The authoritarian personality. New York：Harper.

［11］AJZEN I.（1991）. The theory of planned behavior. Organizational behavior and human decision processes，50（2）：179 – 211.

［12］ ALLABY M. （2010）. A dictionary of ecology. Oxford, England: Oxford University Press.

［13］ ALLIK J & MCCRAE R R. （2004）. Toward a geography of personality traits patterns of profiles across 36 cultures. Journal of cross – cultural psychology, 35 （1）: 13 – 28.

［14］ ALLIK J, MASSOUDI K, REALO A, et al. （2012）. Personality and culture. Swiss journal of psychology, 71 （1）: 5 – 12.

［15］ ALLIK J, MÕTTUS R & REALO A. （2010）. Does national character reflect mean personality traits when both are measured by the same instrument?. Journal of research in personality, 44 （1）: 62 – 69.

［16］ ALLIK J, REALO A, MÓTTUS R, et al. （2009）. Personality traits of Russians from the observer's perspective. European journal of personality, 23 （7）: 567 – 588.

［17］ ALLPORT G W. （1937）. Personality: a psychological interpretation. New York, NY: Henry Holt.

［18］ ALMOND G A & VERBA S. （1963）. The civic culture. Boston: Little, Brown.

［19］ ANDERSON C A. （1987）. Temperature and aggression: effects on quarterly, yearly, and city rates of violent and nonviolent crime. Journal of personality and social psychology, 52: 1161 – 1173.

［20］ ANDERSON C A. （2001）. Heat and violence. Current directions in psychological science, 10 （1）: 33 – 38.

［21］ ARMES K & WARD C. （1989）. Cross – cultural transitions and sojourner adjustment in Singapore. Journal of social psychology, 129: 273 – 275.

［22］ ARONSON E. （2011）. The social animal （11th ed. ）. New York: Worth/ Freeman.

［23］ ASCH S E. （1952）. Social psychology. Englewood Cliffs, NJ: Prentice Hall.

［24］ ASHTON M C. （2013）. Individual differences and personality. Academic Press.

［25］ AXELROD R. （1986）. Presidential election coalitions in 1984. American political science review, 80 （1）: 281 – 284.

［26］BARENBAUM N B & WINTER D G. （2008）. History of modern personality theory and research. In JOHN O P, ROBINS R W & PERVIN L A （Eds.）. Handbook of personality: theory and research （3rd, pp. 3 – 26）. New York: The Guilford Press.

［27］BARKER R C. （1968）. Ecological psychology: concepts and methods for studying the environment of human behavior. Stanford, CA: Stanford University Press.

［28］BAUMEISTER R F. （1986）. Identity: cultural change and the struggle for self. Berlin: Oxford University Press.

［29］BELMAKER J, PARRAVICINI V & KULBICKI M. （2013）. Ecological traits and environmental affinity explain Red Sea fish introduction into the Mediterranean. Global change biology, 19 （5）: 1373 – 1382.

［30］BENET – MARTÍNEZ V, DONNELLAN B, FLEESON W, et al. （2015）. Six versions for the future of personality psychology. In MIKULINCER M & SHAVER P R （Eds.）. APA handbook of personality and social psychology. Washington, DC: American Psychological Association.

［31］BERRY D S, JONES G M & KUCZAJ S A. （2000）. Differing states of mind: regional affiliation, personality judge – ment, and self – view. Basic & applied social psychology, 22: 43 – 56.

［32］BERRY J W, KIM U, MINDE T, et al. （1987）. Comparative studies of acculturative stress. International migration review, 21: 491 – 511.

［33］BERSCHEID E & REIS H T. （1998）. Attraction and close relationships. In GILBERT D T, FISKE S T & LINDZEY G （Eds.）. The handbook of social psychology （4th ed. , pp. 193 – 281）. New York: McGraw – Hill.

［34］BLAIS C, JACK R E, SCHEEPERS C, et al. （2008）. Culture shapes how we look at faces. PLoS one, 3 （8）: e3022.

［35］BOGG T & ROBERTS B W. （2004）. Conscientiousness and health behaviors: a meta – analysis. Psychological bulletin, 130: 887 – 919.

［36］BOND M H & LEUNG K. （2009）. Cultural mapping of beliefs about the world and their application to a social psychology involving culture. In WYER R S, CHIU C Y & HONG Y Y （Eds.）. Understanding culture: theory, research, and application (pp. 109 – 126). New York: Psychology Press.

[37] BOND M H. (1988). Finding universal dimensions of individual variation in multi – cultural surveys of values: the Rokeach and Chinese value surveys. Journal of personality and social psychology, 55: 9 – 15.

[38] BONEVA B S, FRIEZE I H, FERLIGOJ A, et al. (1998). Achievement, power, and affiliation motives as clues to (e). migration desires: a four – countries comparison. European psychologist, 3: 247 – 254.

[39] BORCHERT J R. (1972). America's changing metropolitan regions. Annals of the association of American geographers, 62: 352 – 373.

[40] BORCHERT R F. (1999). Criterion validity of objective and projective dependency tests: a meta – analytic assessment of behavioral prediction. Psychological assessment, 11 (1): 48 – 57.

[41] BOURGEOIS M J & BOWEN A. (2001). Self – organization of alcohol related attitudes and beliefs in a campus housing complex: an initial investigation. Health psychology, 20: 434 – 437.

[42] BOWLES S & PARK Y. (2005). Emulation, inequality, and work hours: was Thorsten Veblen right? Economic journal, 115: F397 – F412.

[43] BROCKMANN H, DELHEY J, WELZEL C, et al. (2009). The China puzzle: falling happiness in a rising economy. Journal of happiness studies, 10 (4): 387 – 405.

[44] BROCKNER J, CHEN Y, MANNIX E, et al. (2000). Culture and procedural fairness: when the effects of what you do depend upon how you do it. Administrative science quarterly, 45: 138 – 159.

[45] BRONFENBRENNER U. (1979). The ecology of human development: experiments by nature and design. Cambridge, MA: Harvard University Press.

[46] BUCHANAN W & CANTRIL H. (1953). How nations see each other: a study in public opinion. Urbana: University of Illinois Press.

[47] BULLOCK R & HAMMOND G. (2003). Realistic expectations: the management of severe Alzheimer disease. Alzheimer disease & associated disorders, 17: S80 – S85.

[48] CABLE D M & DERUE D S. (2002). The convergent and discriminant validity of

subjective fit perceptions. Journal of applied psychology, 87: 875 – 884.

[49] CASPI A & SHINER R L. (2006). Personality development. In DAMON W, LERNER R & EISENBERG N (Eds.). Handbook of child psychology: vol. 3. Social, emotional, and personality development (6th ed., pp. 300 – 365). New York: Wiley.

[50] Centers for Disease Control and Prevention. (2013). Deaths: final data for 2013. National vital statistics reports, 64 (2).

[51] CERVONE D & SHODA Y. (1999). The coherence of personality: social – cognitive bases of consistency, variability, and organization. New York, NY: Guilford.

[52] CHAUNCEY G. (1994). Gay New York: gender, urban culture, and the making of the gay male world, 1890 – 1940. New York: Basic Books.

[53] CHEN W, ZHENG R, BAADE P D, et al. (2016). Cancer statistics in China, 2015. CA: a cancer journal for clinicians. Avaliable at http:// onlinelibrary. wiley. com/doi/10. 3322/caac. 21338/full#caac21338 – bib – 0002.

[54] CHENG R W Y & LAM S F. (2013). The interaction between social goals and self – construal on achievement motivation. Contemporary educational psychology, 38 (2): 136 – 148.

[55] CHIAO J Y & BLIZINSKY K D. (2010). Culture – gene coevolution of individualism – collectivism and the serotonin transporter gene. Proceedings of the royal society of london b: biological sciences, 277 (1681): 529 – 537.

[56] CHUANG A, SHEN C T & JUDGE T A. (2016). Development of a multidimensional Instrument of person – environment fit: the perceived person – environment fit scale (PPEFS). Applied psychology, 65 (1): 66 – 98.

[57] CHURCH A T & KATIGBAK M S. (2002). The five – factor model in the Philippines: investigating trait structure and levels across cultures. In MCCRAE R R & ALLIK J (Eds.). The five – factor model of personality across cultures (pp. 129 – 154). New York: Kluwer Academic/Plenum Publishers.

[58] COHEN D. (2001). Cultural variation: considerations and implications. Psychological bulletin, 127: 451 – 471.

［59］ CONNER M, GROGAN S, FRY G, et al. （2009）. Direct, mediated and moderated impacts of personality variables on smoking initiation in adolescents. Psychology and health, 24 （9）: 1085 – 1104.

［60］ CONOVER P J & FELDMAN S. （1981）. The origin and meaning of liberal/ conservative self – identification. American journal of political science, 25: 617 – 645.

［61］ CONWAY III L G, HOUCK S C & GORNICK L J. （2013）. Regional differences in individualism and why they matter. In RENTFROW P J （Eds）. （2013）. Geographical psychology: Exploring the interaction of environment and behavior （pp. 31 – 50）. Washington, DC: American Psychological Association.

［62］ COSTA P T & MCCRAE R R. （1992）. Revised NEO Personality Inventory （NEO – PI – R）and NEO Five – Factor Inventory （NEO – FFI）professional manual. Odessa, FL: Psychological Assessment Resources.

［63］ CUTRONA C E, WALLACE G & WESNER K A. （2006）. Neighborhood characteristics and depression: an examination of stress processes. Current directions in psychological science, 15: 188 – 192.

［64］ DANAEI G, FINUCANE M M, LIN J K, et al. （2011）. National, regional, and global trends in systolic blood pressure since 1980: systematic analysis of health examination surveys and epidemiological studies with 786 country – years and 5.4 million participants. The lancet, 377 （9765）: 568 – 577.

［65］ DE VRIES R, GOSLING S & POTTER J. （2011）. Income inequality and personality: Are less equal US states less agreeable?. Social science & medicine, 72 （12）: 1978 – 1985.

［66］ DENEVE K M & COOPER H. （1998）. The happy personality: a meta – analysis of 137 personality traits and subjective well – being. Psychological bulletin, 124 （2）: 197 – 229.

［67］ DIENER E & DIENER M. （1995）. Cross – cultural correlates of life satisfaction and self – esteem. Journal of personality and social psychology, 68 （4）: 653 – 663.

[68] DIENER E & OISHI S （2004）. Are Scandinavians happier than Asians? Issues in comparing nations on subjective well - being. In COLUMBUS F H （Eds.）. Politics and economics of Asia （vol. 10, pp. 1 - 25）. Hauppauge, NY: Nova Science.

[69] DIENER E, DIENER M & DIENER C. （1995）. Factors predicting the subjective well - being of nations. Journal of personality and social psychology, 69 （5）: 851 - 864.

[70] DIENER E, INGLEHART R & TAY L. （2013）. Theory and validity of life satisfaction scales. Social indicators research, 112 （3）: 497 - 527.

[71] DIENER E, LARSEN R J & EMMONS R A. （1984）. Person × Situation interactions: choice of situations and congruence response models. Journal of personality and social psychology, 47 （3）: 580 - 592.

[72] DIENER E, NICKERSON C, LUCAS R E, et al （2002）. Dispositional affect and job outcomes. Social indicators research, 59 （3）: 229 - 259.

[73] DIENER E, OISHI S & LUCAS R E. （2003）. Personality, culture, and subjective well - being: emotional and cognitive evaluations of life. Annual review of psychology, 54 （1）: 403 - 425.

[74] DIENER E, OISHI S & LUCAS R E. （2003）. Personality, culture, and subjective well - being: emotional and cognitive evaluations of life. Annual review of psychology, 54 （1）: 403 - 425.

[75] DIGMAN J M. （1990）. Personality structure: emergence of the Five - Factor model. Annual review of psychology, 41: 417 - 440.

[76] DONNELLAN M B, LUCAS R E & FLEESON W. （2009）. Introduction to personality and assessment at age 40: reflections on the legacy of the person - situation debate and the future of person - situation integration. Journal of research in personality, 43 （2）: 117 - 119.

[77] DUCKITT J. （2001）. A dual process cognitive - motivational theory of ideology and prejudice. In ZANNA M P （Eds.）. Advances in experimental social psychology （vol. 33, pp. 41 - 113）. San Diego, CA: Academic Press.

[78] DURKHEIM E. （1952）. Suicide: a study in sociology. London: Routledge

& Kegan Paul.

[79] EDWARDS J R & SHIPP A J. (2007). The relationship between person – environment fit and outcomes: an integrative theoretical framework. In OSTROFF C & JUDGE T A (Eds.). Perspectives on organizational fit (pp. 209 – 258). San Francisco: Jossey – Bass.

[80] ELKINS I J, KING S M, MCGUE M, et al. (2006). Personality traits and the development of nicotine, alcohol, and illicit drug disorders: prospective links from adolescence to young adulthood. Journal of abnormal psychology, 115: 26 – 39.

[81] EPSTEIN S. (1983). Aggregation and beyond: some basic issues on the prediction of behavior. Journal of personality, 51: 360 – 392.

[82] EZZATI M, OZA S, Danaei G, et al. (2008). Trends and cardiovascular mortality effects of state – level blood pressure and uncontrolled hypertension in the United States. Circulation, 117 (7): 905 – 914.

[83] FELTMAN R, Robinson M D & ODE S. (2009). Mindfulness as a moderator of neuroticism – outcome relations: a self – regulation perspective. Journal of research in personality, 43 (6): 953 – 961.

[84] FINCHER C L, THORNHILL R, MURRAY D, (2008). Pathogen prevalence predicts human cross – cultural variability in individualism/collectivism. Proceedings of the royal society B: biological science, 275: 1279 – 1285.

[85] FINUCANE M M, STEVENS G A, COWAN M J, et al. (2011). National, regional, and global trends in body – mass index since 1980: systematic analysis of health examination surveys and epidemiological studies with 960 country – years and 9.1 million participants. The lancet, 377 (9765): 557 – 567.

[86] FISKE A P, KITAYAMA S, MARKUS H R, et al. (1998). The cultural matrix of social psychology. In GILBERT D T, FISKE S T & LINDZEY G (Eds.). Handbook of social psychology (4th ed., pp. 915 – 981). New York: McGraw – Hill.

[87] FLEESON W & NOFTLE E. (2008). The end of the person – situation debate: an emerging synthesis in the answer to the consistency question. Social

and personality psychology compass, 2 (4): 1667 – 1684.

[88] FLEESON W & NOFTLE E. (2008). The end of the person – situation debate: an emerging synthesis in the answer to the consistency question. Social and personality psychology compass, 2 (4): 1667 – 1684.

[89] FLEESON W & NOFTLE E E. (2009). In favor of the synthetic resolution to the person – situation debate. Journal of research in personality, 43 (2): 150 – 154.

[90] FLEMING I, BAUM A, DAVIDSON L M, et al. (1987). Chronic stress as a factor in physiologic reactivity to challenge. Health psychology, 6: 221 – 237.

[91] FLORIDA R. (2002). The rise of the creative class. New York: Basic Books.

[92] FOROUZANFAR M H, ALEXANDER L, ANDERSON H R, et al. (2015). Global, regional, and national comparative risk assessment of 79 behavioural, environmental and occupational, and metabolic risks or clusters of risks in 188 countries, 1990 – 2013: a systematic analysis for the Global Burden of Disease Study 2013. The lancet, 386 (10010): 2287 – 2323.

[93] FOWLER J H & CHRISTAKIS N A. (2008). Dynamic spread of happiness in a large social network: longitudinal analysis over 20 years in the Framingham Heart Study. British medical journal, 337: a2338.

[94] FRIED L P. (2012). What are the roles of public health in an aging society? In PROHASKA T R, ANDERSON L A, BINSTOCK R H (Eds). Public health for an aging society, (pp. 26 – 52). Baltimore, MD: John Hopkins Univ. Press.

[95] FRIEDMAN H S. (2000). Long – term relations of personality and health: dynamisms, mechanisms, tropisms. Journal of personality, 68 (6): 1089 – 1107.

[96] FRIEDMAN H S & KERN M L. (2014). Personality, well – being, and health. Psychology, 65 (1): 719 – 742.

[97] FRIEDMAN H S, Kern M L & Reynolds C A. (2010). Personality and health, subjective well – being, and longevity. Journal of personality, 78 (1): 179 – 216.

[98] FRIEDMAN H & MARTIN L R. (2011). The longevity project: surprising discoveries for health and long life from the landmark eight decade study. Hay House, Inc.

[99] FRIMER J A, GAUCHER D & SCHAEFER N K. (2014). Political conservatives' affinity for obedience to authority is loyal, not blind. Personality and social psychology bulletin, 40 (9): 1205 – 1214.

[100] FUNDER D C. (2001). Personality. Annual review of psychology, 52: 197 – 221.

[101] FUNDER D C. (2008). Persons, situations, and person – situation interactions. In JOHN O P, ROBINS R W & PERVIN L A (Eds.). Handbook of personality: theory and research (3rd, pp. 568 – 580). New York: The Guilford Press.

[102] FUNDER D C. (2009). Persons, behaviors and situations: an agenda for personality psychology in the postwar era. Journal of research in personality, 43 (2): 120 – 126.

[103] FUNDER D C & OZER D J. (1983). Behavior as a function of the situation. Journal of personality and social psychology, 44: 107 – 112.

[104] FUNDER D C. (2004). The personality puzzle. New York: Norton.

[105] Gallup Healthways Well – Being Index. (2013). State of well – being, 2013 state, community, congressional district analysis. Avaliable online at: http://www. cityofgolden. net/media/GallupWellBeing. pdf.

[106] Gallup. (2009). Gallup – healthways well – being index: methodology report for indexes. Available online at http://wbi. meyouhealth. com/files/Gallup HealthwaysWBI – Methodology. pdf.

[107] GARREAU J. (1981). The nine nations of North America. New York: Avon Books.

[108] GASTIL R D. (1975). Cultural regions of the United States. Seattle: University of Washington Press. RUBENSTEIN K. (1982). Regional states of mind: patterns of emotional life in nine parts of America. Psychology today, 16: 22 – 30.

[109] GEBAUER J E, BLEIDORN W, GOSLING S D, et al. (2014a). Cross – cultural variations in Big Five relationships with religiosity: a sociocultural motives perspective.

［110］GEBAUER J E, LEARY M R & NEBERICH W. （2012）. Big Two personality and Big Three mate preferences：Similarity attracts, but country − level mate preferences crucially matter. Personality and social psychology bulletin, 38：1579 − 1593.

［111］GEBAUER J E, LEARY M R & NEBERICH W. （2012）. Big Two personality and Big Three mate preferences：similarity attracts, but country − level mate preferences crucially matter. Personality and social psychology bulletin, 38：1579 − 1593.

［112］GEBAUER J E, SEDIKIDES C, LÜDTKE O, et al. （2014b）. Agency communion and Interest in prosocial behavior：social motives for assimilation and contrast explain sociocultural inconsistencies. Journal of personality, 82 （5）：452 − 466.

［113］GEERTH H H & MILLS C W. （1948/1970）. Essays from MAX WEBER. London：Routledge & Kegan Paul.

［114］GELFAND M J, RAVER J L, NISHIII L, et al. （2011）. Differences between tight and loose cultures：A 33 − nation study. Science, 332 （6033）：1100 − 1104.

［115］GEOFFROY E F. （1718）. Table des différents rapports observés en chimie entre différentes substances. Mémoires de l'académie royale des sciences：202 − 212.

［116］GOETHE J W. （1809/1966）. Elective affinities. Chicago, IL：Gateway Edition.

［117］GOLDBERG L R. （1990）. An alternative "description of personality"：the Big − Five factor structure. Journal of personality and social psychology, 59：1216 − 1229.

［118］GOLDBERG L R. （1992）. The development of markers for the Big − Five factor structure. Psychological assessment, 4：26 − 42.

［119］GOLDER S A & MACY M W. （2011）. Diurnal and seasonal mood vary with work, sleep, and daylength across diverse cultures. Science, 333 （6051）：1878 − 1881.

［120］GONCALO J A & STAW B M. （2006）. Individualism − collectivism and

group creativity. Organizational behavior and human decision processes, 100
(1): 96 – 109.

[121] GOSLING S D & MASON W. (2015). Internet research in psychology.
Annual review of psychology, 66: 877 – 902.

[122] GOSLING S D, VAZIRE S, SRIVASTAVA S, et al. (2004). Should we
trust web – based studies? A comparative analysis of six preconceptions about
internet questionnaires. American psychologist, 59 (2): 93 – 104.

[123] GRANADOS J A T & ROUX A V D. (2009). Life and death during the great
depression. Proceedings of the national academy of sciences, 106 (41):
17290 – 17295.

[124] GREAVES L M, COWIE L J, FRASER G, et al. (2015). Regional
differences and similarities in the personality of New Zealanders. New Zealand
journal of psychology, 44 (1): 4 – 16.

[125] GUDYKUNST W B, MATSUMOTO Y, TING – TOOMEY S, et al. (1996).
The influence of cultural individualism – collectivism, self – construals and
individual values on communication styles across cultures. Human
communication research, 22: 510 – 43.

[126] GUÉGUEN N & LAMY L. (2013). Weather and helping: additional
evidence of the effect of the sunshine Samaritan. The Journal of social
psychology, 153 (2): 123 – 126.

[127] HAMPSON S E. (2012). Personality processes: mechanisms by which
personality traits "get outside the skin." Annual review of psychology, 63:
315 – 339.

[128] HANIN Y, EYSENCK S B, EYSENCK H J, et al. (1991). A cross –
cultural study of personality: Russia and England. Personality and individual
differences, 12: 265 – 271.

[129] HARRINGTON J R & GELFAND M J. (2014). Tightness – looseness across
the 50 united states. Proceedings of the national academy of sciences, 111
(22): 7990 – 7995.

[130] HAYES N & JOSEPH S. (2003). Big 5 correlates of three measures of
subjective well – being. Personality and individual differences, 34 (4):

723 – 727.

[131] HEINE S J, BUCHTEL E E & NORENZAYAN A. (2008). What do cross – national comparisons of personality traits tell us? The case of conscientiousness. Psychological science, 19 (4): 309 – 313.

[132] HELLMUTH J C & MCNULTY J K. (2008). Neuroticism, marital violence, and the moderating role of stress and behavioral skills. Journal of personality and social psychology, 95 (1): 166 – 180.

[133] HENRICH J, BOYD R, BOWLES S, et al. (2005). Economic man in cross – cultural perspective: behavioral experiments in 15 small – scale societies. Behavioral and brain sciences, 28: 795 – 855.

[134] HENRICH J, HEINE S J & NORENZAYAN A. (2010). The weirdest people in the world?. Behavioral and brain sciences, 33 (2 – 3): 61 – 83.

[135] HOFSTEDE G H. (2001). Culture's consequences: comparing values, behaviors, institutions, and organizations across nations (2nd ed.). Thousand Oaks, CA: Sage.

[136] HOFSTEDE G & McCrae R R. (2004). Personality and culture revisited: linking traits and dimensions of culture. Cross – cultural research, 38 (1): 52 – 88.

[137] HOUSE R J, HANGES P J, JAVIDAN M, et al. (2004). Culture, leadership, and organizations: the GLOBE study of 62 societies. Beverly Hills: Sage Publications.

[138] HUANG J, ZHENG R & EMERY S. (2013). Assessing the impact of the national smoking ban in indoor public places in China: evidence from quit smoking related online searches. PLoS one, 8 (6): e65577.

[139] HUNT J M. (1965). Traditional personality theory in the light of recent evidence. American scientist, S3: 80 – 96.

[140] INGLEHART R. (1997). Modernization and post – modernization: cultural, economic, and political change in 43 societies Princeton, NJ: Princeton University Press.

[141] INGLEHART R & BAKER W E. (2000). Modernization, cultural change, and the persistence of traditional values. American sociological review:

19 – 51.

[142] INGLEHART R & WELZEL C. (2003). Democratic institutions and political culture: misconceptions in addressing the ecological fallacy. Comparative politics, 35: 61 – 79.

[143] INKELES A & LEVINSON D J. (1969). National character: The study of modal personality and sociocultural systems. In LINDZEY G & ARONSON E (Eds.). The handbook of social psychology: Vol. IV. Group psychology and the phenomenon of interaction (pp. 418 – 506). New York: McGraw – Hill.

[144] INKELES A, HANFMANN E & BEIER H. (1958). Modal personality and the adjustment to the Soviet socio – political system. Human re – lations, 11: 3 – 22.

[145] IUPAC. Compendium of chemical terminology (the "Gold Book"). Retrieved December 23, 2015, from http://goldbook. iupac. org/E01977. html.

[146] IWATA N & HIGUCHI H R. (2000). Responses of Japanese and American university students to the STAI items that assess the presence or absence of anxiety. Journal of personality assessment, 74: 48 – 62.

[147] JANG K L, MCCRAE R R, ANGLEITNER A, et al. (1998). Heritability of facet – level traits in a cross – cultural twin sample: support for a hierarchical model of personality. Journal of personality and social psychology, 74: 1556 – 1565.

[148] JEFFERY R W. (2001). Public health strategies for obesity treatment and prevention. American journal of health behavior, 25 (3): 252 – 259.

[149] JOHN O P & SRIVASTAVA S. (1999). The Big Five trait taxonomy: history, measurement, and theoretical perspectives. In PERVIN L A & JOHN O P (Eds.). Handbook of personality: theory and research (2nd ed., pp. 102 – 139). New York: Guilford.

[150] JOKELA M. (2009). Personality predicts migration within and between US states. Journal of research in personality, 43 (1): 79 – 83.

[151] JOST J T, FEDERICO C M & NAPIER J L. (2009). Political ideology: its structure, functions, and elective affinities. Annual review of psychology,

60：307 – 337.

[152] JOST J T, NOSEK B A & GOSLING S D. (2008). Ideology：its resurgence in social, personality, and political psychology. Perspectives on psychological science, 3 (2)：126 – 136.

[153] JOST J T, BANAJI M R & NOSEK B A. (2004). A decade of system justification theory：accumulated evidence of conscious and unconscious bolstering of the status quo. Political psychology, 25：881 – 919.

[154] KACEN J J & LEE J A. (2002). The influence of culture on consumer impulsive buying behavior. Journal of consumer psychology, 12 (2)：163 – 176.

[155] KAGITCIBASI. (1982). The changing value of the children in Turkey. Honolulu：East – West Center.

[156] Kaiser Family Foundation：Life Expectancy at Birth (in years). Retrieved July 25, 2015, from http://kff. org/other/state – indicator/life – expectancy/.

[157] KAPPELMAN M D, RIFAS – SHIMAN S L, KLEINMAN K, et al. (2007). The prevalence and geographic distribution of Crohn's disease and ulcerative colitis in the United States. Clinical gastroenterology and hepatology, 5 (12)：1424 – 1429.

[158] KASHIMA Y, KOKUBO T, KASHIMA E S, et al. (2004). Culture and self：are there within – culture differences in self between metropolitan areas and regional cities? Personality and social psychology bulletin, 13：816 – 823.

[159] KASSEBAUM N J, BERTOZZI – VILLA A, COGGESHALL M S, et al. (2014). Global, regional, and national levels and causes of maternal mortality during 1990 – 2013：a systematic analysis for the Global Burden of Disease Study 2013. The lancet, 384 (9947)：980 – 1004.

[160] KELLEHER C, TIMONEY A, FRIEL S, et al. (2002). Indicators of deprivation, voting patterns, and health status at area level in the Republic of Ireland. Journal of epidemiology and community health, 56 (1)：36 – 44.

[161] KELLY G. (2003). The psychology of personal constructs：volume two：clinical diagnosis and psychotherapy. Routledge.

[162] KENRICK D T & FUNDER D C. (1988). Profiting from controversy：lessons

from the person – situation debate. American psychologist, 43: 23 – 34.

[163] KESEBIR S, OISHI S & LUN J. (2010). The optimal friendship strategy in mobile versus stable society. Manuscript in preparation, University of Virginia, Charlottesville.

[164] KITAYAMA S, ISHII K & IMADA T. (2006). Voluntary settlement and the spirit of independence: evidence from Japan's "northern frontier". Journal of personality and social psychology, 91 (3): 369 – 384.

[165] KOTOV R, GAMEZ W & SCHMIDT F. (2010). Linking "big" personality traits to anxiety, depressive, and substance use disorders: a meta – analysis. Psychological bulletin, 136 (5): 768 – 821.

[166] KRAMER A D, GUILLORY J E & HANCOCK J T. (2014). Experimental evidence of massive – scale emotional contagion through social networks. Proceedings of the national academy of sciences, 111 (24): 8788 – 8790.

[167] KRISTOF A L. (1996). Person – organization fit: An integrative review of its conceptualizations, measurement, and implications. Personnel psychology, 49: 1 – 49.

[168] KRISTOF – BROWN A L & GUAY R P. (2011). Person – environment fit. In ZEDECK S (Ed.). American Psychological Association handbook of industrial and organizational psychology (Vol. 3, pp. 3 – 50). Washington, DC: American Psychological Association.

[169] KRISTOF – BROWN A L, ZIMMERMAN R D & JOHNSON E C. (2005). Consequences of individuals' fit at work: a meta – analysis of person – job, person – organization, person – group, and person – supervisor fit. Personnel psychology, 58: 281 – 342.

[170] KRUEGER R F, SOUTH S, JOHNSON W, et al. (2008). The heritability of personality is not always 50%: gene – environment interactions and correlations between personality and parenting. Journal of personality, 76 (6): 1485 – 1522.

[171] KRUG S E & KULHAVY R W. (1973). Personality differences across regions of the United States. Journal of social psychology, 91: 73 – 79.

[172] LATANE B. (1981). The psychology of social impact. American

psychologist, 36: 343 – 365.

[173] LECHNER C M, OBSCHONKA M & SILBEREISEN R K. (2015). Who reaps the benefits of social change? Exploration and its socioecological boundaries. Journal of personality. (in press)

[174] LESTER D & VORACEK M. (2013). Big FivePersonality scores and rates of suicidality in the United States. Psychological reports, 112 (2): 637 –639.

[175] LEUNG A K Y & COHEN D. (2011). Withinand betweenculture variation: individual differences and the cultural logics of honor, face, and dignity cultures. Journal of personality and social psychology, 100 (3): 507 – 526.

[176] LEUNG K & BOND M H. (2004). Social axioms: A model of social beliefs in multi – cultural perspective. In ZANNA M P (Ed.). Advances in experimental social psychology (Vol. 36, pp. 119 – 97). San Diego, CA: Elsevier Academic Press).

[177] LEVERE T H. (1971). Affinity and matter: elements of chemical philosophy, 1800 – 1865. Philadelphia: Gordon and Breach Science Publishers.

[178] LEVINE R A. (2001). Culture and personality studies, 1918 – 1960: myth and history. Journal of personality, 69: 803 – 818.

[179] LEWIN K. (1935). A dynamic theory of personality. New York: McGraw – Hill.

[180] LEWIN K. (1939). Field theory and experiment in social psychology: concepts and methods. American journal of sociology, 44: 868 – 896.

[181] LEWINS F. (1989). Recasting the concept of ideology: a content approach. British journal of sociology, 678 – 693.

[182] LOEHLIN J C. (1992). Genes and environment in personality develop – ment. Newbury Park, CA: Sage.

[183] MACINNIS C C & HODSON G. (2015). Do American States with more religious or conservative populations search more for sexual content on google?. Archives of sexual behavior, 44 (1): 137 – 147.

[184] MAGNUSSON A. (2000). An overview of epidemiological studies on seasonal affective disorder. Acta psychiatrica scandinavica, 101: 176 – 184.

[185] MCCANN S J. (2010a). Personality and American state differences in obesity

prevalence. The journal of psychology, 145 (5): 419 – 433.

［186］ MCCANN S J. (2010b). Suicide, Big Five personality factors, and depression at the American state level. Archives of suicide research, 14 (4): 368 – 374.

［187］ MCCANN S J. (2013). Big Five personality differences and political, social, and economic conservatism: an American state – level analysis. In RENTFROW P J (Eds). Geographical psychology: exploring the interaction of environment and behavior (pp. 139 – 160). Washington, DC: American Psychological Association.

［188］ MCCANN S J. (2014a). Higher resident neuroticism is specifically associated with elevated state cancer and heart disease mortality rates in the United States. SAGE OPEN, 4 (2): 2158244014538268.

［189］ MCCANN S J. (2014b). Happy twitter tweets are more likely in american states with lower levels of resident neuroticism. Psychological reports, 114 (3): 891 – 895.

［190］ MCCANN S J H. (2011). Emotional health and the Big Five personality factors at the American state level. Journal of happiness studies, 12 (4): 547 – 560.

［191］ MCCLELLAND D C. (1961). The achieving society. Princeton, NJ: Van Nostrand.

［192］ MCCRAE R R. (2001). Trait psychology and culture: exploring intercultural comparisons. Journal of personality, 69 (6): 819 – 846.

［193］ MCCRAE R R. (2002). NEO – PI – R data from 36 cultures: further intercultural comparisons. In MCCRAE R R & ALLIK J (Eds.). The Five – Factor model of personality across cultures (pp. 105 – 125). New York: Kluwer Academic/Plenum Publishers.

［194］ MCCRAE R R & COSTA P T (2003). Personality in adulthood: a Five – Factor theory perspective (2nd. ed.). New York: Guilford.

［195］ MCCRAE R R & TERRACCIANO A. (2008). The Five – Factor model and its correlates in individuals and cultures. Multilevel analysis of individuals and cultures: 249 – 283.

［196］ MCCRAE R R, TERRACCIANO A & 79 Members of the Personality Profiles of Culture Project. (2005). Universal features of personality traits from the observer's perspective: data from 50 cultures. Journal of personality and social psychology, 88 (3): 547 – 561.

［197］ MCCRAE R R, TERRACCIANO A, REALO A, et al. (2007). Climatic warmth and national wealth: some culture – level determinants of national character stereotypes. European journal of personality, 21 (8): 953 – 976.

［198］ MCCRAE R R, YIK M S M, TRAPNELL P D, et al. (1998). Interpreting personality profilesacross cultures: bilingual, acculturation, and peer rating studies of Chinese undergraduates. Journal of personalityand social psychology, 74: 1041 – 1055.

［199］ MCCRAE R R, YIK M S M, TRAPNELL P D, et al. (1998). Interpreting personality profiles across cultures: bilingual, acculturation, and peer rating studies of Chinese undergraduates. Journal of personality and social psychology, 74: 1041 – 1055.

［200］ MCCRAE R R & COSTA P T. (1997). Personality trait structure as a human universal. American psychologist, 52: 509 – 516.

［201］ MEHL M R, PENNEBAKER J W, CROW M D, et al. (2001). The Electronically Activated Recorder (EAR): A device for sampling naturalistic daily activities and conversations. Behavior research methods, instruments, and computers, 33: 517 – 523.

［202］ MEYER G J, FINN S E, EYDE L D, et al. (2001). Psychological testing and psychological assessment. American psychologist, 56: 128 – 165.

［203］ MISCHEL W. (1968). Personality and assessment. New York, NY: Wiley.

［204］ MISCHEL W. (1973). Towards a cognitive social learning reconceptualization of personality. Psychological review, 80: 252 – 283.

［205］ MISCHEL W. (1984). Convergences and challenges in the search for consistency. American psychologist, 39: 351 – 364.

［206］ MISCHEL W. (2004). Toward an integrative science of the person. Annual review of psychology, 55: 1 – 22.

［207］ MISCHEL W & SHODA Y. (1995). A cognitive – affective system theory of personality：reconceptualizing situations，dispositions，dynamics，and invariance in personality structure. Psychological review，102（2）：246.

[208] MISCHEL W & SHODA Y. （1998）. Reconciling processing dynamics and personality dispositions. Annual review of psychology，49：229 – 258.

[209] MISCHEL W & SHODA Y. （2008）. Toward a unified theory of personality：Integrating dispositions and processing dynamics within the cognitive – affective processing system（CAPS）. In JOHN O P，ROBINS R W & PERVIN L A （Eds.）. Handbook of personality：theory and research（3rd，pp. 208 – 241）. New York：The Guilford Press.

[210] MITCHELL L，FRANK M R，HARRIS K D，et al. （2013）. The geography of happiness：connecting twitter sentiment and expression，demographics，and objective characteristics of place. PLoS one，8：e64417.

[211] MIYAMOTO Y，NISBETT R E & MASUDA T. （2006）. Culture and the physical environment holistic versus analytic perceptual affordances. Psychological science，17（2）：113 – 119.

[212] MOELLER S K，ROBINSON M D & BRESIN K. （2010）. Integrating trait and social – cognitive views of personality：Neuroticism，implicit stress priming，and neuroticism – outcome relationships. Personality and Social Psychology Bulletin.

[213] MOFFITT T E，ARSENEAULT L，BELSKY D，et al. （2011）. A gradient of childhood self – control predicts health，wealth，and public safety. Proceedings of the national academy of sciences，108（7）：2693 – 2698.

[214] MOKDAD A H，SERDULA M K，DIETZ W H，et al. （1999）. The spread of the obesity epidemic in the United States，1991 – 1998. Jama，282 （16）：1519 – 1522.

[215] MOSKOWITZ D S & COTÉ S. （1995）. Do interpersonal traits predict affect? A comparison of three models. Journal of personality and social psychology，69（5）：915 – 924.

[216] MOSS M L. （1997）. Reinventing the central city as a place to live and work. Housing policy debate，8：471 – 490.

[217] MOTYL M，LYER R，OISHI S，et al. （2014）. How ideological migration

geographically segregates groups. Journal of experimental social psychology, 51: 1 – 14.

[218] MURRAY C J, BARBER R M, FOREMAN K J, et al. (2015). Global, regional, and national disability – adjusted life years (DALYs) for 306 diseases and injuries and healthy life expectancy (HALE) for 188 countries, 1990 – 2013: quantifying the epidemiological transition. The lancet, 386 (10009): 2145 – 2191.

[219] MURRAY C J, ORTBLAD K F, GUINOVART C, et al. (2014). Global, regional, and national incidence and mortality for HIV, tuberculosis, and malaria during 1990 – 2013: a systematic analysis for the Global Burden of Disease Study 2013. The lancet, 384 (9947): 1005 – 1070.

[220] NAGHAVI M, WANG H, LOZANO R, et al. (2015). Global, regional, and national age – sex specific all – cause and cause – specific mortality for 240 causes of death, 1990 – 2013: a systematic analysis for the Global Burden of Disease Study 2013. The lancet, 385 (9963): 117 – 171.

[221] NAPIER A D, ANCARNO C, BUTLER B, et al. (2014). Culture and health. The lancet, 384 (9954): 1607 – 1639.

[222] National Survey on Drug Use and Health. (2013). 2012 – 2013 National survey on drug use and health: Model – based prevalence estimates (50 States and the District of Columbia). http://www. samhsa. gov/data/sites/default/files/NSDUHStateEst2012 – 2013 – p1/Tables/NSDUHsaePercents2013. pdf.

[223] National Survey on Drug Use and Health. (2013). 2012 – 2013 National survey on drug use and health: Model – based prevalence estimates (50 States and the District of Columbia). http://www. samhsa. gov/data/sites/default/files/NSDUHStateEst2012 – 2013 – p1/Tables/NSDUHsaePercents2013. pdf.

[224] NEVILLE L. (2012). Do economic equality and generalized trust inhibit academic dishonesty? Evidence from state – level search – engine queries. Psychological science, 23 (4): 339 – 345.

[225] NG M, FLEMING T, ROBINSON M, et al. (2014). Global, regional and national prevalence of overweight and obesity in children and adults 1980 – 2013: a systematic analysis. The lancet (London, England), 384

（9945）：766－781.

［226］ NG W & DIENER E. （2014）. What matters to the rich and the poor? Subjective well－being, financial satisfaction, and postmaterialist needs across the world. Journal of personality and social psychology, 107 （2）：326－338.

［227］ NG Y K. （2002）. The East － Asian happiness gap. Pacific economic review, 7 （1）：51－63.

［228］ NISBETT R E. （2003）. The geography of thought：how Asians and Westerners think differently and why. New York：Free Press.

［229］ OBSCHONKA M, SCHMITT－RODERMUND E, SILBEREISEN R K, et al. （2013）. The regional distribution and correlates of an entrepreneurship － prone personality profile in the United States, Germany, and the United Kingdom：a socioecological perspective. Journal of personality and social psychology, 105 （1）：104－122.

［230］ OBSCHONKA M, STUETZER M, AUDRETSCH D B, et al. （2015）. Macropsychological factors predict regional economic resilience during a major economic crisis. Social psychological and personality science, 1－10.

［231］ OISHI S. （2014）. Socioecological psychology. Annual review of psychology, 65：581－609.

［232］ OISHI S & GRAHAM J. （2010）. Social ecology lost and found in psychological science. Perspectives on psychological Science, 5 （4）：356－377.

［233］ OISHI S & KESEBIR S. （2015）. Income inequality explains why economic growth does not always translate to an increase in happiness. Psychological science, 26 （10）：1630－1638.

［234］ OISHI S & SCHIMMACK U. （2010）. Residential mobility, well － being, and mortality. Journal of personality and social psychology, 98 （6）：980－994.

［235］ OISHI S, GRAHAM J, KESEBIR S, et al. （2013）. Concepts of happiness across time and cultures. Personality and social psychology bulletin, 39 （5）：559－577.

［236］ OISHI S, KESEBIR S & DIENER E. （2011）. Income inequality and happiness. Psychological science, 22 （9）：1095－1100.

［237］ OISHI S, SCHIMMACK U & DIENER E. （2012）. Progressive taxation and the subjective well – being of nations. Psychological science, 23 (1): 86 – 92.

[238] OISHI S, TALHELM T & LEE M. (2015). Personality and geography: introverts prefer mountains. Journal of research in personality, 58: 55 – 68.

[239] OKAZAKI S. (2000). Asian American and White American differences on affective distress symptoms do symptom reports differ across reporting methods?. Journal of cross – cultural psychology, 31 (5): 603 – 625.

[240] OYSERMAN D, COON H M & KEMMELMEIER M. (2002). Rethinking individualism and collectivism: Evaluation of theoretical assumptions and meta – analyses. Psychological bulletin, 128 (1): 3 – 72. OZER D J & BENET – MARTÍNEZ V. (2006). Personality and the prediction of consequential outcomes. Annual review of psychology, 57: 401 – 421.

[241] PARK H, CONWAY L G, PIETROMONACO P R, et al. (2009). A paradox of American individualism: regions vary in explicit, but not implicit, independence. Unpublished manuscript, Hokkaido University, Hokkaido, Japan.

[242] PARK N & PETERSON C. (2010). Does it matter where we live? The urban psychology of character strengths. American psychologist, 65 (6): 535 – 547.

[243] PARTINGTON J R. (1960). A short history of chemistry. New York: Dover Publications.

[244] PEABODY D. (1999). National characteristics: dimensions for comparison. In LEE Y T, MCCAULEY C R & DRAGUNS J G (Eds.). Personality and person perception across cultures (pp. 65 – 100). Mahwah, NJ: Erlbaum.

[245] PERRY M J. (2006). Domestic Net Migration in the United States: 2000 to 2004. Current Population Reports: 25 – 1135.

[246] PERVIN L A. (1968). Performance and satisfaction as a function of individual – environment fit. Psychological bulletin, 69: 56 – 68.

[247] PESTA B J, BERTSCH S, MCDANIEL M A, et al. (2012). Differential epidemiology: IQ, neuroticism, and chronic disease by the 50 US states. Intelligence, 40 (2): 107 – 114.

[248] PESTA B J, MCDANIEL M A & BERTSCH S. (2010). Toward an index of well – being for the fifty U. S. states. Intelligence, 38: 160 – 168.

[249] PICKERING A D & GRAY J A. (1999). The neuroscience of personality. In PERVIN L A & JOHN O P (Eds.). Handbook of personality: Theory and research (2nd ed., pp. 277 – 299). New York: Guilford Press.

[250] PLAUT V C, MARKUS H R & LACHMAN M E. (2002). Place matters: consensual features and regional variation in American well – being and self. Journal of personality and social psychology, 83: 160 – 184.

[251] POSNER M & ROTHBART M. (2007). Educating the human brain. Washington, DC: American Psychological Society.

[252] REALO A, ALLIK J, LÖNNQVIST J E, et al. (2009). Mechanisms of the national character stereotype: how people in six neighbouring countries of Russia describe themselves and the typical Russian. European journal of personality, 23 (3): 229 – 249.

[253] Regional Economic Accounts. Retrieved July 25, 2015, from http://www.bea.gov/regional/downloadzip.cfm.

[254] REIS H T & HOLMES G. (2012). Perspectives on the Situation. In DEAUX K & SNYDER M (Eds). The Oxford Handbook of Personality and Social Psychology (pp. 64 – 92). Oxford University Press.

[255] RENTFROW P J. (Eds). (2013). Geographical psychology: exploring the interaction of environment and behavior. Washington, DC: American Psychological Association.

[256] RENTFROW P J, GOSLING S D & POTTER J. (2008). A theory of the emergence, persistence, and expression of geographic variation in psychological characteristics. Perspectives on psychological science, 3 (5): 339 – 369.

[257] RENTFROW P J, GOSLING S D, JOKELA M, et al. (2013). Divided we stand: three psychological regions of the United States and their political, economic, social, and health correlates. Journal of personality and social psychology, 105 (6): 996 – 1012.

[258] RENTFROW P J, JOKELA M & LAMB M E. (2015). Regional personality differences in Great Britain. PloS one, 10 (3): e0122245.

[259] RENTFROW P J, JOST J T, GOSLING S D, et al. (2009). Statewide differences in personality predict voting patterns in 1996 – 2004 U. S. presidential

elections. In JOST J T, KAY A C & THORISDOTTIR H (Eds.). Social and psychological bases of ideology and system justification (pp. 314 – 347). Oxford, England: Oxford University Press.

[260] RENTFROW P J, MELLANDER C & FLORIDA R. (2009). Happy states of America: a state – level analysis of psychological, economic, and social well – being. Journal of research in personality, 43: 1073 – 1082.

[261] RHODES R E, COURNEYA K S & HAYDUK L A. (2002). Does personality moderate the theory of planned behavior in the exercise domain?. Journal of sport and exercise psychology, 24 (2): 120 – 132.

[262] RICHARD E & DIENER E. (2009). Personality and subjective well – being. In DIENER E (Eds). The science of well – being (pp. 75 – 102). Springer Netherlands.

[263] ROBERTS B W, KUNCEL N R, SHINER R, et al. (2007). The power of personality: the comparative validity of personality traits, socioeconomic status, and cognitive ability for predicting important life outcomes. Perspectives on psychological Science, 2 (4): 313 – 345.

[264] ROBINS R W. (2005). The nature of personality: Genes, culture, and national character. Science, 310.

[265] ROBINSON M D. (2000). The reactive and prospective functions of mood: its role in linking daily experiences and cognitive wellbeing. Cognition and emotion, 14: 145 – 176.

[266] ROBINSON W S. (1950). Ecological correlations and the behavior of individuals. American sociological review, 15, 351 – 357.

[267] ROGERS K H & WOOD D. (2010). Accuracy of United States regional personality stereotypes. Journal of research in personality, 44 (6): 704 – 713.

[268] ROSENTHAL R. (1990). How are we doing in soft psychology. American psychologist, 45: 775 – 777.

[269] ROSENTHAL R. (2000). Effect sizes in behavioral and biomedical research. In BICMAN L (Eds.). Validity and social experimentation: don Campbell's legacy (pp. 121 – 139). Newbury Park, CA: Sage.

[270] RØYSAMB E. (2006). Personality and well – being. In VOLLRATH M

（Eds）. Handbook of Personality and Health,（pp. 115 – 134）. New York: John Wiley & Sons.

[271] ROZIN P.（2003）. Five potential principles for understanding cultural differences in relation to individual differences. Journal of research in personality, 37: 273 – 283.

[272] ROZIN P.（2007）. Exploring the landscape of modern academic psychology: finding and filling the holes. American psychologist, 62: 754 – 766.

[273] SAUCIER G & OSTENDORF F.（1999）. Hierarchical subcomponents of the Big Five personality factors: a cross – language replication. Journal of personality and social psychology, 76: 613 – 627.

[274] SCHALLER M & MURRAY D R.（2008）. Pathogens, personality, and culture: disease prevalence predicts worldwide variability in sociosexuality, extraversion, and openness to experience. Journal of personality and social psychology, 95（1）: 212 – 221.

[275] SCHALLER M & NEUBERG S L.（2012）. Danger, disease, and the nature of prejudice（s）. Advances in experimental social psychology, 46: 1 – 54.

[276] SCHMITT D P, ALLIK J, MCCRAE R R, et al.（2007）. The geographic distribution of Big Five personality traits patterns and profiles of human self – description across 56 nations. Journal of cross – cultural psychology, 38（2）: 173 – 212.

[277] SCHOLZ U, GUTIERREZ – DONA B, SUD S, et al.（2002）. Is general self – efficacy a universal construct? Psychometric findings from 25 countries. European journal of psychological assessment, 18: 242 – 51.

[278] SCHWARTZ H A, EICHSTAEDT J C, KERN M L, et al.（2013）. Personality, gender, and age in the language of social media: the open – vocabulary approach. PloS one, 8（9）: e73791.

[279] SCHWARTZ S H.（2008）. Culture matters: national value cultures, sources, and consequences. In WYER R S, CHIU C Y & HONG Y Y（Eds.）. Understanding culture: Theory, research, and application（pp. 127 – 150）. New York: Psychology Press.

[280] SCHWARTZ S H.（2009）. Culture matters: national value cultures,

sources, and consequences. In WYER R S, CHIU C Y & HONG Y Y
(Eds.). Understanding culture: theory, research, and application
(pp. 127 – 150). New York: Psychology Press.

[281] SCHWARTZ S H. (1992). Universals in the content and structure of values:
theoretical advances and empirical tests in 20 countries. In ZANNA M P
(Eds.). Advances in experimental social psychology (Vol. 25, pp. 1 –
65). Orlando, FL: Academic.

[282] SEARLE W & WARD C. (1990). The prediction of psychological and
sociocultural adjustment during cross – cultural transitions. International journal
of intercultural relations, 14: 449 – 464.

[283] SEMPLE E C. (1911). Influences of geographic environment on the basis of
Ratzel's system of anthropo – geography. New York: Russell and Russell.

[284] SHINER R L. (2005). An emerging developmental science of person – ality:
current progress and future prospects. Merrill – Palmer quarterly, 51:
379 – 387.

[285] SHWEDER R A. (1991). Thinking through cultures: expeditions in cultural
psychology. Cambridge, MA: Harvard University Press.

[286] SMITH E R & SEMIN G R. (2004). The foundations of socially situated
action: socially situated cognition. Advances in experimental social psychology,
36: 53 – 117.

[287] SMITH G D & DORLING D. (1996). "I'm all right, John": voting patterns
and mortality in England and Wales, 1981 – 92. BMJ, 313 (7072):
1573 – 1577.

[288] SMITH P B, BOND M H & KAGITCIBASI C. (2006). Understanding social
psychology across cultures: living and working in a changing world. CA:
Sage.

[289] SNYDER M & LCKES W. (1985). Personality and social behavior. In
LINDZEY G & ARONSON E (Eds.). Handbook of social psychology (3rd
ed. , pp. 883 – 947). New York, NY: Random House.

[290] STAVROVA O. (2015). How regional personality affects individuals' life
satisfaction: a case of emotional contagion?. Journal of research in

personality, 58: 1 – 5.

[291] STONE D & STONE – ROMERO E. (Eds.). (2012). The influence of culture on human resource management processes and practices. Psychology Press.

[292] STUTCHBURY B J M & MORTON E S. (2001). Behavioral ecology of tropical birds. San Diego, CA: Academic Press.

[293] SUBRAMANIAN S V, HAMANO T, PERKINS J M, et al. (2010). Political ideology and health in Japan: a disaggregated analysis. Journal of epidemiology and community health, 64 (9): 838 – 840.

[294] SUBRAMANIAN S V, HUIJTS T & PERKINS J M. (2009). Association between political ideology and health in Europe. The European journal of public Health, 19 (5): 455 – 457.

[295] SULS J, MARTIN R & DAVID J P. (1998). Person – environment fit and its limits: Agreeableness, neuroticism, and emotional reactivity to interpersonal conflict. Personality and social psychology bulletin, 24 (1): 88 – 98.

[296] SUTIN A R, STEPHAN Y, WANG L, et al. (2015). Personality traits and body mass index in Asian populations. Journal of research in personality, 58: 137 – 142.

[297] SWANN W B & SEYLE C. (2005). Personality psychology's comeback and its emerging symbiosis with social psychology. Personality and social psychology bulletin, 31: 155 – 165.

[298] TALHELM T, ZHANG X, OISHI S, et al. (2014). Large – scale psychological differences within China explained by rice versus wheat agriculture. Science, 344 (6184): 603 – 608.

[299] TAYLOR M C. (1998). How white attitudes vary with the racial composition of local populations: numbers count. American sociological review: 512 – 535.

[300] TERRACCIANO A, ABDEL – KHALEK A M, ADAM N, et al. (2005). National character does not reflect mean personality trait levels in 49 cultures. Science, 310 (5745): 96 – 100.

[301] THIMS L. (2007). Human chemistry (Vol. 2). Raleigh, NC: Lulu. com.

[302] THOMSON T. (1810). A system of chemistry (Vol. 1). London, England:

Bell & Bradfute.

[303] TREVOR – ROPER H R. (1972). Fernand Braudel, the Annales, and the Mediterranean. Journal of modern history, 44: 468 – 499.

[304] TRIANDIS H C. (1996). The psychological measurement of cultural syndromes. American psychologist, 51 (4): 407 – 415.

[305] TRIANDIS H C & SUH E M. (2002). Cultural influences on personality. Annual review of psychology, 53: 133 – 160.

[306] TRIANDIS H C, MCCUSKER C BETANCOURT H, et al. (1993). An etic – emic analysis of individualism and collectivism. Journal of cross – cultural psychology, 24: 366 – 383.

[307] U. S. Census Bureau. (2015). Median household income by State: 1984 to 2014. Avalibale at https://www. census. gov/hhes/www/income/data/statemedian/.

[308] U. S. Census Bureau. (2009). GINI index of income inequality: 2009 American Community Survey 1 – Year Estimates. Retrieved from http://factfinder. census. gov/rest/dnldController/deliver? _ ts = 472610476383.

[309] U. S. Census Bureau. (2010). GINI index of income inequality: 2010 American Community Survey 1 – Year Estimates. Retrieved from http://factfinder. census. gov/rest/dnldController/deliver? _ ts = 472610442061.

[310] U. S. Census Bureau. (2011). GINI index of income inequality: 2011 American Community Survey 1 – Year Estimates. Retrieved from http://factfinder. census. gov/rest/dnldController/deliver? _ ts = 472610324872.

[311] U. S. Census Bureau. (2012). GINI index of income inequality: 2012 American Community Survey 1 – Year Estimates. Retrieved from http://factfinder. census. gov/rest/dnldController/deliver? _ ts = 472610125112.

[312] U. S. Census Bureau. (2013). Statistical abstract of the United States. Washington, DC: U. S. Government Printing Office.

[313] U. S. Census Bureau. (2013). GINI index of income inequality: 2013 American Community Survey 1 – Year Estimates. Retrieved from http://factfinder. census. gov/rest/dnldController/deliver?_ ts = 472610243577.

[314] U.S. Census: Population Estimates. Retrieved July 25, 2015, from http://www. census. gov/popest/data/state/asrh/2013/SC – EST2013 – ALLDATA6.

html.

［315］ USKUL A K, KITAYAMA S & NISBETT R E. (2008). Ecocultural basis of cognition：farmers and fisher men are more holistic than herders. The proceedings of the national academy of science, 105：8552 – 8556.

［316］ USKUL A K, KITAYAMA S & NISBETT R E. (2008). Ecocultural basis of cognition：farmers and fishermen are more holistic than herders. The proceedings of the national academy of science, 105：8552 – 8556.

［317］ VAN DE VLIERT E, YANG H D, WANG Y L, et al. (2013). Climato – economic imprints on Chinese collectivism. Journal of cross – cultural psychology, 44 (4)：589 – 605.

［318］ VAN HEMERT D, VAN DE VIJVER R & POORTINGA Y H. (2002). The Beck depression inventory as a measure of subjective well – being：a cross – national study. Journal of happiness studies, 3：257 – 286.

［319］ VANDELLO J A & COHEN D. (1999). Patterns of individualism and collectivism across the United States. Journal of personality and social psychology, 77 (2)：279 – 292.

［320］ VARNUM M E & KITAYAMA S. (2011). What's in a name? Popular names are less common on frontiers. Psychological science, 22 (2)：176 – 183.

［321］ VORACEK M. (2006) Suicide rate and national scores on the Big Five personality factors . Perceptual & motor skills, 102：609 – 610 .

［322］ VORACEK M. (2009). Big Five personality factors and suicide rates in the United States：a state – level analysis. Perceptual and motor skills, 109：208 – 212.

［323］ VORACEK M. (2013). Regional analysisof Big Five personality factors and suicide rates in Russia. Psychological reports, 113 (1)：31 – 35.

［324］ VOS T, BARBER R M, BELL B, et al. (2015). Global, regional, and national incidence, prevalence, and years lived with disability for 301 acute and chronic diseases and injuries in 188 countries, 1990 – 2013：a systematic analysis for the Global Burden of Disease Study 2013. The lancet, 386 (9995)：743 – 800.

［325］ WALASEK L & BROWN G D. (2015). Income inequality and status seeking searching for positional goods in unequal US states. Psychological science, 26 (4): 527 – 533.

[326] WALTON K E & ROBERTS B W. (2004). On the relationship between substance use and personality traits: abstainers are not maladjusted. Journal of research in personality, 38: 515 – 535.

[327] WANG H, LIDDELL C A, COATES M M, et al. (2014). Global, regional, and national levels of neonatal, infant, and under – 5 mortality during 1990 – 2013: a systematic analysis for the Global Burden of Disease Study 2013. The lancet, 384 (9947): 957 – 979.

[328] WANG M, ZHAN Y, MCCUNE E, et al. (2011). Understanding newcomers' adaptability and work – related outcomes: testing the mediating roles of perceived P – E fit variables. Personnel psychology, 64: 163 – 189.

[329] WARD C & KENNEDY A. (1993). Where's the "culture" in cross – cultural transition? Comparative studies of sojourner adjustment. Journal of cross – cultural psychology, 24 (2): 221 – 249.

[330] WARD C & CHANG W C. (1997). "Cultural fit": a new perspective on personality and sojourner adjustment. International journal of intercultural relations, 21: 525 – 533.

[331] WARD C, LEONG C H & LOW M. (2004). Personality and sojourner adjustment an exploration of the big five and the cultural fit proposition. Journal of cross – cultural psychology, 35 (2): 137 – 151.

[332] WEBSTER G D. (2009). The person – situation interaction is increasingly outpacing the person – situation debate in the scientific literature: a 30 – year analysis of publication trends, 1978 – 2007. Journal of research in personality, 43 (2): 278 – 279.

[333] WESTON S J & JACKSON J J. (2015). Identification of the healthy neurotic: personality traits predict smoking after disease onset. Journal of research in personality, 54: 61 – 69.

[334] WESTON S J & JACKSON J J. (2015). Identification of the healthy neurotic: personality traits predict smoking after disease onset. Journal of research in personality, 54: 61 – 69.

[335] WHITE A E, KENRICK D T, LI Y J, et al. (2012). When nasty breeds nice: threats of violence amplify agreeableness at national, individual, and situational levels. Journal of personality and social psychology, 103 (4): 622 – 634.

[336] WHITE M P, ALCOCK I, WHEELER B W, et al. (2013). Would you be happier living in a greener urban area? A fixed – effects analysis of panel data. Psychological Science, 0956797612464659.

[337] WILKINSON R G & PICKETT K. (2009). The spirit level: why more equal societies almost always do better. London, England: Allen Lane.

[338] WILKINSON R G & PICKETT K E. (2006). Income inequality and population health: a review and explanation of the evidence. Social science & medicine, 62: 1768 – 1784.

[339] WILLS T A, GIBBONS F X, SARGENT J D, et al. (2010). Good self – control moderates the effect of mass media on adolescent tobacco and alcohol use: tests with studies of children and adolescents. Health psychology, 29 (5): 539 – 549.

[340] WILSON R S, EVANS D A, BIENIAS J L, et al. (2003). Proneness to psychological distress is associated with risk of Alzheimer's disease. Neurology, 61 (11): 1479 – 1485.

[341] WILSON R S, SCHNEIDER J A, ARNOLD S E, et al. (2007). Conscientiousness and the incidence of Alzheimer disease and mild cognitive impairment. Archives of general psychiatry, 64 (10): 1204 – 1212.

[342] WOJCIK S P, HOVASAPIAN A, GRAHAM J, et al. (2015). Conservatives report, but liberals display, greater happiness. Science, 347 (6227): 1243 – 1246.

[343] WONG N Y & AHUVIA A C. (1998). Personal taste and family face: luxury consumption in Confucian and Western societies. Psychology and marketing, 15 (5): 423 – 441.

[344] YAMAGISHI T. (1998). The structure of trust: the evolutionary games of mind and society. Tokyo: Tokyo University Press.

[345] YAMAWAKI N. (2012). Within – culture variations of collectivism in

Japan. Journal of cross – cultural psychology, 43 (8): 1191 – 1204.

[346] YANG A C, HUANG N E, PENG C K, et al. (2010). Do seasons have an influence on the incidence of depression? The use of an internet search engine query data as a proxy of human affect. PloS one, 5 (10): e13728.

[347] YANG B & LESTER D. (2016). Personality traits and economic activity. Applied economics, 48 (8): 653 – 657.

[348] YE D, NG Y K & LIAN Y. (2015). Culture and happiness. Social indicators research, 123 (2): 519 – 547.

[349] ZELINSKY W. (1992). The cultural geography of the United States. Englewood Cliffs, NJ: Prentice Hall. (Original work published 1973).

[350] ZHENG H. (2012). Do people die from income inequality of a decade ago? Social science & medicine, 75: 36 – 45.

暨南文库·新闻传播学
第一辑书目

触摸传媒脉搏：2008—2018 年传媒事件透视　　　　　　　范以锦著

传媒现象思考　　　　　　　　　　　　　　　　　　　　　范以锦著

泛内容变现：未来传媒商业模式探研　　　　　　范以锦、刘芳儒、聂浩著

简约图像的文化张力：对中国漫画的观察与思考　　　　　　甘险峰著

媒介文化论　　　　　　　　　　　　　　　　　　　　　　曾一果著

报刊史的底色：近代中国新闻界与社会　　　　　　　　　　赵建国著

变革与创新——中国报业转型的市场逻辑　　　　　　　　　张晋升著

话语·叙事·伦理：当代广告与网络传播的审思和批判　　　杨先顺等著

生态与修辞：符号意义论　　　　　　　　　　　　　　彭佳、汤黎著

形态·生态·业态：中国广播创新发展的多维审视　　　　　申启武著

再访传统：中国文化传播理论与实践　　　　　　　　　晏青、杨威著

道可道：新闻传播理论与实务研究　　　　　　　　　　　　谭天著

道可道：新媒体理论与实务研究　　　　　　　　　　　　　谭天著

流行文化研究：方法与个案　　　　　　　　　　　　　　张潇潇著

媒介平台与传播效果：实证研究取向　　　　　　　　　　陈致中编著

亲和性假说：区域人格影响健康的大数据分析　　　　赖凯声、陈浩著

融媒时代的播音主持艺术研究：现状与趋势　　　　　　　林小榆著

新媒体技术标准的形成与扩散   刘倩著

日本流行文化中的中国经典巨著：《三国志》与《三国演义》   陈曦子著

华语影视字幕文化研究：从"间幕"到"弹幕"   王楠著

社交媒体时代口语传播的交互性研究   王媛著

数字时代的场景传播   朱磊等著